U0121244

人类
仰望星空时

繁星、宇宙与人类文明的进程

THE HUMAN
COSMOS

A SECRET HISTORY OF THE STARS

[英]乔·马钱特（Jo Marchant） 著

宋阳 译

中信出版集团 | 北京

图书在版编目（CIP）数据

人类仰望星空时 /（英）乔·马钱特著；宋阳译
. -- 北京：中信出版社，2022.8（2022.11重印）
书名原文：The Human Cosmos
ISBN 978-7-5217-4345-6

Ⅰ. ①人… Ⅱ. ①乔… ②宋… Ⅲ. ①宇宙学 Ⅳ.
① P159

中国版本图书馆 CIP 数据核字（2022）第 076800 号

人类仰望星空时
著者： ［英］乔·马钱特
译者： 宋阳
出版发行：中信出版集团股份有限公司
　　　　　（北京市朝阳区惠新东街甲 4 号富盛大厦 2 座　邮编　100029）
承印者： 天津丰富彩艺印刷有限公司

开本：787mm×1092mm　1/16　　　印张：26　　　　字数：300 千字
版次：2022 年 8 月第 1 版　　　　印次：2022 年 11 月第 2 次印刷
京权图字：01-2020-3447　　　　　书号：ISBN 978-7-5217-4345-6
　　　　　　　　　　　　　　定价：69.00 元

献给波比和鲁弗斯

一段发人深省的叙述，让你了解人类对天空的迷恋如何塑造了并且正在塑造人类文化。

——《经济学人》"2020 年度最佳图书"

马钱特是一位才思敏捷的作家，她笔下的人物生动鲜活，故事自然流畅，那些意想不到的联系……令人信服……也提醒我们，将人类塑造成今日模样的力量，远远先于我们出现，并且将在我们离开后长久存在。

——《纽约时报书评》

马钱特讲述了一个精彩绝伦的故事，那么多有关人类的点滴细节……读罢令人深受鼓舞、心悦诚服。

——《卫报》

马钱特带着旋风般的好奇心，以一种扣人心弦的叙事方式，带领我们穿越时空，阐述我们对天空的感知如何影响了人类文明演变的每一步。这本书内容之深邃，令人钦佩，它带领我们凝望人类从未放弃探索的那片深空。

——美国国家广播公司《图书管家》栏目

从古至今，人类一直迷恋群星，这是为什么呢？乔·马钱特通过讲述神灵、数学家和物理学家的故事，揭示了这种历史关系……这本书读起来十分有趣，你会情不自禁地把它分享给你认识的每一个天文爱好者。

——英国广播公司《科学焦点》

发人深省……马钱特的精要讲解，令这本书涉猎的多个话题变得轻松易懂。她的叙述融汇了科学、历史、哲学和宗教，精彩绝伦，值得细细品味。

——《出版人周刊》

这篇引人入胜的星空概览对所有喜好地理、探索、宗教、哲学和政治的读者都有阅读价值。

——《图书馆期刊》

这本书是一次天空之旅，旅途的重头戏不是外太空，而是外太空对我们内心的影响……对宇宙认知方面感兴趣的读者会非常享受马钱特的这次探索。

——《科克斯书评》

这本书是对人类与宇宙关系的多面思索。

——《自然》

一部可与尤瓦尔·赫拉利《人类简史》比肩的杰作。

——《书单》

科学记者马钱特关于科学、宗教、文化以及其他方面的一次探索之旅，一段对人类与天空关系的精彩论述。

——《新闻周刊》"逃离 2020 年乱象必读的 25 本秋季图书"

马钱特描绘了从古至今人类对夜空的迷恋，探索群星如何塑造了艺术、信仰、科学和社会，揭示了我们与群星脱节所付出的代价。

——《今日美国》"不要错过的 5 本好书"

这本书讲述了一个令人目眩神迷的文化故事，让我们了解人类与宇宙之间从古至今不断变化的关系。马钱特从岩画和石阵讲起，回顾了人类的这段伟大旅程：曾经充满神灵和天象的天空塑造了人类的生活和信仰，而如今人类相信大爆炸，寻找外星生命。这本书将改变你对夜空的看法。

——曼吉特·库马尔，《量子传》作者

这本书精彩绝伦，涉猎甚广，研究细致，追溯了人类与我们的物质和文化祖先——群星——之间的关系。乔·马钱特讲述了许多引人入胜的故事，她穿插叙述了天文学与占星术、物理与神灵，让我质疑我的现实，把我拉进了追"星"一族。

——盖亚·文斯，《人类世的超越与冒险》

（*Transcendence and Adventures in the Anthropocene*）作者

这本书内容丰富，思想深邃，最重要的是，读起来非常有趣。乔·马钱特以轻松的笔法纵叙古今，从最古老的文化根源一路讲到今天最新的科学发展，极富见地。天穹与人类历史在这里交汇，字字句句都带来新知，引人思考，令人受教。

——普拉纳波·达斯博士，依隆大学物理学教授

一本颇有分量且有滋有味的书。乔·马钱特依旧那么敏锐、雄辩、坚持己见，她深挖人类观星史，表明不论是恒星和星尘，还是人类的存在，今天的宇宙学都无法揭示任何事物的"内在本质"。将人类的意识从数学公式中省去，这不仅令我们对宇宙的理解变得狭隘，也影响了我们对"理解"本身的理解。

——大卫·多布斯，《暗礁疯狂》（*Reef Madness*）作者

在我们最迫切需要的时候，马钱特将我们的目光引向天空，唤醒了我们对人类的敬畏。

——阿曼达·马斯卡雷利，《智人》（*SAPIENS*）执行主编

这本书邀请我们踏上一段旅途，重新领略我们与天空的奇妙关系，重新思考天空的奥秘如何继续吸引人类的目光，催生人类的想象，促进人类的创新。

——奥古斯汀·富恩特斯，圣母大学人类学教授，《一切与创造有关》作者

目　录

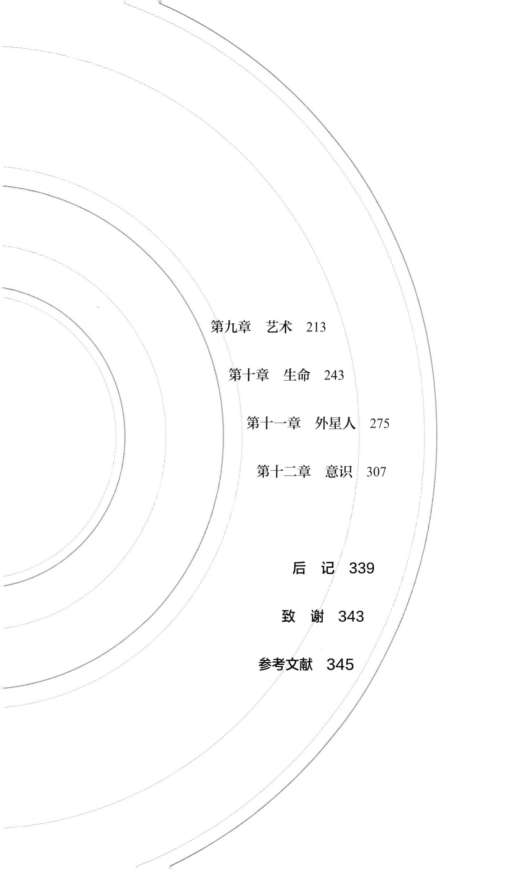

推荐序

从仰望星空到走向太空

  浩瀚辽远的星空，神秘莫测的宇宙，自古以来就让人类世世代代为之神往。饱含诗意的作家把星空当作眼睛的食粮，富有人文情怀的科学家则把天文学视为广阔空间的和谐科学。

  看哪，日月经天，星辰隐现，四季交替。所有的天文现象既错综复杂，又精巧微妙，既让人惊叹，又令人困惑。

  古希腊人说，人类直立的姿势之所以成为人独有的特征，乃是因为人与四足动物不同，不是向下盯着大地，而是能够举目自由凝视天空。

  我们仰望星空，首先是用肉眼，然后用的是探求星辰运动规律的精神的内在之眼。恰如德国学者沃尔夫冈·莎德瓦尔德所概括的两种观天的眼光，一种是天真的眼光：古人从天空的美和稳定的秩序中体味到的幸福的安全感；另一种是具有认知力的眼光：人们会萌发某种被掷入无限性的可怕虚无的感受，而无限性同时又意味着转瞬即逝。

  然而，同是仰望星空，人们却看到不同的世界，生发不同的感悟，得到不同的经验。

  有的人插上想象的翅膀，附会出活灵活现的神话，然后又在代代相传中演变为种种传奇故事和民间习俗；另一些人则将天体、星辰与人们的日常事务扯上子虚乌有的联系，发展出天宫图、占星术，并以此为权力和控制他人服务；还有一些人依据长年的观察经验，总结出与农业、航海等相关的规律，甚至更进一步，通过缜密思考、精确求证，归纳出天体运行所遵循的规律，构造出天文学的宏伟大厦。

就这样，人类一步步地由仰望星空走向了太空。

或许，也正是从这样的意义上说，科学起步于人类理解天空的尝试。

科学史家则认为，世界上所有的重要神话都起源于天体的规则运行方式，天空与科学思想的发展关系密切。

事实上，人类的想象和智慧，创造了一个面貌千变万化的"天"！天文学自诞生以来，在人类自然观的发展中发挥了特殊的作用。它堪称是所有古代学科中唯一完整流传下来的分支，也是联系现代学科与古代学科的最直接的环节。今天，人们已经认识到，天文学的新问题和新发现，有可能就是自然科学中新的突破点。它的发展，让自然科学别开生面，并使得人类对宇宙的认识越来越深刻。

基于上述认识，我想我能够理解乔·马钱特的《人类仰望星空时》一书的副题"繁星、宇宙与人类文明的进程"，能够理解为什么她对考古学家和历史学家漠视探究古人的天空观感到遗憾，以及为什么她认为研究人类进步的学者很少将目光聚焦于苍穹"是一个巨大的盲点"。

毫无疑问，人类对天空的感知、对宇宙的认识，不仅深刻地影响了人们的生活方式，而且也有力地塑造了现代世界。《人类仰望星空时》选取历史上人类仰望天空的 12 个时刻，或者说 12 个进阶跳板——如各章标题所昭示的：神话，土地，命运，信仰，时间，海洋，权力，光，艺术，生命，外星人，意识——借由细腻生动的叙述，做了十分深入的发掘和阐释。

第三章"命运"中提到，历史上，许多文明都创建了描述天空的数学模型。中国的帝王雇用天文学家绘制星图并预测日食等天象，玛雅人的领袖自封为天体，对以百万年计的天体周期进行计数。巴比伦埃萨吉拉神庙的祭司们，第一次从模拟模型转向数学模型，将繁乱复杂的现实转化为一个简明有力的数学宇宙。

这里说及古代中国对日食的预测，没有具体展开。其实此中内涵颇深。

"日蚀者，月往蔽之""日月同会，月掩日，故日食"，这些都是我国古人对日食的认识。现在我们更清楚，月球把太阳全部挡住时发生日全食，遮住一部分时发生日偏食，遮住太阳中央大部分而外缘仍显露，则发生日环食。

这种尽管异常但却可以预报的天象在现代人看来，堪称自然规律之精确性的无可辩驳的例证，但在未开化的或毫无天文学知识的古人眼中却是超自然灾祸的化身。他们对这类天变通常感到疑惑和恐惧，多以为是对人事的吉凶有所预示，并试图以此作为自己行动的指南。

有记录的最古老的日食发生在夏朝，它载于《尚书·胤征》，说的是羲、和两位司天之官，因沉溺于酒，未能对一次日食做出预报，结果引起混乱，并因这一失职行为而掉了脑袋。

古希腊历史学家希罗多德在他的著作《历史》中写道，美索不达米亚的两个部族吕底亚人和米底人连续打了 5 年恶仗，未见胜负。米利都的智者泰勒斯预先知道将会有日食发生，便警告双方说上天反对战争，如果不停战，某一天他们的光明就会被夺走。在双方交战第 6 年的某一天，忽然间天昏地暗、黑夜骤临。战士们大为惊恐，认定这是上天发出的谴告，于是纷纷抛下武器，停战议和。这次出人意料地消除了一场战争的日食，据考证发生在公元前 585 年 5 月 28 日午后。

综观世界各地流传的关于太阳、月亮和星球的神话，大体可以得出一个判断：人类想象过程的规律性和同一性首先表现在关于食的迷信中。例如，许多民族的神话或传说都把这忽然降临的黑夜，以及天体的亏蚀，想象成神灵在发怒，妖精在作怪，或有怪物吞吃天体（我国民间就惯常于把日食和月食叫作"天狗吃太阳""天狗吃月亮"）。总之，日食和月食破坏了日与月、昼与夜、光明与黑暗等规律交替出现所构成的秩序，导致天上的运动失去了和谐，这是不可避免的灾祸的预兆。

"人类学之父"、英国著名人类学家爱德华·泰勒在其经典著作《原始文化》中，对各民族文化里的食做了翔实的考察和分析，并指出：有根据推测，所有或几乎所有文明民族都是从关于恶魔与食的神话开始的。

泰勒还引述了古罗马学者普林尼对天文学家的一段著名赞词：这些伟大的人高于一般必死之人，他们发现了天体的规律，他们把人的贫乏的智慧从对食的不祥预兆的恐怖中解放了出来。有趣的是，在1860年日全食时，意大利米兰市的居民竟然高呼"天文学家万岁"，他们以为，天上的这幕出奇表演，乃是由天文学家所编导的。

人们一旦精确掌握了太阳、地球和月球的运动规律，就能提前许多年明白预报和精确计算日食与月食。这实际上早已没有任何神秘可言。

不过，我们能够欣赏到日全食这种蔚为壮观而又美妙绝伦的场景，倒真要感谢宇宙中所出现的一种令人难以置信的巧合：太阳的直径有月亮的400倍之大，但距离也要远400倍。如果不是月亮的圆面（月轮）与太阳的圆面（日轮）大小相差无几（百分之几以内），月亮几乎完全遮挡太阳明亮的圆面就没有可能。

德国哲学家伊曼努尔·康德有句经常被引用的名言："有两种东

西，我对它们的思考越是深沉和持久，它们在我心灵中唤起的赞叹和敬畏就会越历久弥新：一是我们头顶浩瀚灿烂的星空，一是我们心中崇高的道德法则。"

翻阅《人类仰望星空时》，不时唤起我少年时代有关星空、宇宙的种种遐思，脑海里则总闪现出那豪迈的诗句：俱怀逸兴壮思飞，欲上青天揽明月……英国诗人詹姆斯·弗莱克在题为《朝圣者》的一首诗中，亦有充满豪情的几句：心如朝圣般追寻险境，远离平凡的通途大道。生命中探求无数个挑战，我们的征途是星辰破晓。

著名人文学者金克木有言：看天象、知宇宙，有助于开阔心胸。这对于观察历史和人生直到读文学作品、想哲学问题都有帮助。心中无宇宙，谈人生很难出个人经历的圈子。他还说，怎么看宇宙和怎么看人生也是互相关联的。有一点宇宙知识和没有是不一样的。"古时读书人讲究上知天文下知地理，我看今天也应当是这样的。不必多，但不可无。"

读一读《人类仰望星空时》，我们看待自然、看待世界、看待人类自身，也会是不一样的。

尹传红
中国科普作家协会副理事长

序　言

　　140 亿年前，万事万物凭空迸发。仿佛有什么被刺破一般，我们的宇宙诞生了。须臾之间，它向外爆炸，从一个离奇炽热的致密小点超光速膨胀成葡萄柚大小。它一边膨胀，一边冷却，于是第一种物质形成了。不到一秒钟，宇宙就化作一锅浓稠的粒子汤，中子、质子、电子、光子和中微子，在一股光雾蒸腾的热浪中冲撞翻滚。

　　38 万年后，这枚宇宙之泡膨胀至几千万光年大小，温度冷却到区区几千度。原子开始聚合，宇宙第一次有光透过。一道亮光闪过，黑幕降临。蓄积亿万年之久的引力作用终于引发了宇宙密度的微小变化，无情地使气体团坍缩，第一批恒星和星系诞生了。放眼宇宙黑幕，星光逐一亮起。

　　大多数宇宙学导论都在以不同方式叙述上述事件。大爆炸（Big Bang）真的是宇宙万物的发端吗？抑或宇宙不过是浩瀚无垠的多重宇宙中一个暴胀的小泡？驱使空间膨胀的那股洪荒之力究竟是什么？宇宙会永远膨胀下去吗？又或者宇宙终将坍缩于大挤压（Big Crunch）？谜团犹在，但对于宇宙的基本性质和演化历程，人类已有共识。科学所揭示的现实是一部庞大而精密的机器，其零部件是由数学公式和定律支配的粒子和力。

本书讲述的是一个别样的故事。对宇宙的科学解释是一种摧枯拉朽的远见卓识，将人类的现代文明送至巅峰。过去，宇宙学描述了人类为理解存在的意义，回答"我们是谁""我们在哪""我们为什么在这里"等问题所付出的哲学和宗教努力。而今天，宇宙学已成为数理天文学（mathematical astronomy）的一个分支。那些宏大的问题得到解答了吗？宇宙中还有什么是我们需要知道的吗？

从古至今，人类都在通过观察星空理解宇宙，这段历史漫长而艰辛。本书不会去详陈天文学的最新进展，而是作为一份历史指南，回顾人类的宇宙观如何定义现实的本质与生命的意义，看看我们业已摈弃的神祇与魂灵、神话与魔兽、天上宫阙与恒星天球是什么样子，了解科学宇宙观如何最终称霸世界，又是如何塑造了今天的你我。这是一个关于人类的故事，主人公有祭司、女神、探险家、革命者和君王。故事的开篇不是大爆炸，也不是科学的诞生，而是第一批仰望星空的人类以及他们所发觉的星空奥秘。

· · ·

为什么要探究古人的天空观？考古学家和历史学家通常对这个问题不予理会。人所共知，科学起步于人类理解天空的尝试，但研究人类进步的学者很少将目光聚焦于苍穹。在我看来，这是一个巨大的盲点，阻碍了我们对人类起源的认识。古往今来，人类在地球上看到的天空变化规律，始终支配着人类的生活方式，影响着人类对时间与空间、权力与真理、生存与死亡的思考。

例如，古巴比伦人迷信月食，埃及法老修造金字塔牵引灵魂走向群星，古罗马皇帝在太阳旗下战斗。人类对宇宙的认识也塑造了现代世界。这些影响从何而来已被忘却，但它们深植于人类社会，映现在议会大楼、教堂、画廊、钟表和地图上。对太阳、月亮和群星的认识在基督教的诞生，以及欧洲人探索和统治全球的过程中扮演了重要角色。那些创立民主与人权原则的反叛者，那些搭建了资本主义根基框架的经济学家，甚至那些挥洒出第一批抽象画作的艺术家，无一不在这些信仰的指引之下。

今天，光污染笼罩地球，曾经高挂夜空的朗朗群星而今只余下星星点点。天文学家担心，即使是这些尚可见的星体，很快也会淹没于人造卫星的汪洋大海。在美国和欧洲，大多数人已经完全看不到银河。此种对自然传承的毁灭与侵蚀，斩断了你我与银河系乃至浩瀚宇宙的血脉联系，将所有过往文明视为根本的天象从你我眼中抹去。呐喊声细若游丝，几不可闻，而眼睛片刻不离手机的普通大众则耸耸肩膀，满不在乎。

然而，我们仍然渴望了解人类在宇宙中的位置，求索之路没有中断。一路之上，科学所向披靡，大获全胜。如今，五岁小儿讲起物质宇宙的历史、组成和性质，也已胜过古文明几千年的寻觅与积淀。与此同时，古文明所感悟的生命意义在科学浪潮中溶解殆尽，在我们对现实的认知中，个人经验被剔除干净并代之以抽象的数学时空网格。地球从一切存在的中心被赶到了边缘，生命被重新定义为一次随机意外，上帝被人类完全抛弃，宇宙万物皆可由物理定律解释。人类在恢宏的宇宙秩序中无足轻重，正如物理学家斯蒂芬·霍金所说，宇宙中有一颗中不溜大小的行星绕着一颗不起眼的恒星转圈，而那颗行星表面上的"化学渣滓"，就是我们。

几百年来，批评者奋力反击这种机械的人类观，在此过程中科学常常被全盘否定。而如今，即使是知名科学家，也表达了在前不久尚属禁忌、不可言说的担忧。他们说，也许物质不是宇宙的全部，亦不是我们的全部，或许，科学只为我们拼出了半幅宇宙图景。我们用科学能解释恒星和星系，但能解释大脑吗？能解释意识吗？一场可能颠覆西方世界观的史诗级战斗正徐徐拉开大幕。

战斗双方的楚河汉界已然划定，是时候转变视角了。本书不是宇宙学导论，而是一次对人类和宇宙的探究。本书也不会面面俱到，而是选择历史上人类仰望天空的十二个时刻——如果你愿意的话，也可以说是十二个进阶跳板。故事从西方物质宇宙的兴起讲起，进而叙述物质宇宙模型如何主宰我们的生活。这条故事线的起点是最早的岩画和环形石阵，中途会谈到信仰、民主、科学等伟大传统的诞生，终点是寻找外星生命以及人类最近的太空和虚拟世界之旅。

此番探究既有助于解释今天的你我究竟是谁，亦可指引人类的前途。人若身在事物之中，往往难以看清其局限，那就让我们潜入深邃的宇宙认知史中细致勘察一番，或许可以触及乃至越过既有世界观的边界。在意义难明的宇宙中，人类如何变成了被动的机器？古往今来的宇宙观如何塑造了我们今天的生活？人类从这里将走向何方？

第一章

神话

在不同地方、不同时期的人类社会，反复出现一种奇怪的点图案。图案中，点的数量不尽相同，但通常都是六个圆点，紧凑地排列成一条四点线和一条两点线。从纳瓦霍部落葫芦拨浪鼓上的小洞，到西伯利亚萨满鼓上的绘画，这种装饰图案在偏远部落中随处可见，甚至还出现在日本汽车制造商斯巴鲁的标志上。

无一例外，这些圆点代表夜空中最显著的特征之一——昴星团[①]。这六七颗恒星（具体数目取决于观测条件）出现在太阳每年穿过天空的路径（即黄道）附近，很多神话传说中都有关于它们的描述。在切罗基（Cherokee）神话中，它们是迷路的孩子。在维京人眼中，它们是女神弗雷娅（Freyja）的母鸡。它们是金牛座（Taurus）的一个显著部分，位于牛肩上方，与突出的牛角、明亮的牛眼（红巨星毕宿五[②]）和毕星团形成牛面部的"V"字。

六点图案的频繁出现揭示了昴星团在人类社会的重要性，反映出

---

① 昴星团（Pleiades），又称 M45 星团、七姐妹星团。——译者注
② 毕宿五（Aldebaran），又称金牛座 α 星。——译者注

人类用艺术捕捉星空特征的共同渴望，而我们接下来要讲述的六点图案堪称一部非人力可及的神作。法国西南部的拉斯科（Lascaux）洞穴以其丰富的旧石器时代艺术闻名于世，据称那里的动物绘画和雕刻来自人类的黎明时期，拥有两万年的历史。几十年来，学者们一直在争论拉斯科洞穴艺术的含义，而与此同时，几乎没有人注意到，在洞穴入口通道的洞顶上有六个与昴星团完美匹配的圆点，它们被整齐划一地涂成赭红色，飘浮在一头雄伟的原牛①肩上。

拉斯科洞穴壁画（原牛）

《18号公牛》长5.2米，是拉斯科洞穴最大或许也是最容易辨认的画作。人们早就注意到它有一处特征，与现代金牛座惊人地相似——牛面部呈"V"字形排列的圆点，但这个特征从未载入旅游指南，也很少进入主流考古学家的研究视野。金牛座是人类最早描述的星座之一，有关金牛座的记载可以追溯到近3 000年前的古巴比伦祭

---

① 原牛（auroch），家牛祖先，已灭绝。——译者注

司天文学家。在他们眼中，昂星团是一头天空神牛的背鬃，但它会不会是拉斯科洞穴原始狩猎采集者发明的星空图呢？这个想法根本谈不上对错，因为学界从来没有严肃地讨论过。

过去几年，人类学、神话学和天文学领域的专家主张对旧石器时代人类的技能和神话故事的持久影响进行一次彻底的再评估。本书意在探索人类与群星的关系史，那就让我们从《18 号公牛》的秘密开始，看一看拉斯科洞穴艺术家是否真的有画出星座的能力，问一问他们为什么如此关注天空。这次探索之旅会把我们带到人类原初宇宙观的中心，让我们感受古人类想象、记忆、解释和表现宇宙的能力。他们所见识的宇宙至今仍在塑造我们的生活。

· · ·

1940 年 9 月 12 日，十七岁的学徒技工马塞尔·拉维达（Marcel Ravidat）和三个朋友走进法国西南部蒙蒂尼亚克（Montignac）村附近的山丘群。据村里的传说讲，山丘群下有一些洞穴，在法国大革命之后的处决潮中，附近的庄园主阿贝·拉布鲁斯（Abbé Labrousse）就藏在其中一个洞穴里，拉维达想去看看那些洞穴里有没有宝藏。早在几天前，他已经在地上挖了一个颇有希望的洞，现在他带着刀，拿上一盏用油泵和绳子临时做成的灯，打算一挖到底。

拉维达挖好的洞位于一片松柏环绕、灌木丛生的洼地，通向一个狭窄、近乎直上直下的竖井。他和朋友们将洞口边上的树枝和一头驴的残骸清开，徒手把洞口扩到三十厘米宽，然后往井里扔了几块石头。令他们惊讶的是，石头滚动的声音持续了很久。想必这片荆棘中一定藏着什么大秘密。

几个人里面，拉维达年纪最大，体格最壮，他大头朝下钻了进去，在泥土里蠕动了几米，最后落在一个圆锥形的黏土和石头堆上。他把灯点亮，可不小心失去了平衡，一路滑到井底，掉到一条大约二十米长的地道里。随即，他召唤几个同伴下来。

他们在一片漆黑中穿过石灰岩洞穴，避开地上的浅水坑，最终来到一条狭窄的通道，高高的洞顶宛如大教堂的拱顶。直到此时，拉维达才把灯举起来。他们梦寐以求的宝藏就在眼前——白色洞壁上生机勃勃的岩画。两万年来，第一次有人看到了人类诞生之时的世界。

他们最先注意到一些彩色线条和奇怪的几何符号，后来当他们把灯拿到别处时，又看到了几种动物：身披黑色鬃毛的黄金色的马比比皆是，此外还有黑红相间的公牛、野山羊和一头怒吼的带角雄鹿。成群的动物顺着洞壁向上攀爬，从洞顶呼啸而过，有些动物轮廓分明、五色斑斓，有些动物则如鬼魅般朦胧。他们当时并不清楚此次发现的全部意义，但他们知道，这是一处特别的所在。几个人在摇曳的灯光下欢呼雀跃。

拉斯科洞穴壁画（雄鹿）

拉斯科洞穴以附近的庄园命名，现在被誉为历史上最壮观的考古发现之一。约 4.5 万年前，地球处在末次冰期，解剖学意义上的现代人首次从非洲向欧洲迁移，于 3.7 万—1.1 万年前在法国南部和西班牙北部留下了几百个这样的洞穴遗址。这段时期被称为旧石器时代晚期，以当时人类所使用的石器命名，见证了人类创造力的一次大爆发。我们在印度尼西亚、澳大利亚等地也发现了这一时期的岩画，所以几乎可以肯定的是，岩画起源于更早时期的非洲。拉斯科洞穴共有近 2 000 幅绘画和雕刻，图案精细复杂，保存完好，是岩画艺术的绝佳代表。

　　拉斯科洞穴艺术家使用植物制成的毛刷和毛签、铁锰矿颜料、高岭土和木炭棒，在深入洞穴 100 米的通道和石室里作画。通过这些作品，我们得以对史前人类的思想有了一份难得而又难忘的洞见。这些早期人类是谁？他们关心什么？是什么促使他们进行艺术创作？究竟是什么使他们成为人类？

　　随后几十年，学者们给出了各种各样的答案。最早有人认为，这些神秘形象只是"为艺术而艺术"的装饰，没有任何特殊意义。也有人认为，画上的动物代表不同的氏族，画作则表现了氏族之间的战争与联盟。还有人认为，这些画是魔法咒语，帮助远古人提高狩猎成功率和驱除恶灵。20 世纪 60 年代，学者用统计学方法记录不同类型的形象在洞穴中的分布，从中得出规律并围绕这些规律构建理论，比如马和野牛象征男性和女性。

　　诺贝尔·奥茹拉（Norbert Aujoulat）或许比其他人更了解拉斯科洞穴艺术。他是一名洞穴爱好者，自称"地下人"，动辄消失几天，独自一人到法国山区远足，曾参与发现了几十个地下墓穴。他永远忘不了 1970 年冬天的一个下午，那是他第一次来到拉斯科洞穴。拉斯科洞穴自发现后对公众开放了一阵子，但后来关闭了，因为每天成千上万的游客呼出的气息、携带的细菌，都在破坏这些珍贵的艺术品。奥茹拉当时是一名二十四岁的学生，参加了由雅克·马萨尔（Jacques Marsal）组织的一次私人旅行，而马萨尔正是三十年前拉斯科洞穴的四名发现者之一。

为一睹拉斯科洞穴岩画，马萨尔带着众人走下一个斜坡，穿过一连串出于安全目的修建的石衬砌通道和门，这让奥茹拉有一种接近神庙圣所的感觉。最后一扇门是厚重的青铜门，以磨制石头做了装饰。奥茹拉花了半小时探索那扇门背后的宝藏，而他的人生方向从此改变。门后那股扑面而来的人类存在感令他迷惑不解，面对这种跨越千万年的强烈存在感，他把目光投向这些岩画的创作原因和创作方式。

奥茹拉用了将近二十年的时间才解开谜团。1988 年，作为法国文化部洞穴艺术分部的负责人，他开始研究拉斯科洞穴，从洞穴入口通道顶部的巨原牛，到后堂里密集纠缠的雕刻，这项研究持续了十年之久，意义非凡。其他学者专注于画作本身，奥茹拉则从自然科学家的角度出发，审视和研究拉斯科洞穴的方方面面，比如在地质学上研究石灰岩，在生物学上研究岩画上的动物。他得出的结论是，所有人都漏掉了一个关键点——时间。

奥茹拉研究了马、原牛和雄鹿叠画的情况，发现作画人总是先画马，再画原牛，最后画雄鹿。更重要的是，画中的三种动物总是带着与每年特定时节相对应的特征：马是厚皮长尾的冬末马，原牛是夏季的原牛，雄鹿是鹿角突出的秋季鹿。对每种动物来说，那是它们在交配季节的样貌。

奥茹拉在 2005 年出版的《拉斯科洞穴：运动、空间与时间》（*Lascaux: Movement, Space, and Time*）一书中阐述了他的发现。他认为，拉斯科洞穴展示了重要动物的生育周期，是一处精神圣所，象征着生命的创造与永恒的规律，而岩画所体现的繁衍周期不只是地球周期，还与动物和天气相关。可以说，拉斯科洞穴岩画所触及的是整个宇宙。

当然，旧石器时代的周年生息繁衍都反映在恒星周期上，所有季节都以太阳的天空路径和夜空中星座的出现为标志。奥茹拉认为，这是拉斯科洞穴艺术家的视觉中心，他们用绘画和雕刻展现生物时间与宇宙时间如何交织在一起。奥茹拉把带有悬墙和洞顶岩画的拉斯科洞穴比作"天穹"，并且提出画中的动物不在地上，而是在天上。

这可以解释为什么画中的动物看起来总是飘浮无着，呈现出各种角度，没有任何基线，甚至于有些动物的蹄子都是悬空的。如果奥茹拉的想法是对的，那么拉斯科洞穴的宇宙学意义与其生物学意义同等重要。拉斯科洞穴的远古艺术家不是在临摹周遭的环境，而是将与其存在息息相关的天地万物变化汇集在他们的绘画中。你可以把这些岩画看作一支宇宙颂歌，承载着人类对宇宙本质和生命起源的最初思考。

奥茹拉是法国学术界的核心人物，他的著作影响巨大，但即使如此，也很少有人讨论他对拉斯科洞穴的看法。由于缺乏直接证据，考古学家更倾向于认为，这些岩画是对大自然的歌颂，而不是对天空的想象。不过，也有学者认为奥茹拉还不够大胆：其实，拉斯科洞穴艺术家不是简单地想象天上的动物，他们是在绘制星空图。

• • •

1921 年，法国史前学家马塞尔·博杜安（Marcel Baudouin）在法国中北部的贝讷（Beynes）偶然发现了一块阴茎形状的海绵化石，化石表面覆盖着一层鲜红的氧化膜，上面有些地方被刻意凿掉，形成一组黄点，呈马蹄形排列。"这是我第一次看到这样的艺术！"博杜安兴奋地写道。他在其论文《大熊座与天空阴茎》（*The Great Bear and the*

Phallus of Heaven）中阐述了一个观点：这组蹄形点与北天星座大熊座（Ursa Major）匹配，其中大一些的圆点代表更亮的恒星。

虽然无法确定这组蹄形点的雕刻时间，博杜安还是得出结论说，它们是在旧石器时代或新石器时代形成的。由于地球自转，北半球可见的恒星看起来总是围绕地球北极正上方天空的一个固定点（现称北天极）旋转。他认为，这块化石意在将北天极描绘成一个天空阴茎，而那些圆点代表在北天极附近，围绕北天极旋转的大熊座。

博杜安是最早在史前艺术中看到星空的人之一。20 世纪 20 年代和 30 年代，包括博杜安在内的几位学者在法国南部、斯堪的纳维亚半岛等地发掘出一些石碑和洞穴墙壁，他们报告说这些石碑和洞壁上的阴刻（称为"杯印"）里有星座图案。这种说法无从证实，现在已经基本上被遗忘了，但几十年后，美国考古学家亚历山大·马沙克（Alexander Marshack）在 1972 年出版的力作《文明的根源》（*The Roots of Civilization*）一书，令旧石器时代天文学的概念得以普及。

马沙克用显微镜观察旧石器时代晚期人类在碎骨上留下的痕迹。他首先研究的是法国多尔多涅（Dordogne）地区布朗夏尔（Blanchard）岩屋里一块 3 万年前的骨头。骨头的一面刻着 69 个呈蛇形排列的圆形或月牙形凹坑。马沙克指出，这些凹坑包含 24 种不同类型的笔画，这表明它们是在 24 个不同场合一笔一笔刻上去的。这不是简单的涂鸦，一定是有人在跟踪记录着什么——马沙克认为是月相。他研究了很多刻在骨头、石块和鹿角上的类似图案，并且认为这些是旧石器时代的人类在定期追踪天空，用阴历标记时间的流逝。

虽然马沙克关于末次冰期天文学的观点没有得到证实，但随着学术界对这个观点的态度严肃起来，研究人员很快再次来到拉斯科洞穴，试图寻找史前星座图。1984 年，在慕尼黑大学读书的德国天文学家迈克尔·拉彭格吕克（Michael Rappenglück）参加了一次讲座，那是他第一次听说拉斯科洞穴岩画中可能有星空图。他说自己"被迷住了",后来一直研究这个课题。拉彭格吕克现任德国吉尔希成人教育中心和天文台主任,还曾任欧洲文化天文学学会主席。

拉彭格吕克研究的场景之一正是《18号公牛》。这里需要考虑到的是,由于地球自转轴在轻微摆动,所以经年累月后星座在天空中的位置会发生变化,另外,个别恒星还有自己的运行轨迹。因此,为了检验这幅画与金牛座和昴星团的匹配度,拉彭格吕克计算出约2万年前这些恒星的位置,然后将它们与岩画的照片比对。他发现,在2万年前,昴星团略高于金牛座的牛背,毕宿五(即牛眼)被毕星团包裹起来的现象也更明显,看上去比今天的星空更接近这幅画。

他认为这不是巧合,并且提出金牛座起源于一个更古老的恒星群,我们暂且称其为"原牛座"(Aurochs),名称源于末次冰期人类所猎捕的一种巨牛。金牛座曾经呈一头完整的公牛形状,但在后来的几百年间失去了牛腿,空出的位置出现了一个新的星座——白羊座。

拉彭格吕克用人类学证据支持他的观点。他指出,纵观人类历史,各个社会都把昴星团当作日历使用。恒星每晚围绕南北天极旋转,而因为地球同时也在围绕太阳运行,所以恒星也跟随地球进行周年运动,不同的恒星和星座在一年的特定时间"升起"(黎明时分从地平线露出)和"落下"(黄昏时分从视野中消失)。昴星团在天空中十分显著且靠近黄道,特别适合用来标记季节。

今天,从立陶宛到马里再到安第斯山脉的各个农耕部落,仍然根据昴星团的能见度标记农历年。布莱克福特(Blackfoot)族等美洲土著人传统上将他们的生活与这些恒星和美洲野牛的生命周期同步。例如,当昴星团落下,狩猎的时候就到了。提顿苏(Teton Sioux)族和夏延(Cheyenne)族甚至用美洲野牛的生命周期给月份起名字,比如11月是"母牛受精时的月亮",1月是"年轻野牛皮毛变色时的月亮"。

拉彭格吕克认为，拉斯科洞穴艺术家编制了一个星历，用昴星团标志原牛生命周期中的关键时刻。他计算出，在《18号公牛》的创作时期，昴星团在10月中旬日出前出现，于次年春季伊始到达其天空轨迹的至高点，最后在8月底消失，可见昴星团的出没与原牛的形象联系起来。春季，拉斯科洞穴附近山顶的西方天空中赫然出现一只巨兽，赤红的单眼闪闪发光，毛发熠熠生辉，牛角看似随时准备发力，把银河抛向远方。

拉彭格吕克在其他洞穴也发现了潜在的天文联系。阿尔代什（Ardèche）的狮首洞穴（Tête-du-Lion）有一幅原牛画作，比《18号公牛》早将近4 000年，画中的牛身上有七个圆点，拉彭格吕克认为它们可能代表昴星团。在西班牙桑坦德（Santander）的卡斯蒂略（El Castillo）洞穴岩画上，有七个赭色圆盘，年代在公元前1.2万—前1.1万年，排成一条向下的曲线，靠近一串绵延五米、极其醒目的红色手印画。

拉彭格吕克计算出当时的星空图并得出结论：这些圆点与北冕座基本吻合，旁边的红色手印画可能代表银河。正如旧石器时代的北极星总是围绕北天极旋转，公元前1.2万年的北冕座从不落下，因此它对于标记北方很重要。与昴星团一样，北冕座也经常出现在神话中。在一则凯尔特神话中，它是恒星女神阿丽安霍德（Arianrhod）的冰城堡，坐落在北方天空一座神奇的旋转岛上。这则神话能不能追溯到旧石器时代呢？

怀疑者坚持认为这些观点永远无法得到证实，因为在欧洲史前洞穴里，圆点图案比比皆是，而天上的星星成千上万，可能的组合不计其数。但也有人认为，若非刻意为之，如何会有《18号公牛》这样的惊天巧合。再说，将旧石器时代洞穴与群星神话联系起来的做法，并不是拉彭格吕克的首创。

· · ·

为什么在分布于世界各地、彼此毫无关联的文化中，会流传着相似的神话呢？这是一个长期未解的谜题。例如，世界各地的宇宙狩猎（Cosmic Hunt）故事大同小异，不外乎是讲动物在猎人的追赶下奔向天空，变成星座，只不过故事的主角——星座、猎人和猎物——各不相同而已。

在希腊神话中，宙斯诱骗女神阿耳忒弥斯的同伴卡利斯托公主放弃贞洁，为他生下阿卡斯，愤怒的阿耳忒弥斯把卡利斯托变成了熊。阿卡斯长大后成了猎人，险些用长矛刺死自己的母亲。后来宙斯介入，把卡利斯托变成大熊座，又把阿卡斯变成小熊座陪伴在母亲身旁。

美国东北部的易洛魁族流传着这样的故事：三个猎人弄伤了一头熊，他们循着秋叶上的血渍一路追到天上，最后跟熊一起变成了大熊座。在西伯利亚楚科奇，猎户座是追逐驯鹿（即仙后座）的猎人，而对邻近的芬兰 – 乌戈尔（Finno-Ugric）族来说，猎物是一只麋鹿。

法国考古学家和统计学家朱利安·迪伊（Julien d'Huy）借用系统发育学原理探索宇宙狩猎故事的起源。系统发育学可以比较物种的DNA（脱氧核糖核酸）序列，从而得出物种之间的进化关系。生物学家使用计算机软件分析DNA的相似点和不同点，构建家谱以显示物种之间最可能的亲缘关系。迪伊研究神话的方法与此类似。

迪伊分析了世界各地47个宇宙狩猎故事，从中抽出93个独立单元，称为"神话素"，比如"这是一只草食动物""神把这只动物变成了星座"等。他对每个神话是否含有某个神话素进行编码，含有记作"1"，不含记作"0"，如此得出一个由0和1组成的字符串，然后用系统发育学软件进行比较，构建出最可能的家谱。2016年，他发表了研究结果：宇宙狩猎故事起源于欧亚大陆北部，之后其中一支扩散到西欧，另一支随人类经由俄罗斯东端与阿拉斯加之间的白令陆桥传到北美。这意味着故事的源头必定要追溯到距今约 1.5 万年之前，因为白令陆桥在那之后没入了海底。

迪伊总结说，旧石器时代的原始版本可能讲述了一个孤独的猎人追逐一只麋鹿的故事。猎人穷追不舍，追到天上，麋鹿在临死之际变成了我们今天所说的北斗七星（大熊座的尾巴和胁腹）。在旧石器时代，麋鹿是欧亚大陆北方森林中占支配地位的哺乳动物，对人类狩猎至关重要，同时也有证据表明它们具有非同一般的文化意义。2017 年，一项以爱沙尼亚出土的数百个动物牙齿垂饰为对象的研究发现，麋鹿是中石器时代和新石器时代（公元前 8900—前 1800 年）最常见的哺乳动物，之后才慢慢让位给熊。宇宙狩猎故事扩散到世界各地，世代相传，不同民族将故事的主角换成于他们而言最重要的动物和星座。

迪伊分析的其他神话故事似乎可以追溯到更早的 4 万多年前，也就是第一批人类走出非洲的时候。他编撰了"原始神话"的内核（所谓原始神话，是他认定早期人类向北、向东迁移时带走的神话故事），但这些故事并非都涉及恒星，例如有的故事里有龙，也就是会飞的有角巨蛇，能变成彩虹，还能呼风唤雨。有些故事确实提到了昴星团，通常是一个女人或一群女人，与猎户座的男人对应。银河在故事里要么是一条河流，要么是一条亡者之路。

换句话说，我们今天讲述的群星神话不仅是故事，也是几千年来代代相传的文化记忆，有些甚至可以追溯到旧石器时代。迪伊将群星神话称为"对人类祖先的精神世界的窥视"。这些神话并没有将昴星团和原牛直接联系起来，但与拉斯科洞穴岩画一样，它们生动地描述了那些铭刻于天空的生灵。

· · ·

对南加州的印第安原住民楚玛什（Chumash）族来说，宇宙是一个巨渊，其上悬浮着三个圆盘状的世界。底部是下界，邪恶的畸形生物生活在此界。往上是人类生活的中界，由两条巨蛇支撑，巨蛇移动会引发地震。再往上，一只雄鹰托起上界，雄鹰扇动翅膀会引起月相变化。

在楚玛什人的宇宙中，主宰者太阳是个老鳏夫，住在上界的石英水晶屋，啖食人肉，白天擎着火把，全身赤裸，头缠一条翎带，穿过天空。到了晚上，他和天狼（Sky Coyote，可能是北极星）赌博决定中界人类的命运。毫不奇怪的是，楚玛什人对太阳的观察十分仔细，但他们了解上界的途径并非只是跟踪天空变化。他们本就了解太阳，因为他们到过上界。

几百年前，楚玛什人在加州中南部海岸繁衍生息。他们建造圆形的茅草屋，雕刻精美的木碗，编织细密的篮子，掌握积木式搭建技术，制造独木舟捕捉重 270 千克的剑鱼。男人身涂彩绘，戴羽毛头饰，女人穿鹿皮或水獭皮的裙子，拿贝珠当货币使用，生活的复杂程度似乎与旧石器时代晚期的欧洲人非常接近。因此，楚玛什人神奇的上界之旅，可以让我们对拉斯科洞穴艺术家等史前人类的天空观有更多了解。

在 18 世纪西班牙人到来之前，楚玛什族人口约为 1.5 万人，根据 1769 年首次接触楚玛什人的士兵描述，那里是屋顶堆满烤鱼的大城镇。其后几十年，殖民者和他们带来的伤寒、肺炎、白喉等传染病使楚玛什族人口暴减。

到 20 世纪初，楚玛什人的文化和语言消失殆尽。多亏语言学家约翰·皮博迪·哈灵顿（John Peabody Harrington）在史密森学会的工作，楚玛什文化才得以一息尚存。整个职业生涯，哈灵顿都在北美各地追踪那些讲濒危语言的老人，说服他们分享记忆中尚未遗忘的印第安文化遗产。

哈灵顿古怪又执着，总是独自工作。1961 年，他去世了，史密森博物馆的馆长发现，他在美国西部的仓库、车库和鸡笼里存放了几百个箱子，里面堆满杂七杂八的东西，其中除了原住民的土制长笛和玩偶、死鸟、狼蛛、脏衣服和吃了一半的三明治，还有后来被称为"哈灵顿金矿"的照片、素描、笔记和录音，详细记录了许多已消失文化的词汇和信仰，楚玛什文化也在其中。

几年后，圣巴巴拉自然历史博物馆馆长特拉维斯·赫德森（Travis Hudson）利用哈灵顿留下的数千页笔记，恢复了楚玛什文化的天空信仰，其内容是如此翔实，我们再找不出第二个狩猎采集社会，得到过如此充分的研究。赫德森在 1978 年出版的《天空的水晶》（*Crystals in the Sky*）一书中总结说，楚玛什人对天空的认识远比西方学者所想的要复杂、丰富。

接受采访的楚玛什老人谈到，上界充满了强大的超自然生物。北极星是天狼，也是人类之父，天空的其他部分均以它为轴心。北河二[①]和北河三[②]是太阳的女性表亲。毕宿五也是一只天狼，跟随昴星团七姐妹穿越天空。猎户座腰带[③]是"熊"，银河是一条鬼魂之路。

这些神灵的活动与凡人的生活交织在一起。楚玛什人知道，当太阳从地平线的某个位置升起或落下，或者当某些星星出现在黎明或黄昏的天空中时，地球会出现季节变化，植物成熟，鹿群迁徙，雨水落

[①] 北河二（Castor），又称双子座（Gemini）α 星。——译者注
[②] 北河三（Pollux），又称双子座 β 星。——译者注
[③] 即参宿一、参宿二和参宿三。——译者注

下。在楚玛什人眼中，太阳到达最南端、白昼最短的冬至是宇宙中的一个关键时刻，如果不能说服太阳北归，黑暗就会降临，地球生命就会窒息而死。楚玛什人通过细致的观察预测至日，并且在至日清晨举行仪式（通常在洞穴内），将石英冠顶的日杆（sun stick）插在地上，把太阳"拉"上北归的道路。

然而，这种知识在楚玛什族并不普及。天空的秘密由一个名为"安塔普"（'antap）的精英团体垄断，成员是天文祭司，本质上是一个由太阳祭司领导的秘密团体。这个团体从不与普通人分享知识。他们拥有巨大的政治影响力，声称只有他们才能够理解和影响宇宙系统以及围绕这个系统旋转的楚玛什社会。

如此翔实的天文知识不仅是楚玛什祭司无数次夜间观察的结果，他们还借助夜来香科曼陀罗属的一些致幻植物访问上界，追寻异象，接触天狼等超自然守护者，获得占卜和影响未来的能力，甚至还能与亡者通灵。

这种习俗被称为萨满教。"萨满"一词源于西伯利亚，17世纪的西方旅行者在那里遇到了通古斯（Tungusic）族的宗教领袖，人称"萨满"（saman），但其实在世界各地的传统狩猎采集社会中，都有类似的习俗和信仰。萨满能够进入恍惚状态（trance state），访问另一个现实或者说精神世界，在那里遇见精神指引者并从后者那里汲取力量，获得各种各样的能力，比如预见未来、打击敌人、控制天气和动物以及治愈病人。恍惚状态可以通过很多方式实现，有时是曼陀罗、死藤等致幻植物，有时是冥想、斋戒或感官剥夺，还有时是击鼓、跳舞等仪式。

西方人类学家最初认为萨满教根本不值得研究，把萨满看作骗子或者精神病人，但罗马尼亚宗教历史学家米尔恰·埃利亚德（Mircea Eliade）改变了这种看法。1964年，他出版了一本用英文写成的开创性研究著作——《萨满教：古老的幻术》(*Shamanism: Archaic Techniques of Ecstasy*)，全面研究了历史上的萨满实践，并且主张萨满教普遍存在于从西伯利亚到北美再到中国西藏的狩猎采集社会。各地的传统如此相似，这令埃利亚德得出一个结论：这些传统必定来自旧石器时代的同一个源头，后来随古人类的扩散传播开来。这与迪伊研究神话的结论相似，换句话说，埃利亚德认为，萨满教是人类的第一个宗教。

尽管学者对埃利亚德的一些假设提出了质疑，但他的工作引发了大众和科学界对萨满教的兴趣。现有几条证据线表明，萨满教的恍惚状态不是纯粹的文化现象或臆想，而是人脑的一种普遍能力。神经科学家测量了萨满在精神之旅期间脑活动的特征模式，发现萨满的精神之旅具有催眠和冥想的一些特征，这表明萨满并非是在表演，而是确实进入了一种独特和另类的意识状态。

与此同时，人类学家记录下成千上万个西方人进入恍惚状态之后的经历（这些人多是通过击鼓进入恍惚状态），发现即使是对恍惚状态全无概念的人，也会报告与传统萨满非常相似的经历。西方萨满认为，这是因为他们访问的精神世界是真实存在的，但科学家倾向于认为，他们所说的精神世界，证明了人类神经系统可以产生异象和幻觉。在恍惚状态下，无论是传统萨满，还是经历恍惚状态的西方人，都经常遇到动物并与它们交流，或者自己变成了动物。他们的经历中还有一个关键特征——穿过薄膜或障碍物从一层移动到另一层，最后要么钻入地下，要么飞上天空。这些异象普遍反映在狩猎采集社会的宇宙信仰中，比如楚玛什人眼中的上中下分层宇宙是一个放之四海而皆准的主题。许多部落的萨满都相信，他们可以飞到某个星座或恒星，接触上界的神灵。因此，人类创造首个宇宙模型的动因不是简单的观星，而是意识状态的改变。

在 1998 年出版的《史前萨满》(*The Shamans of Prehistory*) 一书

中，南非岩画专家大卫·刘易斯-威廉姆斯（David Lewis-Williams）和法国洞穴专家让·克洛泰（Jean Clottes）将萨满教的思想运用到对拉斯科洞穴等旧石器时代遗址的研究中。刘易斯-威廉姆斯研究过19世纪和20世纪南非游牧民族桑族（San）的岩画，画上的萨满都是以动物形态或精神指引者的形象出现，这显然是在描绘萨满教的异象追寻。

随后，刘易斯-威廉姆斯在2002年出版了一本畅销书——《洞穴中的心灵》（*The Mind in the Cave*）。他说，旧石器时代晚期的人类在解剖学意义上与我们属同一物种，具有相同的神经系统，所以很可能也会经历与我们同样的幻觉。他指出，现代西方社会注重逻辑和理性思考，往往将恍惚状态和异象视为反常的或可疑的，但对萨满教的研究表明，在全世界几乎所有传统社会中，改变意识状态的做法是普遍存在的，同时也被视为一种珍贵的体验。仅从我们死板的视角看待洞穴艺术，这或许令我们漏掉了关键点。沿着法国和西班牙那些幽深狭窄的洞穴行进，人们好似进入了地下的精神王国，所以与两万年后的楚玛什萨满一样，史前萨满深入洞穴也是为了追寻异象，并且将他们的所见所感画在岩壁上。

这一理论有助于解开拉斯科洞穴和其他旧石器时代晚期洞穴岩画的几个谜团。首先，它能解释一些常见的抽象几何图形，比如点、网格、之字形和波浪线。刘易斯-威廉姆斯指出，这些视觉印象通常出现在恍惚状态的第一阶段，偏头痛患者也经常看到。南美洲的图卡诺（Tukano）人用一种对精神有影响的藤蔓饮料"雅姬"（*yajé*）催眠，把他们在异象追寻中看到的几何符号画在房屋或树皮上。

这一理论还可以解释旧石器时代艺术中古怪的半人半兽。法国东南部肖韦（Chauvet）洞穴岩画中有野牛人，法国西南部特鲁瓦-弗雷尔（Trois-Frères）洞穴岩画中有造型奇特的巫师，长着雄鹿的耳朵和角、健壮的人腿和臀部、马的尾巴和巫师的胡须。此外，经常有人报告说，他们在深度恍惚状态中看到了动物、人和怪物，并且感觉它们与自己融为一体。

最后，刘易斯－威廉姆斯的理论可以解释岩画中那些融合了洞壁特征的形象，以及洞穴艺术家触碰和处理洞壁的方式，比如在洞壁上留下手印和指痕，或者用泥土填洞，再用手指或棍子刺穿。如果洞穴被视为通往地下精神世界的门户，那么洞壁就是两个世界的界线，或者说是一层可以让灵魂穿透并显现的薄膜。"这些洞壁不是毫无意义的支撑物，"他说，"而是这些形象的一部分。"

从本质上说，在萨满的精神之旅中，洞穴的物质现实与萨满头脑中的精神世界交织缠结，彼此影响。萨满走进洞穴，把他们见到的异象刻画在洞壁上，从而改变了洞壁的物理样貌。而与此同时，过往到访者留下的岩画也会激发和塑造后来人眼中的异象。换句话说，过往到访者在看到异世界的同时也在塑造它今后的模样。

刘易斯－威廉姆斯很少讨论天空，他主要关注洞穴作为地下精神王国的隐喻。但是，一些年代更近的部落的证据表明，上界之旅也很关键，这一点在岩画中亦有体现。楚玛什祭司定期将太阳、月亮等天空特征刻画在洞壁上，图卡诺人用平行的点链代表银河。拉彭格吕克认为，有些人把拉斯科洞穴和与之类似的洞穴中的符号看作纯粹的幻觉，这种看法其实遗漏了一些东西，因为这些符号是整个"宇宙异象"的一部分，洞穴不仅代表下界，也代表整个宇宙。

我们无法直接问史前萨满，宇宙在他们眼中到底是什么样子，但特拉维斯·赫德森研究了楚玛什人的天文学并得出结论说，他们的宇宙"与人类有着千丝万缕的联系，充满着影响万物的巨大能量源"，在无休止的转世轮回中，"物质既不产生也不消逝，而是转化为生与死"。

现代西方萨满的信仰似乎与这种解释是契合的。桑德拉·因格曼

（Sandra Ingerman）是新墨西哥州的一名萨满和作家，据她描述，萨满教的意识状态变化揭示了一种另类的现实观，它将其他生命视作"一张相互联结的生命之网"，其中不仅有动植物，还有太阳、月亮和群星。另外，乔·鲍尔比（Jo Bowlby）被秘鲁的盖鲁（Q'ero）族长老赋予了萨满资格，她目前在伦敦经营一家康复中心。她回忆起第一次使用死藤的经历：她在亚马孙雨林参加了一个夜晚仪式，满天星光下，有人给她献上半杯"腐臭的"饮料，喝完后，她看到自己的手以闪电般的速度变换成各种动物的脚，最后在龙虾爪停住了，她害怕极了，但很快又陷入狂喜。她说，那感觉就像在外太空，什么都有，又什么都没有。从那以后，她保留了一份永久的感悟："你会发觉宇宙是多么广袤和神奇，你会体验到一种联系，一种身在其中的感觉。我们并非不相往来、彼此孤立，一样的能量滋养了树木，也滋养了你我。"

• • •

　　让我们回到 1940 年 9 月 12 日。那天，马塞尔·拉维达和他的朋友们在拉斯科洞穴取得了惊人的发现。他们没有声张，而是在第二天，也就是 9 月 13 日，找来更亮的灯和更结实的绳子，一步三回头地回到洞穴，生怕被人跟踪。他们把洞口又拓宽了一些，爬进去把洞穴里的地道走了个遍。走过洞穴深处雕刻密布的后堂，他们来到一口深不可测的竖井前头。怎么办？谁先下去？

　　拉维达再次挺身而出。他顺着绳子往下爬，紧张得心跳加速，他不怕自己抓不住绳子，而是怕同伴们会撒手。下行八米，触底了。他举灯四望，看到了最奇怪的洞穴艺术。

　　洞穴墙壁上只有一个人类形象。那是一个火柴人，常被称为

"亡者"，长着鸟头，阴茎勃起，45度仰躺，双臂和手指大张。一只毛发竖立的野牛低头从他的上方逼近，牛角前伸，肩上有个黑点，腹下挂着一串圆环，看起来像掉出来的肠子。他的正下方有一只鸟，站在一根直立的木棍上。

这个奇特的画面令几代学者困惑不已，但迪伊和拉彭格吕克都认为，答案要在天空中寻找。如果稍微改换角度，让画中的火柴人立起来看向天空，那么小鸟和野牛就变作与他一齐飞升的同伴。迪伊认为，这可能是一个宇宙狩猎场景，也就是猎人追逐野兽，最后飞到天上变成了星座。这就可以解释为什么处在攻击位置的野牛看起来并没有进攻，而它肩上的黑点可能是一颗恒星，下方地面上的黑印可能是带有猎物血迹的叶子，标志着秋天的来临。

迪伊承认，这只是"一个合理的假设"。但是，这个场景酷似西伯利亚迈亚（Maia）河的新石器时代岩画。人们认为，迈亚河岩画表现的是一个早期版本的宇宙狩猎故事，画中猎人瞄准一只腹部挂着太阳的麋鹿。或许，在拉斯科洞穴深处的那幅岩画中，那只野牛腹下的圆环不是肠子，而是太阳。

同时，拉彭格吕克认为鸟头人是一个拿着手杖的萨满，野牛是他的灵魂助手，为他的天空之旅引航。类似的场景也出现在现代萨满艺术中，例如，北美奥格拉拉（Oglala）人的一个尖顶帐篷上画着一位萨满，他被缚在一头天牛身上，阴茎勃起，欣喜若狂地飞向天空。拉彭格吕克进一步指出，野牛、鸟头人和鸟眼对应着夏季大三角，即夏季星空[1]的三颗亮星——织女星[2]、天津四[3]和牛郎星[4]。两万年前，夏

① 严格说，应该是北半球的夏季星空。——译者注
② 织女星（Vega），又称织女一、天琴座 α 星。——译者注
③ 天津四（Deneb），又称天鹅座 α 星。——译者注
④ 牛郎星（Altair），又称河鼓二、天鹰座 α 星。——译者注

季大三角从不落下，而是围着北天极旋转，如同一座天空巨钟显示着夜晚的时刻。也许拉斯科人把夏季大三角想象成一个天空萨满（相当于楚玛什文化中的天狼），每晚绕着宇宙之轴转动，在灵魂助手的簇拥下，统治天空，孕育神灵。拉彭格吕克认为，鸟头人岩画反映的是天空景象，同时也是一位凡间萨满奔赴天极的路线图。

我们无法证明远古艺术家的真实创作意图，但不同的证据似乎都指向同一个解释——拉斯科洞穴最深处的这个场景展现了一次星空之旅。同样，本章所描述的《18号公牛》、亡者、宇宙狩猎等各种线索，在我看来虽然存在种种不确定性，但综合起来似乎可以得出一个压倒性的结论：如果想了解我们作为一个物种从何而来，找到人类原初信仰和身份的源头，就必须将旋转的夜空纳入我们的思考。

夜复一夜，季节更迭，天空周期循环往复，这些必定激发了古人类对"我们是谁"和现实本质的最初思考。在今天的狩猎采集社会，这些思考依然存在。"他们提出过同样的问题，"拉彭格吕克说，"什么是生？什么是死？太阳去哪儿了？世界的背后是什么？"

在回答这些问题的过程中，我们的祖先塑造了一个典型的人类宇宙，它既是对天空景象的再现，也是人脑另类意识状态的产物。当意识状态转换时，生命与非生命、人类与自然、地球与群星之间的界限消失了，人类和宇宙彼此造就，内心体验和外部现实纠缠不清，难以分割。但从此以后，人类开始图谋与宇宙一刀两断。

第二章

土地

1967年12月21日破晓时分，考古学家迈克尔·奥凯利（Michael O'Kelly）进入一座5 000年前的黑暗墓穴。他爬进一条狭长的通道，来到巨石堆深处的一间墓室。爬行中，他回头望向入口，只见一条闪闪发光的银色河流劈开了眼前的漆黑，成群的椋鸟在空中盘旋。他看了看表：差两分钟九点。接下来的发现使他一举成名，并且永远改变了他的生活。

过去五年，奥凯利一直在爱尔兰纽格兰奇（Newgrange）挖掘这个遗址。17世纪的时候，工人们就发现，这个灌木丛生的小山包实际上是一座古老的长廊式石墓。长廊式墓穴在不列颠群岛上并不罕见，但这座墓穴巨大无比，直径达90米，里面有一条由巨石板砌成的24米长廊，通向一间高举架、有梁托的十字形石室。墙壁的两面刻满了用燧石尖凿子凿出来的画，比如精致的"V"字形、钻石图案和螺旋。

当地人说，这里是传说中的塔拉国王（Kings of Tara）的葬身之所。按照中世纪作家的说法，塔拉国王就在附近的一座小丘上统治他的王国。在挖掘和修复石墓的过程中，奥凯利确实在泥板中发现了人类遗骸，但放射性碳测年结果显示，这座古墓建于公元前3200年左右，比塔拉国王要古老许多，甚至比埃及大金字塔[①]还要早几百年。

纽格兰奇墓

奥凯利注意到，在入口上方很高的地方有一个奇怪的长方形开口，他称其为"顶窗"（roof box），一块方形的晶化石英遮住了顶窗的一部分，看起来像是起百叶窗的作用，另外还有一块石英掉到了地上。顶窗石板上的划痕表明，这些"百叶窗"曾被反复滑动过。顶窗又小又高，普通人够不着也进不去，所以奥凯利对它的用途感到很纳闷。古人开这个口是做祭祀之用吗？还是想为逝者的灵魂留一个出口？

奥凯利想到了另一种可能。他听当地人讲过一个故事：每逢仲夏，旭日的光芒会照进墓穴，照亮墓室后部一个独特的三重螺旋雕刻。奥凯利找不到任何证人，而且他确信这个故事是子虚乌有，因为墓穴朝东南且高出博因（Boyne）河谷，而仲夏的日出点更靠北，阳

[①] 大金字塔（Great Pyramids），埃及三座大金字塔的统称，包括胡夫金字塔、哈夫拉金字塔和孟考拉金字塔。——译者注

光不可能照进来。

但是，这个说法还是流传了下来。奥凯利发现，仲冬的太阳从最南端升起，确实可以照到墓穴入口。为了验证这个想法，1967 年 12 月冬至的清晨，他从位于科克（Cork）的家出发，驱车 100 多英里[①]来到这里。田野一片空旷，道路四下无人，他独自一人走进了墓穴。

天气十分晴朗，奥凯利在墓室里静静地等候，期盼阳光悄悄地爬进来。接下来发生的事情突如其来，令人心惊。随着第一束阳光出现在博因河对岸的山脊上，一道纤细、明亮的光穿过顶窗，但没有照进入口通道，而是恰恰落在他所在的位置——古墓的中心。这道光很快膨胀成一条约 15 厘米宽的金色光束，把整间墓室照得无比亮堂，他不用点灯也可以自由走动，甚至还能看到 6 米高的墓顶。

"我大吃一惊，"奥凯利后来说，"我本以为会听到什么，或者感到一只冰冷的手搭上我的肩膀什么的，可那里一片寂静。"17 分钟后，光束离开顶窗，墓室再度陷入黑暗。这种体验令他大为震动，此后每年冬天，他都会回到这里，躺在墓室柔软的沙地上，感受阳光从他的脸上拂过。

正因奥凯利的工作，这座古墓成了世界文化遗产，每年有成千上万的人到此亲身体验墓室亮起的一刻。奥凯利的发现在当时是罕见和出人意料的，但现在我们知道，西欧人在新石器时代[②]建造了许多反映天象的石阵，纽格兰奇墓只不过是其中的一个。

在这些石阵中，有一些与众不同，令人瞠目。例如，英国的巨石阵（Stonehenge）与夏至和冬至呼应，苏格兰外赫布里底群岛（Outer Hebrides）的卡拉尼什石阵（Callanish）捕捉为期 19 年的月球周期[③]。

---

① 1 英里 ≈1.61 千米。——编者注
② 新石器时代始于农耕，止于青铜工具的出现。
③ 即默冬历（Metonic Cycle），指月球相对于同一星座连续两次出现在同一位置和相位的时间间隔。——译者注

许多较小的石阵，比如南欧几百座构造简单的支石墓[1]，入口都朝向日出的方向。

英国巨石阵

这些新时期时代的石阵对它们的建造者来说具有什么意义？他们为什么要大费周章建造这些石阵，并且将它们与天象联系起来呢？据我们目前所知，在回答这些问题的同时，我们也揭示了人类历史的一个大变革期。这是一场终极变革，我们这个物种由此进入了农耕时代，人类的特征和宇宙观也发生了翻天覆地的变化。

在旧石器时代，狩猎采集者是自然界不可分割的一部分，他们与其他物种地位平等，在相同的环境中休戚与共。而在新石器时代，人类切断了与其他物种的这份联系，变成了控制和开发土地的农耕者。生活方式和思维方式的转变永远改变了人类，将人类送上了技术进步

---

[1] 支石墓是一种单室墓穴，结构包括两块或多块立石和一块大而平的顶石。

的康庄大道，并且最终赋予人类以重塑地貌乃至整个星球的能力。

这场变革不仅是指人类与小麦、田地和绵羊建立了一种新的关系，事实上，它改变了我们的宇宙观，改变了人类如何看待精神世界和天空。新的宇宙观不仅反映了人类向农耕社会的转变，而且说到底，它也是这种转变的根源。

不过，这场变革的开端不是纽格兰奇墓。向东几千英里还有一座古墓，比纽格兰奇墓早 6 000 年，是已知最古老的人工石阵。

· · ·

1994 年，德国考古学家克劳斯·施密特（Klaus Schmidt）正在寻找新项目。此前十年，他一直在土耳其东南部参与挖掘内瓦利切奥里（Nevalı Çori）遗址。这是一处公元前 9000—前 8700 年的狩猎采集者定居点。那里的房子用石灰岩砌筑，石块靠泥浆固着起来。在地下几米深的地方，他发现了一系列神秘的"偶像崇拜建筑"（不同时间建于同一地点），整体呈圆角正方形，内边缘是一圈石凳，一些 T 形石柱嵌在石凳中间。中央另有两根 T 形巨柱，上面刻着人类手臂的形象，看起来像某种拟人的生物。

内瓦利切奥里遗址令人着迷，它让我们窥见一个即将转型的人类社会所拥有的世界观。几百年后，就在这里，农业蓬勃兴起。有史以来，人类第一次种植小麦，饲养绵羊、猪和山羊。可惜的是，1992年，整个定居点被阿塔图尔克大坝（Atatürk Dam）工程淹没，这个遗址的其余秘密，人们永远无法知晓了。[①]

① 许多发掘物由桑利乌尔法（Sanlıurfa）考古博物馆收藏并展出，其中包括在馆内精心重建的崇拜建筑全貌。

于是，施密特把目光投向这个地区的其他史前遗迹。在内瓦利切奥里遗址 60 千米处的金牛座山（Taurus Moutains）的山脚下，他发现了一个 15 米高的土丘，因其形状得名"大腹山"（Potbelly Hill）。山上到处都是新石器时代的燧石工具和破碎的石灰石板。考古学家在 20 世纪 60 年代发现这些石板的时候，认为它们属于一个中世纪墓地，没有研究价值，但施密特发现，这些石板与内瓦利切奥里崇拜建筑中的 T 形柱相似，只是这里的石板极其庞大，是由几米高的大石块制成的。"第一眼见到它们的时候，我就意识到，我有两个选择，"他后来说，"默默走开，或者余生留在这里工作。"他选择了后者。

在接下来二十年的挖掘和地球物理调查中，施密特和他的团队发现，这座山上到处都是埋在地下的柱子和围凳，还有类似内瓦利切奥里的方形石室，同样可以追溯到公元前 9000 年。石室下面还有很多更古老的石圈，直径达 20 米，可追溯到公元前 1 万年。每处空间的边缘都有 12 根 T 形柱，嵌在一圈石凳里，另有两个高 5.5 米、重数吨的巨柱矗立在中央，上面有手臂雕刻以及动物皮制成的皮带和遮羞布的痕迹。其他石块上刻着各种动物的形象，比如蜘蛛、蝎子、秃鹫、狐狸、野猪和瞪羚。这就是哥贝克力石阵（Göbekli Tepe①）。考古学家和史前学家史蒂芬·米森（Steven Mithen）说过，它是"拉斯科洞穴和英国巨石阵的合体"，而从时间上看，它差不多落在两者中间的距今 1.2 万年，代表着一段过渡期。

哥贝克力石阵的发现令人震惊。建造它需要耗费数百人的劳力，规模与其相当的遗址，任何一个都比它晚几千年。考古学家原以为，狩猎采集者根本没有能力建造如此恢宏的石阵，但哥贝克力石阵的发

---

① "Göbekli Tepe"意为前文提到的"大腹山"，所以有专家认为该石阵应译作"大腹石阵"。——译者注

现促使他们转变了观点：向农耕社会的转变（也许由气候变化或人口增长触发）为人类形成大型永久定居点提供了各种资源，最终使人类拥有了修建巨石阵的能力。这种转变促使人类形成了更复杂的社会，同时引发了宗教信仰的变化，这些共同催生了创作巨石"交响乐"的能力和动机。

哥贝克力石阵

哥贝克力石阵石块上的动物形象

对此，也有人持不同看法。法国考古学家雅克·科万（Jacques Cauvin）在 20 世纪 90 年代提出，必须先有文化或宗教变革，才能形成农耕社会，因为从技术上讲，早期人类早就可以开始农耕，"只是他们从来没有过这种想法或愿望"。科万认为，一定发生了什么事，改变了早期人类对自然界的看法，但是没有确凿证据显示这种转变是什么，又是如何发生的。

施密特的发现表明，科万是对的。哥贝克力石阵明确证明，这里曾有一个复杂的、有组织的社会，并且有某种形式的宗教，或者至少是复杂的神话——所有这些都发生在农业出现之前。更重要的是，哥贝克力石阵所在的位置恰恰是农业的发源地。

生物学家已经确定，幼发拉底河和底格里斯河的上游之间有一小块区域，是唯一允许新石器时代所有七种基础农作物（鹰嘴豆、一粒小麦、二粒小麦、大麦、扁豆、豌豆和苦豌豆）共同生长的地方。但是，对几百个一粒小麦和二粒小麦株的遗传研究得出一个结论：这两种小麦的驯化版本很可能源于距哥贝克力石阵 30 千米的卡拉贾达山（Karacadag Mountains）上的野生株。

或许，曾有几百人聚集在山顶修造哥贝克力石阵。单是养活这些工人，就很可能迫使人们开发新的、更可预测的食物来源。米森认为，人们在此处或者周边地区收集并加工野生谷物，散落的谷粒发芽、生长、再次被采集，并且随着时间的推移最终形成驯化株。他总结说，小麦的驯化不是对气候变化的反应，而"很可能是驱使狩猎采集者在土耳其南部的山顶上雕刻和竖立巨石柱的同一种意识形态的副产品"。

但两者之间可能还有更深的联系。2014 年施密特去世后，德国考古学家延斯·诺特罗夫（Jens Notroff）和他的同事继续挖掘哥贝克力石阵。他们发现了一些明显的证据，进一步证实了科万的观点——人类与自然界的关系正在发生变化。旧石器时代的洞穴艺术以动物形象为主，很少有人。相比之下，在哥贝克力石阵的巨石柱上，狐狸、蛇和蝎子被简化成了较小的特征或装饰。研究小组在 2015 年说："人类不再被描述为自然界中与动物同权的部分，而是明显更加突出，'凌驾'于动物界之上。"他们认为，这些艺术表明，人类已经开始影响自然，对自然施加一种"精神控制"，这最终导致了对动物的物理控制与驯化。

哥贝克力石阵的另一个显著特点是对死亡的执着。这里有许多无头人像，还有明显从较大石像上掉下来的人头部分。另外，在沉积物中的动物遗骸（被认为是盛宴的残迹）里，发现了几百块人类骨骼。人类学家在 2017 年报告说，这些骨骼大部分是头骨，而且有些完好的头骨上有凹槽和洞，这说明它们曾被挂起来做展示之用。

施密特认为，这些抽象的 T 形石像展示了一种生活在"超球体"上的存在（这个遗址和其他地方发现的自然主义雕像表明，建造者完全有能力雕刻写实的人像）。而且有趣的是，围墙的出入口不是门，而是"壁窗石"（porthole stone）上的小开口。其中一块壁窗石上刻着一只仰卧的野猪。施密特认为，围墙代表冥界，往生者只能从小开口爬进去才能进入冥界。

事实上，在当时以及之后的几百年里，出现了一种对死亡，特别是对头骨的执迷，把人类遗骸埋在房子里面的做法非常普遍。在约旦的杰里科（Jericho）、加扎勒泉（'Ain Ghazal）等公元前 1 万年和前 9000 年的遗址，人类将精心挑选出来的死者头骨砍下来，盖上石膏面具，嵌入贝壳眼睛，然后埋到地下。在土耳其南部的凯欧努市（Çayönü），考古学家发现了一座建筑，他们称其为"亡者之家"，年代可追溯到公元前 8000 年左右。他们在这里挖出了 66 个人类头骨和另外 400 具人类遗骸。建筑内还有一块平坦的大石头，看起来像是祭坛，上面残留着人和动物的血迹。

还有一个特别古怪的例子。土耳其科尼亚平原（Konya Plain）上有一个二十米高的土丘，名为恰塔胡由克（Çatalhöyük），就在距哥贝克力石阵几百千米远的地方。土丘上有一个人类定居点，在约公元前 7000 年的鼎盛期，那里的泥砖房屋可容纳数千人。这些房屋紧密排布，深入地下，居民从屋顶的小窗进入，然后顺着梯子爬进屋子。屋内琳琅满目，装饰着绘画和从墙壁冒出来的动物雕像。房间与房间之间没有门，居民要通过"壁窗"爬到另一个房间。这些房间不大，而且每个房间又被分成若干位于不同高度、一米见方的小隔间，隔间的边缘装饰着公牛头。在这些房间的下面和墙体里面都发现了人类骨头，其中包括一个被砌在一块砖里的死胎。

恰塔胡由克的居民似乎发现了墙壁的重要性。他们不仅把物品嵌入墙里，有时还在墙体里留出恰好够一人蜷缩的小凹室，不做任何装饰。豹子、公牛等动物的壁雕也被反复抹灰上百次。

这种局促、昏暗、让人难以动弹的居住方式看起来有些疯狂。斯坦福大学的考古学家伊恩·霍德（Ian Hodder）自 1993 年起一直在发掘此处遗址。他的结论是：对于恰塔胡由克的居民来说，房屋的物理结构与他们的神话信仰交织在一起，"世界充满了流动的、转化的、表面可以被穿透的物质"。

考古学家和岩石艺术专家大卫·刘易斯 – 威廉姆斯则更进一步。他认为，恰塔胡由克的居民是在刻意模仿他们在石灰岩洞穴中爬行的经历。向南几天路程的金牛座山上也有这样的洞穴，洞穴中的钟乳石和石灰岩碎片，也出现在恰塔胡由克的房屋中。刘易斯 – 威廉姆斯提出，就像旧石器时代晚期西欧人类进入天然洞穴一样，这些房屋的建造者把墙壁看作通往精神王国的可渗透界面或者说门户。对恰塔胡由克的居民来说，房屋不仅是住所，也是"一个神话世界的物质表达"。房屋就是他们的宇宙模型。

今天，世界各地仍有一些社会通过房屋来模拟宇宙的样貌。例如，哥伦比亚密林中的巴拉萨纳（Barasana）人，传统上住在被称为"马洛卡"（malokas）的木制长屋中。对他们来说，每座长屋都是一个微宇宙，屋顶为天，一根被称为"太阳之座"的立柱在正午时刻与阳光齐平。大梁东西走向，被称为"太阳路径"。地板代表土地，地板下面是埋葬死人的冥界。刘易斯 - 威廉姆斯在 2005 年出版的《走进新石器时代的心灵》（Inside the Neolithic Mind）一书中提出，类似的构思也可以解释在近东发现的其他新石器时代的石阵和崇拜建筑，例如哥贝克力石阵。跟施密特一样，他的结论是，他们铸造了精神世界或者说宇宙冥界的模型，其中包含掩埋死人骸骨的地下空间。

这些建造者只是心系冥界，还是也仰望天空呢？哥贝克力石阵位于地形上的高点，可以看到天空全景。一些研究人员认为，T 形石柱的平顶可能被用来观察猎户座腰带等亮星的升起和落下，或者是观察明亮的天狼星 ① 在天空中逐渐显现（由于岁差）。其他人则将该遗址的动物雕刻与特定的星座联系在一起，例如地下的蝎子雕刻可能代表落到地平线以下的天蝎座（Scorpio）。

诺特罗夫对此并不信服，他怀疑哥贝克力石阵至少有一部分深入地下的沉积层，并且有顶，这个顶可能用动物皮等有机材料制成。因此，与其说这里是天文台，倒不如说它象征着一段可怕的旅程——从阳界进入犹如天然洞穴的冥界。诺特罗夫告诉我，有人给石阵修了一个保护顶，他最近刚去体验过。他感觉影子使石柱和雕刻看起来变大了，"更加令人敬畏"。"年轻猎人拿着火把第一次坠入黑暗，在漆黑一团中，摇曳明灭的火光照亮了巨蝎、盘曲的蛇和咆哮的掠食者的形

---

① 天狼星（Sirius），又称大犬座 α 星 A。——译者注

象，这该有多么令人胆战心惊啊，我完全能想象得出来。"

但是，这并不意味着哥贝克力石阵的建造者对天空不感兴趣。石阵中保存最完好的一座柱雕戴着一条项链，上面刻着圆盘和新月。人们认为，这些符号代表月亮，甚至有人认为，项链代表这座柱雕是"月神"。不管怎样，哥贝克力石阵以及其他类似结构揭示了人类与宇宙的关系正在发生根本变化。与旧石器时代和今天的传统狩猎采集社会一样，哥贝克力石阵的建造者也构建了一个分层宇宙，它包括低世界、中世界和高世界。刘易斯－威廉姆斯认为，意识状态的改变很可能仍是穿越层界的重要方式。

与旧石器时代不同的是，这种旅行此时是在人造环境而非自然环境中进行。恰塔胡由克的居民似乎照搬了天然洞穴中狭窄的通道。在其他地方，人们加强了对此类门户的控制力，这使得房屋设计变得更简单、更程式化——围墙、柱子和方形石室。正如刘易斯－威廉姆斯所指出的，这是一种服务于专门目的的结构，人们在向这种做法转变的过程中也加强了社会控制，换句话说，社会中出现了有权势的精英和规范的仪式（包括在人死后，或许还有活人献祭后，对挑选出来的死人头骨进行装饰和陈列），规定了谁可以进入其他世界以及如何进入。

哥贝克力石阵是两个重要变化的缩影，而这两个变化似乎同时发生在农业诞生的前夕，又都涉及人类社会与自然界分离或置于自然界之上的过程。宇宙的精神世界变得拥挤起来，但它的占据者不再是动物向导，而是死去的人类祖先。人们不再利用已有洞穴或自然地形进入其他世界，而是开始自建入口。

• • •

几千年后，这些变化传到了博因河谷。基因研究表明，随着移民替代了大多数当地人口，农业逐渐从近东扩散到整个欧洲。新的生活方式在公元前7000年左右传到希腊，公元前4500年左右传到欧洲西北部。当这些农耕者到达葡萄牙、布列塔尼、瑞典等大西洋沿岸地带时，他们疯狂地用巨石建造石柱、围墙和坟墓。

不同的社会以不同的方式表达这个主题。爱尔兰的传统墓穴是长廊式的，于是便有了纽格兰奇墓，这是新石器时代最壮观的石阵之一。公元前3750年前后，农耕者来到这里，带来了陶器、坚固的长方形房屋以及小麦和大麦等谷物。对植物遗骸的研究表明，这种转变相对迅速，一两百年之后，全岛都种上了谷物，大片森林被砍伐或焚毁。

与此同时，人们开始建造简单的石墓。用五六块大石头和一块平坦的顶石搭起一间墓室，上面堆一个土包，一座石墓就建成了。后来的几百年，石墓变得更大、更复杂。最早的石墓很小，进不了人，而后来的石墓都建有直径二十米的堆石标或者说坟包，里面有通道，通向带有艺术雕刻和叠涩拱顶的墓室，那是人们举行仪式的场所。

爱尔兰考古学家罗伯特·亨西（Robert Hensey）研究过爱尔兰长廊式墓穴的发展过程，他也认为这些遗址是通往其他世界的门户。在2015年出版的《第一道光：纽格兰奇墓的起源》（*First Light: The Origins of Newgrange*）一书中，他将这些墓穴描述为"一个强大的超验网络，一组连通其他世界的桥梁"。他提出，通过与祖先的遗骸占据相同的空间，"被选中的个体的肉身能够进入另一个世界，即祖先之界"。跟在近东的时候一样，人们没有选择自然景观作为通向其他维度的门户，而是自建通路。

同时，人们刻意令这段通往精神世界的旅程变得艰难，这与哥贝克力石阵和恰塔胡由克遗址的情况相同。不管墓穴多大，通道的宽度总是只能容纳一人通过。进入者一路上要躲避障碍物，艰难地爬行，还要从石头上翻过去，才能到达墓室。随着墓穴变大，墓室也变得复杂起来，有的墓室甚至有七间凹室，每间凹室刚好够一个成年人坐着或蹲着。亨西认为，进入者可能长时间待在凹室里，可能是希望通过感官剥夺（再辅以恐怖的颂祷回响）进入恍惚状态。他指出，在一些传统部落里，比如哥伦比亚的科吉人（Kogi）或者巴布亚北部的奥罗卡瓦人（Orokaiva），接受精神领袖训练的人单独禁闭在黑暗中，有人甚至连续禁闭好几年。

哥贝克力石阵与天空的联系尚未得到证实，但对新石器时代的欧洲来说，这种联系却无比清晰——这些石阵常常反映天体的运动。一项对西班牙和葡萄牙的 177 座支石墓的调查发现，每座墓都面向东方，指向旭日圆弧内地平线上的一点。调查报告的作者得出结论：每座墓都在特定的一天朝着日出的方向，而那一天或许就是这座墓的破土动工日。这符合一种观点，即此类墓穴通往地下世界，那里是大自然的重生之所，也是太阳每晚夜归与次晨重生的地方。

并非所有的爱尔兰长廊式墓穴都明显地指向太阳，但少数几个墓穴也有纽格兰奇墓那样的顶窗，这有力地证明了造墓人希望阳光在某些时刻照进墓穴。此外，人们不但关注太阳日复一日的重生，而且还开始关注太阳的周年运动。2017 年，有人对 136 座爱尔兰长廊式墓穴进行了一项研究，结果表明，其中有 20 多座墓穴是有意呼应太阳周年运动中的关键日期（主要是至日）。

在公元前 3200—前 3000 年修建的长廊式墓穴变得更大了，跨度常常超过 50 米，用的石块更大，墓顶修得更高，通道变得更长，同时设计上也有变化，包括墓穴外部的艺术和装饰、堆石标周围的公共空间和平台以及能让人站在上面的平顶土丘。过去人们用来隐修的凹室，现在填满了仪式用的石盆。

种种变化表明，这些遗址正在从个体精神之旅的门户转向公共仪式的场所，而后者可能由有权势的精英操控，意在唤起围观人群的戏剧感和敬畏心。这种传统的巅峰正是纽格兰奇墓。这座装饰着璀璨石英立面的古墓，就其规模、复杂性、艺术的质量和数量以及排列的精确性而言，都是最令人难忘的长廊式墓穴。

这样的古墓还有很多。在纽格兰奇墓所在的博因河曲上，还有两座与其大小相当的长廊式墓穴——诺思（Knowth）墓和道思（Dowth）墓（后者与冬至的日落呼应），此外还有大约 90 座各式各样的陵墓，包括较小的长廊式墓穴、立石、木围栏、土制围墙和一条行进道。建造一处如此富有戏剧性的仪式景观，需要数百人甚至数千人协同配合。

仪式可能是这样的：冬至清晨，一队哀悼者或者崇拜者跨过博因河，走上山脊，然后将亡者的遗骸放入墓穴。待到日出之时，光束照进象征着冥界之旅的墓室，但这不是终点。刘易斯－威廉姆斯认为，人们可能想象着阳光将亡者的灵魂释放出来，继而钻透高高的叠涩拱顶返回天空，进入"宇宙生命、死亡与重生的永恒循环"。

不过，这里有一个问题。无论纽格兰奇墓、道思墓等古墓在围观人群的眼中多么神奇，阳光照进墓室的壮观场景，只有墓室里少数几个人能够目睹。可能正因如此，这种传统没能延续下来。约公元前 2900 年之后，人们不再修造长廊式墓穴，取而代之的是一种新型石阵。它采用的是同样的照明方式，但却能让几百人同时看到。

· · ·

很少有哪座古代石阵，能像坐落在英格兰索尔兹伯里平原开阔草原上的巨石阵那样，令世人众说纷纭。几百年来，这个神秘的巨石圈被描述为德鲁伊特神庙、天文台、治疗中心、战争纪念碑，甚至是外星飞船的着陆点。最近，考古学家在巨石阵和其他地方开展了一系列发掘工作，所以他们比以往任何时候更能说清它背后的故事。

巨石阵因规模巨大、石柱间距惊人而举世无双。被称为"撒森石"（sarsen）的巨型砂岩，每块重 22~27 吨，可能是从向北 30 多千米的埃夫伯里（Avebury）附近的山上运过来的。即使是较小的青石，也有好几吨重，是从距此地几百千米的威尔士运过来的。巨石阵是整个新石器时代最惊人的人类成就之一。更为神秘的是，它有一个众人皆知的特点——朝向太阳。

现代发掘和放射性碳测年结果表明，巨石阵是分阶段建成的。公元前 3000 年之后不久，人们用鹿角镐在白垩中挖出一圈沟和垄（被粗略地描述为"环形构筑物"[①]），里面有一圈青石，入口朝东北方向。青石圈内和入口外竖立着几块撒森石，从入口向外的远处还有一块巨大的、未加工的撒森石，现称"踵石"（Heel Stone）。几百年后，巨石阵大致变成了我们今天看到的格局。青石已被重新排列，三十根竖立的撒森石构成一个石圈，撒森石上面的楣石最初可能连成了一个悬在四米高空中的全闭合石环。石阵中央有五个高八米的门洞状拱门（被称为"三石塔"），呈马蹄形排列。

关于巨石阵最复杂的天文学理论——比如预言日食——已经被证伪了，但无可争辩的是，三石塔和东北大道确实指向仲夏日出的方位［这条大道后来转向，最终通向附近的埃文（Avon）河］。现在，每年有成千上万的人聚在这里，观看仲夏的太阳从踵石后面升起，但在新石器时代，仲夏的太阳与东北大道连成一线。

巨石阵还呼应仲冬的落日，方向与仲夏的日出相反。仲夏的日出在石圈内才可以看到，而仲冬的日落，你只要站在东北大道上就能看

---

① 真正的环形构筑物是垄在内，沟在外，而巨石阵是沟在内，垄在外。

到。事实上，从这个方向可见的石面被精心加工过，这表明仲冬日落的时刻至关重要。还有一些被称为"站石"（station stone）的石头，组成了一个长方形，可能与满月的月出点和月落点对齐。这种现象每18.6 年出现一次，时间是至日。[①]

这一切是为了什么？ 1998 年 2 月，英国考古学家迈克·帕克·皮尔森（Mike Parker Pearson）参与拍摄了一部有关巨石阵的电视纪录片，他邀请他的马达加斯加同事拉米利索尼纳（Ramilisonina）一同参与。他们曾在马达加斯加共事过几年，那里的传统部落仍旧通过竖立被称为"瓦托拉希"（vatolahy，意为"人石"）的立石来纪念亡者。

开机前一天，皮尔森带着拉米利索尼纳来到巨石阵附近的埃夫伯里。皮尔森很好奇他的朋友会如何看待这个史前遗迹，于是他告诉拉米利索尼纳，考古学家不清楚古人建造巨石阵的动机。"拉米利索尼纳问我：你在马达加斯加的工作是不是白干了？"皮尔森在 2013 年回忆说，"在拉米利索尼纳看来，这样的环形石阵显然是为了纪念祖先，而之所以用石头建造，是为了代表死后的永生。"相比之下，木头等易腐烂的材料属于这个短暂的活人世界。

起初，皮尔森不以为然，他坚持认为马达加斯加人的信仰无助于揭示古人修建巨石阵的动机；其实，之前有人提出过巨石阵是亡者纪念碑的想法。然而，在开机当天拍摄期间，他想：或许，拉米利索尼纳的话不仅可以解释巨石阵，还能解释整个周围景观。

距离巨石阵几英里的埃文河的上游有一处由泥土和木头建造的新石器时代遗址——德灵顿墙（Durrington Walls）。这是不列颠群岛上已知的最大的环形构筑物，占地 17 公顷，由一圈土墙和几个巨大的

---

① 20 世纪 60 年代出现一些说法，认为巨石阵呼应几十种天象，且石阵里的"奥布里洞"（Aubrey Holes）是用来预测食的。这些说法在今天的学术界没有得到普遍认可。

木柱构成。考古学家本以为德灵顿墙比巨石阵早几百年，但对巨石阵的放射性碳测年结果刚刚揭示，这两处遗址可能属于同一个年代。在与拉米利索尼纳交谈之后，皮尔森想，巨石阵和德灵顿墙不是各自独立的，而是同一个综合体的两个部分：一个为生者而建，一个为死者而建。

为了验证这个想法，皮尔森和他的同事从2003年到2009年在这两个地点挖掘。正如所预测的那样，研究小组在德灵顿墙发现了之前未曾料到的人类定居点证据，年代可追溯到撒森石被加到巨石阵的公元前2500年前后。德灵顿墙到处都是人类日常生活的残迹，而巨石阵几乎只有被火化的人类的残骸（考古学家估计，在公元前3000年，可能有数百人被埋在这里）。更重要的是，研究小组发现了一条从其中一个木圈通往埃文河的道路，这表明德灵顿墙与河畔的巨石阵是连通的。他们还确认了德灵顿墙与至日呼应的几个现象（木圈和通河大道面向东南，即仲夏日落或者仲冬日出的方向），以及仲冬盛宴的遗迹。

皮尔森总结说，巨石阵史诗般的第二阶段的建造者就生活在这里。他们似乎是在一年中的某个特定时间跨越几英里来到巨石阵，可能是为了纪念祖先，也可能是为了将亡者从活人世界送入永恒的来世。他认为，冬至时太阳降到最低点，植物休眠，所以他们可能将冬至视为"黑暗的冥界最接近生者世界"的时候。那时，人们可能聚集在德灵顿墙，大摆宴席，竖立木柱，以纪念亡者。

过程可能是这样的。黎明时分，一支队伍从朝向日出的木圈出发，迎着太阳走到河边，乘着木筏或独木舟顺流而下，带着被选中的亡者的火化遗体，进入祖先的领地，然后下午前往巨石阵。此时，在天空的衬托下，巨石阵的楣石环形成一个连续的轮廓，太阳在楣石环的后面落下，阳光从楣石环顶部与高耸的中央三石塔之间的一道窄窗穿过。对于任何一个顺着斜坡走向巨石阵的人来说，最后一缕夕阳都会在那里停留片刻，如同纽格兰奇墓一样，阳光在这里变成了一束被巨石框住的光束。

根据纽格兰奇墓等长廊式墓穴的理论，把巨石阵看作被仲冬太阳造访的冥界，这种想法是有道理的。对这两处新石器时代遗址来说，建造者用石头将他们所理解的地球和天空的变化规律，转化为感官能够知觉的戏剧性时刻。知道冬至的时刻是一回事，而在深冬时节集体见证这一时刻是另外一回事。想想看，在全年最黑暗的时刻，光明到来了。他们基于对宇宙周期的了解，构建了一条关于永恒（或许还有永恒的来世）的信息，穿越几千年的岁月，讲给今天的我们。

人们通常认为石阵和农耕是新石器时代的重大创新，但其实，这两样都可以追溯到一个更深层次的转变——人类在精神上与自然界分离，并且具备操控和支配自然界的能力。人类不是简单地适应环境，而是主动控制，他们不仅建起一座座石阵，而且塑造了整个景观，给信仰和欲望赋予物理形态。

这场革命发端于哥贝克力石阵，6 000 年后，巨石阵的建造者为其画上了圆满的句号，动物神灵消失了，人类的祖先居于至高无上的地位。在此过程中，人类摆脱了对天然洞穴和冥界的依赖。新石器时代的不列颠农耕者构建了一种崭新的宇宙学，适用于更为庞大、复杂的社会，他们不再通过个体的恍惚状态（比如在拉斯科洞穴、纽格兰奇墓）探索宇宙，而是在呼应天象的公共场所观察天空。从巨石阵开始，人类不再隐匿在黑暗当中，而是走进了光明。

第三章

命运

1853 年 12 月，二十七岁的考古学家霍尔穆兹德·拉萨姆（Hormuzd Rassam）代表伦敦大英博物馆在摩苏尔（现位于伊拉克）附近主持发掘工作。这是一次毕生难求的好机会，尤其是对拉萨姆这样在中东出生和长大的人来说。可是一年多过去了，他没有取得任何重大发现，而且雪上加霜的是，他迫切想要勘察的那个地点，已经许给了一个对手发掘小组。他打算孤注一掷，但关键要找准时机。他仰望沙漠上空，焦急地等待满月升起。

摩苏尔是拉萨姆的家乡，在今天很多人眼里，这是一座被反恐战争毁掉的城市。2017 年 7 月伊拉克军队从"伊斯兰国"（ISIS）夺回摩苏尔时，那里只剩下断壁残垣和满目疮痍。然而，在拉萨姆生活的年代，摩苏尔是奥斯曼土耳其帝国的一部分，古老的城墙内，你可以看到尘土飞扬的街巷、熙熙攘攘的集市和拱顶尖塔的清真寺，平底船晃晃悠悠地载着乘客穿过底格里斯河，去向远方的沃土。那里有玉米地、瓜田、黄瓜地和一群浅草丛生的山丘。

这片山丘群位于摩苏尔以南 30 千米的尼姆鲁德（Nimrud），在拉萨姆到来之前，欧洲探险家在这里发现了一个壮观的古代世界，其中最大的山丘名为"库云吉克"（Kunyunjik），长1英里。1847年，英国探险家奥斯汀·亨利·莱亚德（Austin Henry Layard）在拉萨姆的协助下，在库云吉克的西南角挖出一座宏伟宫殿的残迹。那是一座滨河宫殿，建于公元前7世纪，至少有80个房间和过道，长着翅膀的公牛和狮子把守着宫门，墙上有一条约3 000米长的雪花石膏浮雕饰带，展示着近东各地的军事胜利。这里正是亚述国王辛那赫里布（Sennacherib）的王宫，莱亚德和拉萨姆发现了世界最大帝国的首都——伟大的尼尼微（Nineveh）。

长着翅膀的公牛

亚述人在《圣经》中赫赫有名。《圣经》记述了辛那赫里布[①]围困耶路撒冷失败的故事，还将尼尼微描述成一座邪恶的城市，后来上帝派约拿传教，那里的居民悔改了。在莱亚德之前，人们一直没有发

---

① 《圣经》中译本译作"西拿基立"。——译者注

现这个文明的踪迹，2 000 多年过去了，这座古城和它的王宫终于重见天日。

1852 年，大英博物馆计划再赴尼尼微，莱亚德当时一心谋求政治前途，不愿远行，便说服博物馆派拉萨姆主持此次发掘。拉萨姆求成心切，打算开凿库云吉克的北角，他有把握能在那儿挖出些名堂。英法两国都想把古董运回自家的博物馆收藏，当时正为此争得不可开交，等到拉萨姆赶来的时候，英国驻巴格达领事亨利·罗林森（Henry Rawlinson）已经把拉萨姆心仪的挖掘点交给了法国人。

拉萨姆只好转向别处，到 1853 年 12 月的时候，他已经没多少时间了，经费也见了底。他想，与其无功而返，不如冒险到法国人那个挖掘点碰碰运气。不过，如果他瞒着法国人却一无所获的话，英国政府可能再也不会信任他了。"所以我决定夜里动手，"他后来写道，"只待明月升起，为我的这次冒险制造良机。"

他招募了一队信得过的工人，一行人于 12 月 20 日晚来到库云吉克。次日晚，他们挖到了一堵连着一截砖地的大理石墙。清晨，拉萨姆激动地给罗林森和大英博物馆发去电报，说他发现了另一座亚述王宫。当晚，工人们又往深处挖了几英尺[①]，发现大理石墙被一个古代垃圾堆封死了。

拉萨姆心烦意乱，要知道，发现新王宫的消息已经在摩苏尔"传开了"，法国人可能很快就会赶来阻止他，奥斯曼政府说不定还会控告他犯抢劫罪。第四天晚上，他又雇了些人，在靠近大理石墙的几处继续开凿。经过忐忑不安的几个小时，他终于听到有人大喝一声"Sooar"（在阿拉伯语中意为"雕像"）。只见深沟里有一处大面积塌方，月光下露出一尊完好的人像——一位肌肉发达、留着胡须的亚

---

① 1 英尺 ≈30.48 厘米。——编者注

述国王。

原来，他们发现的石室是一个狭长的大厅，长近 20 米，宽 5 米，墙上刻满了国王猎狮的场景：有国王驾着战车高举弓箭的，有国王和随从一起戳刺狮子的，也有国王手持匕首刺穿狮颈的。这里的浮雕是迄今为止最精致逼真的亚述艺术，其中一头母狮的雕像令拉萨姆尤为感动，他说："她趴在前爪上，头向前伸，徒劳地尝试聚拢四条伤腿。"

但是，拉萨姆最大的发现在他的脚下。石室地面上散落着成千上万块碎泥板，有的已经化作齑粉，有的近乎完好无损，其中保存最完好的泥板长 9 英寸[①]。这些泥板的表面布满细小的楔形凹痕，是制板人趁黏土还湿的时候，用芦苇尖压上去留下的形状——这就是"楔形文字"。毋庸置疑，拉萨姆发现了另一座亚述王宫。这是一座图书馆，其建造者是辛那赫里布之孙、亚述帝国最强大的国王——亚述巴尼拔（Ashurbanipal）。

亚述国王猎狮

母狮雕像

这是一个重量级的发现。第二章我们提到，约公元前 8000 年的

---

① 1 英寸 ≈2.54 厘米。——编者注

农业起源是人类历史上的一个关键转折点，从那以后，人类不再是自然界的一部分，而是自然界的塑造者和掌控者。几千年后，幼发拉底河和底格里斯河之间同一片肥沃的平原①，见证了人类历史上又一场伟大的革命——文字的诞生。

已知最早的文字刻板来自公元前4000年末美索不达米亚南部的苏美尔文明，后来巴比伦人和亚述人沿用了苏美尔人的楔形文字，又将它继续向北传播。有了文字，人们可以把债务、税收、国王的意志，一切的一切永久记录下来，为日益复杂的市镇、城邦乃至帝国的正常运转提供有力支撑。自有文字记录起，历史开始了。关于已逝文化的思想和信仰，我们当然可以在考古遗址中寻觅蛛丝马迹，但文字记录却可以直截了当地为我们述说历史。

拉萨姆发现的亚述巴尼拔图书馆，让我们得以对一个古老文明的精神世界进行首次系统性地探究。在亚述巴尼拔时代，亚述帝国的疆土覆盖了整个美索不达米亚以及周边地区，他的图书馆收藏了数千条来自帝国各处的文书，其中有些是公元前3000年的古老文书的复本。曾为大英博物馆巴比伦泥板编目的楔形文字专家雅妮特·芬克（Jeanette Fincke）说，这些文书可谓是"一切的前身……我说的是一切"，买卖公牛、奴隶、酒桶的收据，祈祷文，法律文件，文学和医学，各色文书，一应俱全。

这些泥板文书透露了海量信息，但其中最重要的是一个围绕天空迷恋乃至天空痴迷所建立的社会。它们将太阳、月球和行星的运动记录为神谕，众神通过它们向人间传递旨意，掌控人类的所有行为与

---

① 美索不达米亚平原北起土耳其南部，南至波斯湾。"美索不达米亚"在希腊语中意为"河流间的土地"。

决定。例如，一块泥板上写着："阿贾鲁月①，守夜时分，月亮失色，国王驾崩。"大约 7 000 条这样的预兆汇集成了《占星图表》（*Enuma Anu Enlil*）。自此，一个令人类欲罢不能的想法诞生了——我们的命运被写在星空上。

· · ·

这座图书馆的浮雕将亚述巴尼拔描绘成一个嗜血的统治者，比如在一幅浮雕中，他在花园里享用野餐，一旁的树上挂着敌国国王的人头。公元前 612 年，也就是亚述巴尼拔死后几年，亚述帝国的敌人一雪前耻，附属国联合起来，在巴比伦人的率领下攻占尼尼微，将所有宫殿付之一炬。这些由黏土制成的泥板在烈焰炙烤中变形起泡，但同时也变得更加坚硬，历经几千年的风吹雨打，留存至今。

除了拉萨姆发现的泥板，莱亚德在辛那赫里布留给亚述巴尼拔的王宫里也发掘出大量泥板，他们将几万块泥板装进板条箱运往大英博物馆。② 楔形文字板并不是新发现，但尼尼微这批泥板的规模太过惊人，破译任务一下子变得迫在眉睫。

这方面，英国领事罗林森是一位先锋人物。几年前，他为了将刻在波斯一面悬崖壁上的神秘楔形文字复制下来，冒着生命危险攀上悬崖。那是楔形文字版本的罗塞塔石碑（Rosetta Stone），用包括巴比伦人所讲的阿卡德语（Akkadian）在内的三种不同语言，将人类写给诸神的一条信息刻在崖壁上。到 1860 年，罗林森等人对这套复杂符号

---

① 阿贾鲁月（Ajaru），巴比伦历每年第二个月的名称，大致相当于公历 5 月。——译者注
② 拉萨姆和莱亚德没有记录每块楔形文字板的具体发现位置，而且所有板条箱在抵达伦敦后混在一起，难以区分，现在被视作同批藏品。

已经有了一定了解，于是开始尝试阅读尼尼微的这批泥板文书。

罗塞塔石碑

这些文书揭示，亚述巴尼拔不仅是一位军事领袖，也是一个痴迷的文书收藏者，他在整个帝国范围内不知疲倦地搜罗文书，各式各样不下几千条。芬克说，亚述巴尼拔"想要收集已知世界的文字知识和智慧"。其中一块泥板上刻着他写给其代理人的指示："把你们所知道的亚述之外的稀有文字刻板，统统给我找来！"他特别看重巴比伦文书，收集了 3 500 多条有着千年历史的文书。巴比伦尼亚自身也是一个强大的帝国，尽管在约公元前 900 年被亚述帝国征服，但其昔日的首都巴比伦，依旧是重要的文化和宗教中心，巴比伦人的世界观大多被亚述人纳为己用。

亚述巴尼拔图书馆最著名的发现之一是史诗《吉尔伽美什》（*Gilgamesh*），据称这是世界上第一个故事。现在认为，这部史诗于公元前 1700 年左右在巴比伦写成，以再早几个世纪的苏美尔诗歌为基础，讲述了一位年轻傲慢的统治者不顾一切追求永生，无功而返后终获智慧的故事，被誉为一部文学杰作［主人公的原型是公元前 3000 年的一位乌鲁克（Uruk）国王］。《吉尔伽美什》在被发现时引起了一场轰动，因为在这部比最古老版本的《创世记》还早几百年的史诗里，竟然出现了大洪水和诺亚方舟的故事。1872 年 11 月，大英博物馆助理馆长乔治·史密斯（George Smith）在博物馆阅览室里破译出这段文字，据说他当时兴奋不已，甚至脱起了衣服。这部史诗多处涉及天空，比如有一处讲到吉尔伽美什不得不赶超太阳，还有一处说，吉尔伽美什和他的朋友恩基杜击败了女神伊什塔尔（Ishtar，代表金星）压在他们身上的天牛座（现称"金牛座"），还将天牛的大腿割下来甩在女神脸上。一些学者认为，这段神话故事解释了为什么金牛座在美索不达米亚时期失去了它的臀部和后腿。

另一部来自这座图书馆的巴比伦史诗是《埃努玛 – 埃利什》①（Enuma Elish，意为"天之高兮"），其知名度虽不及《吉尔伽美什》，但据说地位同等重要，因为它是已知最古老的创世神话之一。换句话说，在人类描述宇宙如何形成的所有努力中，它是流传至今最早的一次尝试。今天我们看到的史诗文本是在公元前 1500 年左右定稿的，但可能同样基于更古老的故事。它讲述了巴比伦的守护神马尔都克（Marduk，相当于罗马神话的朱庇特）如何战胜母亲女神彻墨（Tiamat）和各股混乱力量的故事。史诗中说，马尔都克像处理"一条干鱼"一样把母亲女神撕成两半，用她的残躯创造了天与地。

然后，马尔都克给宇宙带来了秩序。他设定了行星和恒星的运行轨迹，将一年分成 12 个月，每个月 30 天，把黑夜托付给月亮，白天托付给太阳。他释放了天气，又让幼发拉底河和底格里斯河从彻墨的眼里流出。他在巴比伦为自己建造了一座神殿，与掌管水和智慧的神埃亚（Ea）一起创造了人类。与其他描述人类早期宇宙观的文本一样，这部创世神话描绘了一个丰富多彩的史诗画面，显然旨在创造意义而非解释事实。考古证据表明，旧石器时代和新石器时代的人类认

---

① 饶宗颐的中译本译作《近东开辟史诗》。——译者注

为，地上发生的事情与天象是紧密相关的。《吉尔伽美什》和《埃努玛－埃利什》从文明诞生之时讲起，为我们展示了一个合一宇宙，其中的天和地作为硬币的两面互为映射，互相影响。

因此，美索不达米亚诸神同时居于地上和天上。每位主神都以雕像的形式驻扎在属于他的城市里，比如马尔都克的人间住所是巴比伦的埃萨吉拉（Esagila）神庙。发掘表明，这座神庙长 200 米，几座巨大的庭院通向庙内的神殿，神庙旁矗立着一座之字形塔（也称阶梯塔）[①]。神庙祭司负责马尔都克和同为雕像的神圣随从们的衣食娱乐，并且在宗教游行时带着他们在城里转悠。为期十二天的新年节日特别重要，法国亚述学者让·博泰罗（Jean Bottéro）说，这期间"人们歌颂诸神，不仅是为了延续时间……也是为了延续宇宙本身"。

诸神也以天体的形式现身于天空，他们中既有马尔都克[②]、伊什塔尔[③] 等一众行星，也有月神辛（Sin）和太阳神沙玛什（Shamash）。人们认为，诸神主宰人间事务，并且通过他们在天空中的运动轨迹向人们昭示未来。埃萨吉拉神庙的祭司被称为"《占星图表》抄写员"，他们以解读天象的能力闻名，这门专业知识可以追溯到几百年前。通过正确解释天象并操办适当的仪式，就有可能令可怕的预兆免于应验。

因此，亚述巴尼拔收集各类文书并非纯粹出于哲学爱好，于他而言，对宇宙的了解关乎他的生死。到目前为止，亚述巴尼拔图书馆最大的一组巴比伦文书涉及预兆和占卜，特别是与天象有关的预兆和占卜。芬克说，亚述巴尼拔的宏伟计划是"收集刻有仪式和咒语说明的文字刻板，多多益善，这些对他保持王位与王权至关重要"。

---

① 即七曜塔。——译者注
② 即木星。——译者注
③ 即金星。——译者注

观察天空并不是唯一的占卜方法，羊内脏、胎记、烟、色子、一种鸟的叫声，几乎任何东西都能显露神的预兆。为了避开噩兆，巴比伦人编写了一本仪式目录，名为《避邪录》（*namburbi*，苏美尔语，意为"放松"或"驱散"），只要照着目录做，就可以像解开绳结一样把邪恶解开。如同恰塔胡由克洞屋的居民一样，诸神住在一个物质与精神没有界限的神奇世界，那里发生的一切都是神的旨意。

不过，天象是最有威力的预兆。一个人在家里看到的预兆（比如突然出现的昆虫）可能只会应验在他本人身上，出现在街上的预兆会覆盖左邻右舍，而理论上讲，天象人人可见，所以预示的是整个国家的命运，比如收成好不好，战事顺不顺利，政局稳不稳定，国王会不会换人。亚述巴尼拔图书馆的泥板详细描述了驻扎在帝国周边，尤其是巴比伦的神庙祭司们如何定期向亚述巴尼拔禀报天象并建言献策。

他们的智慧集结成《占星图表》，原文书名取开篇的前三个词"*Enuma Anu Enlil*"，意为"当安努和恩利尔……"［安努（Anu）是天空之神，恩利尔（Enlil）是空气之神和风王］。此书编纂于约公元前2000年后期，相当于一本占星手册，记录了从行星运动到太阳颜色等各种天象对地球的影响。"如果在尼萨奴月①的第一天，日出（看上去）洒满鲜血，"一块泥板上写道，"则此国谷物消失，苦难降临，人会吃人。"另一块泥板上写道，如果在金星和木星可见的时候发生日食，"此国将遭受攻击"。最重要的天象是月食，它常常预示国王驾崩。月亮的圆盘被分成四份，与已知世界的四个王国——阿姆茹（Amurru）、埃兰（Elam）、亚述和巴比伦——一对应，月食中被遮住的王国，它的国王将会死去。

---

① 尼萨奴月（Nisannu），巴比伦历每年第一个月的名称，大致相当于公历4月。——译者注

亚述巴尼拔图书馆的文书记录了美索不达米亚的国王们避免噩兆的办法，听起来令人毛骨悚然。如果发生月食，国王暂时退位，随便找个敌人、罪犯或者园丁做替身，让他披上王袍，坐上王位，旁侧再配上一个"女孩"或"处女"当王后。两个替身享受百日奢华之乐、歌舞升平乃至王室游船后，即被处死。这就算预兆应验，然后真国王高枕无忧地复位。

这是一个由天空统治的文明，仅此一瞥便令人着迷。对这个文明来说，太阳、月亮和行星的天空之舞是生死攸关的问题。但是，埃萨吉拉神庙的祭司不仅是迷信的占卜师。1878 年，一位隐居的耶稣会牧师开始大量复制大英博物馆收藏的巴比伦泥板，并且最终揭示了亚述人对天空的了解远非世人所想。

· · ·

公元前 612 年，尼尼微陷落，巴比伦人开始统治北起今土耳其中部、南至阿拉伯沙漠的亚述帝国。公元前 604 年，尼布甲尼撒二世登基，他在位的 43 年里一直在重建巴比伦，终于把这座城市建得比昔日更加辉煌宏伟。他建起一座巨大的宫殿，又在城市周边修造护城河和城墙，城墙之厚，可以容一辆四马战车在墙头上绕圈跑。八扇城门中，最壮观的是伊什塔尔门，穿过这道门，你会看到一条 20 米宽的游行街道，通向城内的埃萨吉拉神庙。城门表面和街道两旁铺满蓝色釉砖，砖上装饰着黄白相间的猛兽，比如龙、狮子和原牛。

尼布甲尼撒二世还重建了神庙旁边的七曜塔（之前那座已毁于辛那赫里布之手）。据说，这座 90 米高的新塔比以往任何时候都要高，塔外有楼梯，塔顶是马尔都克神殿，同样用鲜艳的蓝色釉砖装饰。塔名"Etemenanki"，意为"天地之基塔"，满载神话和宇宙学意义。这座塔有一处设计很容易让人联想到《吉尔伽美什》中的方舟：两者都有七层，占地面积都是 1 *ikû*，合 3 600[①] 平方米。

这种结构也反映在天空中。伦敦大学亚非学院的巴比伦文化专家安德鲁·乔治（Andrew George）指出，*ikû* 是巴比伦人对飞马座大四边形的称呼。七曜塔是"一个同时建立在宇宙两个层面上的结构，其宏大……超越了两层之间的差距"。这里是马尔都克的家，也是巴比伦城和巴比伦国王安全与权力的源泉。在《圣经》中，尼布甲尼撒二世是血洗耶路撒冷、放逐犹太人的昏君，七曜塔也变成了混乱的巴别塔。

德国考古学家从 1899 年开始对巴比伦进行第一次科学发掘，上述大多数内容都在他们的工作中得到了印证。其实，他们到巴比伦时，泥板已经所剩无几，有些是在 19 世纪 70 年代被四处挖掘的拉萨姆挖走了，还有一些被当地人非法挖掘并倒卖给了古董商。[②] 最终，大英博物馆买到了几千块泥板，而这些泥板引起了实习牧师约翰·斯特拉斯迈尔（Johann Strassmaier）的注意。

斯特拉斯迈尔 1846 年出生在巴伐利亚的乡村，19 岁加入耶稣会。几年后，巴伐利亚成为新统一的德意志帝国的一部分，耶稣会士成为帝国第一位首相奥托·冯·俾斯麦的打击目标。俾斯麦认为，耶稣会士遵从教皇是在挑战世俗政府，于是在 1872 年禁止耶稣会士在帝国教书和工作。斯特拉斯迈尔移居英格兰，在一所耶稣会学院专门从事语言研究。1876 年，他被授予神职，两年后搬到伦敦梅费尔（Mayfair）一所耶稣会的房子里，从此处去大英博物馆步行即可。

即使逃离了德意志帝国，他依然无法回避世俗世界观与宗教世界

---

① 此处原书作"90"，有误。经查，1 *ikû* = 3 600 平方米，同时据文献记载，《吉尔伽美什》所述方舟的面积为 60 × 60 = 3 600 平方米。——译者注
② 与尼尼微的情况一样，这些泥板的具体发现地没有记录。许多泥板在出土和运输过程中遭到损坏，德国考古小组来到这里时，泥板已经所剩无几。

观之间的紧张关系。一连串革命性的科学发现正在颠覆《圣经》教义，伦敦的学者们为此争论不休。1859 年，查尔斯·达尔文提出自然选择和进化论，挑战《圣经》中上帝创造物种的说法。1872 年尼尼微出土的泥板令一些人认为，《旧约》记述的大洪水不过是美索不达米亚神话的翻版。耶稣会士拥有扎实的学术传统和捍卫《圣经》准确性的愿望，他们也希望参与这场争论。斯特拉斯迈尔被分配到了大英博物馆研究楔形文字板，在那儿，他开始自学阿卡德语。

斯特拉斯迈尔身材矮小，和蔼可亲，长着一张圆脸和一个"令人难忘的鼻子"。他原本计划写一本关于闪族语言史的书，但他看到成千上万块泥板堆在博物馆里无人理会、慢慢腐蚀的时候，心中十分难过。"六万块楔形文字板，没人复制，没人翻译，"他对一位同事说，"这些语言的历史怎么能写得出来呢？"于是，他每天上午十点到博物馆学生室，一直工作到下午四点，中间不休息——这种生活他坚持了将近二十年。他把几千块泥板上的符号复制下来，用水墨清晰地画在折起来的 A4 纸上。馆长乔治·史密斯已经阅读了尼尼微的那批泥板文书，斯特拉斯迈尔便把注意力集中在巴比伦出土的泥板上。这些泥板大多可追溯到尼布甲尼撒二世死后的公元前 5 世纪—前 1 世纪。这段时期，巴比伦先后落入波斯人和希腊人手中。

起初，斯特拉斯迈尔孜孜不倦地复制票据、合同之类的经济记录。大多数学者认为这类文书太过枯燥，根本不屑一顾，但斯特拉斯迈尔很快注意到，很多泥板上只有数字，罕有词语，仅有的词语暗示着泥板上讲的事情跟天文有关（比如行星的名称）。斯特拉斯迈尔完全搞不懂这些数字的含义。1880 年，他向昔日在德国的数学老师约瑟夫·埃平（Joseph Epping）求助（埃平是位牧师，后来迁居荷兰）。埃平起初有些犹豫，因为他不懂楔形文字，而且即使天文学于他而言"不算陌生"，但这件事还是太难了。埃平自己后来写道："我不是数学大师，解不出这样一个未知项不计其数、已知项寥寥无几的方程。"斯特拉斯迈尔把他复制的符号转交给埃平，埃平终于答应在这些神秘数字中寻找规律和意义。

埃平最先研究一块刻有七列上下循环的数字的泥板碎片，他花了几个月的时间才弄明白其中的含义。在他研究这些数字的同时，其他楔形文字学者刚刚对巴比伦人的数学能力有所了解，知道巴比伦人用一个以 60 为基础的数字系统来处理代数、分数，甚至是二次方程（我们现在使用的小时、分、秒和以度为单位的角度都起源于这个系统）。但即使如此，埃平的发现宛如平地起惊雷。

1881 年，埃平宣布，这些数字代表巴比伦人对公元前 104—前 101 年新月出现的日期和时刻的计算步骤，另一条文书中有一个相似的表格，记录了金星和木星的位置。即使考虑到月球和行星在天空中视运动速度的微小变化（由它们的椭圆轨道造成），这些计算结果也非常精确。尽管希腊和罗马的作家经常提到巴比伦人的天文智慧，但没人料到，埃萨吉拉神庙的祭司不仅能解读神奇的预兆和祷文，还形成了一套新颖的数学方法描述宇宙。埃平称这个发现是一笔"珍贵的历史财富"。神庙祭司运用精确的数学公式，确实可以提前几十年计算天象、预知未来。

随着越来越多的泥板得到编目和阅读，历史学家现在可以复原这种预测能力的发展过程。在亚述巴尼拔图书馆发现的《占星图表》中，有一系列可以追溯至公元前 2000 年、标注着金星升起和落下[1]的预兆，其中有些数字似乎是根据观察得来的，其余数字则经过修正以符合某种规律。《占星图表》不是十分准确，但从中可以看出，巴比伦

---

[1] 金星在日落前和日出前各出现一次。

人已经试图用数学规则描述天空。后来在巴比伦出土的泥板（还有乌鲁克神庙祭司书写的一些泥板）上显示，大约从公元前8世纪开始，埃萨吉拉神庙的祭司每晚观察天空，如实、系统地记录天象。除了天象，这些"天文日志"还记录了值得关注的地面事件，比如幼发拉底河的水位，羊毛、大麦和芝麻的价格以及关于畸形儿的报道。

经过几代人的记录，神庙祭司注意到了一些"大周期"——特定类型的事件重复出现的大致时间间隔。例如，伊什塔尔每8年重复一次运行轨迹，马尔都克是每71年重复一次，日食和月食遵循一个18年的周期[1]。他们甚至不需要观星，仅靠查阅过往大周期期间的事件，就可以监测天象。

公元前400年左右，神庙祭司在精度上又一次实现飞跃。他们发明了黄道十二宫，将黄道（太阳、月亮和行星穿过天空的路径）分成12等份，每个部分为30度，以一个临近的星座命名，比如天牛座（现称"金牛座"）、双子座。这个系统十分精确，神庙祭司用它记录和计算天象。不久，他们找到了几种算术方法，描述天文日志揭示的各种周期。

神庙祭司先是寻找"周期关系"，即各种周期如何相互描述。例如，每颗行星都以特定的速度绕黄道运行（回归周期），同时叠加着一个之字形周期，显示其静止不动或短暂逆行[2]的时候（会合周期）。例如，我们可以用一个非常简单的关系来描述金星，即8年完成8个回归周期和将近5个会合周期，但其他行星的周期关系则要复杂得多。

---

[1]　即沙罗周期（Saros）。——译者注

[2]　地球和其他太阳系行星均围绕太阳运行。其中，水星和金星离太阳较近，所以它们在天空中总是显得离太阳很近，当它们转到太阳背面时（从地球上看），它们看似在逆行。火星、土星、木星等其他行星比我们离太阳远，所以有时地球会在内圈超过它们（从地球上看就是它们在逆行）。

最后，神庙祭祀根据预设的规则增减时间值，以此反映这些周期中的微小速度变化。①

在天文史学家詹姆斯·埃文斯（James Evans）看来，这是极为精妙的数学。神庙祭司不再依赖过往的观察结果，只需要几个数值便可以确定每个天文事件的行为。② 埃平发现了一个重要时刻——人类从简单地体验现象过渡到解释现象。

就在这块掉渣的泥板碎片上，还藏着其他惊喜。

• • •

公元前336年，在巴比伦西北1 600多千米的地方，年轻的亚历山大王子登上马其顿王位，五年里，他先后攻陷希腊、小亚细亚和埃及，建立起一个庞大的帝国。公元前331年10月，他在尼尼微附近的平原上与波斯军队一决胜负，得胜后率军进入巴比伦。

据后来的罗马历史学家昆图斯·库尔提乌斯·鲁弗斯（Quintus Curtius Rufus）说，城里不少人爬上城墙观瞻亚历山大进城，大多数人更是在亚历山大接近城门时奔跑相迎。官吏在仪式道路上铺满鲜花，在道路两旁摆上堆满香料的银制祭坛，献上成群的牛和马、关在笼子里的狮子和豹子，还安排了一个由音乐家、智者和神庙祭司组成

---

① 神庙祭司最感兴趣的不是用黄道追踪天体，而是计算关键天象（如新月和月食）的时刻和位置，以及行星静止不动和改变方向的时刻，因为这些天象都是触发占卜的因素。

② 研究人员仍然能在泥板上发现惊喜。2016年，历史学家马蒂厄·奥森德瑞弗（Mathieu Ossendrijver）发现，神庙祭司在天文计算中还应用了几何方法。他报告说，一块泥板记录了木星的运行距离，所使用的计算方法相当于先绘制一张木星的速度—时间曲线图，再计算曲线下方的面积。过去，人们一直认为这种方法的发明者是14世纪的欧洲天文学家。

的游行队列，炫耀巴比伦的文化宝藏。亚历山大在武装卫兵的簇拥下，坐着马车穿过城门直奔王宫。他对美丽而古老的巴比伦一见倾心，将它封为他的新都。亚历山大的这场胜利将巴比伦带入了希腊世界，巴比伦神庙祭司开始接触西方天文学家和哲学家。两种截然不同的宇宙观开始碰撞出火花。

例如，神庙祭司将天象记录在平面的泥板上，而希腊学者志在研究太阳系的三维结构。再比如，巴比伦人信赖预兆，把精确性看得高于一切，而希腊人基本上没有精确观察天空的传统，他们的天空模型是建立在崇高的哲学理想之上。

在公元前 4 世纪，希腊思想的主导人物是亚历山大的导师亚里士多德。他的基本假设是，既然天空是神圣的，那么天空必然是以一种完美、高效的方法构建起来的——宇宙是一套同心球体。他接下来提出，宇宙中心是球形的地球，外层包裹着多个同心球，太阳、月球、五颗已知行星和固定恒星的轨道都在这些同心球上。天体的唯一运动方式是匀速圆周运动，但匀速圆周运动无法解释行星停止运行和改变方向的原因。公元前 3 世纪，西方天文学家提出了一个优雅的解决方案：行星在被称为"本轮"的小圆圈上运行，同时也在一个围绕地球的大圆圈上①运行。还有人用偏心轨道来解释月球和太阳的速度变化。这些几何理论只看重原理，不含任何准确的数字，直到公元前2 世纪，天文学家喜帕恰斯（Hipparchus）掀起了一场翻天覆地的变化，改变了这一切。

喜帕恰斯生于公元前 190 年左右，在罗德（Rhodes）岛工作。他似乎单枪匹马领导了一场革命，从根本上把希腊天文学从一种哲学艺术转化为一门实用科学。他进行了广泛的天文观测，据说首个恒

---

① 即均轮。——译者注

天文学家喜帕恰斯

星目录由他编撰。他还批评同行们的草率，认为他们的宇宙模型若不能准确匹配天象，便一无是处。詹姆斯·埃文斯认为，喜帕恰斯的态度"代表了一种革命性地看待世界的方式——至少在希腊人中是这样"。喜帕恰斯的著作几乎无一留存，但后来的数学家和天文学家托勒密（Ptolemy）报告说，喜帕恰斯通过天文观测得出周期关系的准确数值，以此描述太阳、月球和行星的周期行为，然后用新发明的三角学把这些数字嵌入现有的几何模型。（喜帕恰斯本人可能正是三角学的发明者，因为据我们所知，他是第一个使用这种方法的人。）

埃文斯说："喜帕恰斯把一个粗略的几何模型变成了一个真正的理论。"虽然喜帕恰斯没能用亚里士多德的完美圆周彻底解释行星的运动，但这是希腊人第一次能够计算出在任何给定日期，太阳和月球在黄道上的位置。

古希腊下一位伟大的天文学家是托勒密。公元 2 世纪，他在亚历山大城工作，以喜帕恰斯的成果为基础，写就了一部划时代巨著——《天文学大成》（*Almagest*）。在这部著作中，托勒密从观察出发，逐步形成一个合乎逻辑的数学解释，可以描述我们在天空中看到的所有运动，其中包括喜帕恰斯没有想通的行星运动理论。托勒密认为，本轮在天空中的运行速度是恒定的，但观察点并不是地球或本轮的轨道中心，而是另一个点，他把这个点称为"偏心匀速点"

（equant）。这个模型虽然复杂，但十分准确，令人印象深刻。《天文学大成》无疑是有史以来最有影响力的科学著作之一，托勒密在书中阐述的宇宙观，统治人类思想长达 1 500 年。

在近代史的大部分时间里，人们不仅将这一系列事件看作西方天文学的起源，也看作科学思想的发端。正如埃文斯所说，这是所谓的"希腊奇迹"的一部分，"希腊人在发明了历史、诗歌和民主之外，好像还一下子发明了科学"。1900 年，埃平的同事和继任者弗兰兹·库格勒（Franz Kugler）在巴比伦泥板上读出了意想不到的东西，而这个发现的全部意义直到几十年后才被人揭晓。

库格勒出生于巴伐利亚柯尼希斯巴赫（Königsbach）的一个地主家庭，长着方形下巴，为人杀伐决断，软硬不吃。他曾是埃平的学生，荷兰一所耶稣会学院任命他为数学教授。他自学阿卡德语，为的是在 1897 年接管斯特拉斯迈尔的楔形文字复制图（埃平几年前去世了）。他抱怨斯特拉斯迈尔没完没了的语言学建议对他的天文学分析毫无助益，两人为此闹得很僵。他还严厉批评"泛巴比伦主义"。这是一个 19 世纪末出现的学派，认为《希伯来圣经》（Hebrew Bible）直接源于巴比伦文化和神话，而且巴比伦人早在公元前 3000 年就发展出高度复杂的天文学。

正是库格勒，发现了埃平所发现的巴比伦天文理论的诸多细节。他注意到，巴比伦人计算月球行为所使用的周期关系有些奇怪。

这是神庙祭司最复杂的理论。为了全面描述月球、预测月食、预知国运，祭司们必须将几个不同的月球周期结合起来，比如月球的速度变化（近点月）、月相周期（朔望月）和月球在其运行轨道与太阳路径的交点之间移动所需的时间（交点月）。为此，巴比伦人最终采用了一个接近 350 年的周期，得出一个朔望月的平均值为 29.530 6

天 ①。库格勒注意到，这个理论中的数字和喜帕恰斯使用的数字一模一样。也就是说，喜帕恰斯的数字根本不是他本人观测所得，而是承自巴比伦天文学家。

事实上，过去几十年，人们发现喜帕恰斯理论所依据的几乎所有数字，包括他提出的行星周期关系，都来自巴比伦泥板。历史学家知道，巴比伦数学和天文学的某些部分已经渗透到希腊文化，比如黄道十二宫和六十进制（喜帕恰斯是最早使用六十进制的希腊人之一），但仍旧将巴比伦人视为原始的观星者，比不上具有科学头脑的希腊人。例如，在回应埃平和斯特拉斯迈尔 1889 年的发现时，法国亚述学家乔治·贝尔坦（George Bertin）坚持认为，即使希腊人沿用了埃萨吉拉神庙祭司的一些术语，但事实仍然是，巴比伦人的天文学是从希腊人那儿学来的。他说："巴比伦人……很快发现，他们的新科学大师是如此精确。"

巴比伦早期天文理论中出现了喜帕恰斯理论的数字，这颠覆了历史学家的原有认知，证明了喜帕恰斯理论的基础是巴比伦泥板。相关证据越来越多，比如 2017 年，澳大利亚研究人员称，公元前 2000 年的一块巴比伦泥板上有一个三角表，或许，埃萨吉拉神庙祭司还激发了喜帕恰斯发明三角法的灵感。喜帕恰斯对巴比伦天文学的依赖如此广泛，以至一些学者认为他本人一定去过埃萨吉拉神庙，与祭司们一起工作，将他们刻在泥板上的观察结果和数学公式复制下来，并且译成了希腊文。更重要的是，与祭司的接触可能改变了他看问题的角度。埃文斯说，喜帕恰斯在经历过老家那套大而化之的哲学讨论后，

① 巴比伦人使用六十进制（度数和时间现在仍是六十进制），而非十进制。巴比伦人和喜帕恰斯的朔望月均值完全相同，都是 29;31,50,8,20 天（以六十进制表示——译者注），换算成十进制是 29.530 6 天，即 29 天 12 小时 44 分钟，与现代朔望月相同。

发现巴比伦人竟然能准确预测太阳、月球和行星在天空中的位置，这一定令他感到"震惊"。难怪他立志要把希腊的宇宙模型也搞得那么精确。

就这样，两种截然不同的宇宙观在喜帕恰斯这里碰撞出火花。巴比伦人算术能力精湛，可以准确预测天体运动，却无法描述宇宙的三维结构；希腊人创建了宇宙的几何模型，但缺乏准确的数字支撑。可见，两种方法自身都无法对天空做出完备的描述，而当两者融合起来的时候，天文学就诞生了。

当然，巴比伦人的贡献远不止于此。占星术从一开始就与天文学并驾齐驱。

· · ·

1967 年 9 月，一队法国考古学家在法国东北部格朗德村（Grand）的一个罗马圣殿附近挖掘，他们在一口古井的井底发现了一些物件，有陶器、珠宝、果核和鞋子，还有两对象牙板碎成的二百来块残片，大约是在公元 170 年被人摔碎并丢弃在这里的。残片表面残留着金叶和彩绘的痕迹，此外还刻着一圈我们今天再熟悉不过的形象——螃蟹、蝎子、两条有鳞的鱼等，雕工非常精细。这对象牙板无疑是用来占星的。

在亚历山大征服巴比伦之前，希腊人预测未来的办法多种多样，他们可以向解梦专家求助，也可以到神庙祈求神谕，但并没有观天象知命运的特别传统。如若没有计算太阳、月球和恒星位置的能力，人类根本不会萌生占星的想法。公元前 2 世纪，在与巴比伦接触之后，希腊 - 罗马世界出现了一股占星热，席卷了整个罗马帝国。在希腊 - 罗马治下的埃及，占星术尤为发达，神庙天花板上出现了图案繁复的黄道十二宫。我们还在古代垃圾堆中的莎草纸残片上发现了几百个简单潦草的星盘，标记着一个人出生时的天空细节。詹姆斯·埃文斯认为，这些星盘是占星师的笔记，将占卜时显现在占星板上（类似格朗德村出土的象牙板）的求占者信息记录下来。占星板的中心刻着太阳和月亮，外圈是黄道十二宫，再外圈是 36 个十分度（decan，古埃及人用来划分天空的星组）。

《亚历山大传奇》（*Alexander Romance*）是一部叙事诗，版本很多，最早可追溯到公元 2 世纪。这部诗歌戏说了亚历山大大帝的生平，其中有一段描述了如何使用占星板。故事里说，最后一位土生土长的埃及法老奈科坦尼布二世（Nectanebo II）被波斯人击败后逃到了马其顿，想把奥林匹娅丝王后骗上床。他冒充占星师给奥林匹娅丝占卜，骗她说，据星盘显示，一位长着公羊角的神将于夜间来访。待到夜里，他乔装成这个神的样子，与奥林匹娅丝幽会（后来她生下了亚历山大）。他用的占星板"高雅而昂贵"，由象牙、乌木、黄金和白银制成，上面的装饰与格朗德象牙板一模一样。占卜时，他打开一个小巧的象牙盒，小心翼翼地倒出一粒粒代表天体的宝石（水晶是太阳，蓝宝石是金星，血红色的宝石是火星），铺在占星板上，再现奥林匹娅丝出生时它们在天空中的位置。埃文斯说，在希腊–罗马时代，富人可能去神庙和圣所求占，普通人则是去广场和集市找街头占星师算命，而街头占星师往往把星盘画在沙盘上或者地上。

我们现在熟知的占星术以本命盘和黄道十二宫为基础，在新时代网站和自助类书籍中颇为流行。人们常认为，这种占星术是古埃及人的发明，比如古典作家就认为，它的发明者是传说中的内切普索（Nechepso）法老。希腊占星术确实吸纳了传统的埃及元素（比如最初用于夜间报时的"十分度"），还增加了诸如"盘位"之类的特征。所谓盘位，是指一个人出生时黄道十二宫升起的部分，此人的本命盘便以盘位命名。但与数理天文学一样，西方占星术的基本元素都承自埃萨吉拉神庙祭司。

　　大约从公元前400年开始，神庙祭司开始扩大服务范围。他们不只为国王和国家占卜，还根据一个人出生时天体在天空中的位置预测他的命运。埃平和库格勒破译了第一个巴比伦星盘。现在，我们已经发现了几十个这样的星盘，其中最早的可以追溯到公元前410年，上面记录了一个小孩出生时的星体位置：在尼萨奴月的第14晚，木星位于双鱼座，金星位于金牛座，月亮在天蝎座的"角"（即天秤座）的下方。占星板显示："诸事于尔皆宜。"

　　巴比伦人的天文学方法促成了希腊占星术，而研究星盘的欲望反过来又激发了希腊天文学家的热情。喜帕恰斯撰写了一篇现已失传的占星术论文，历史学家老普林尼（Pliny the Elder）说，喜帕恰斯"证明了人类与群星有关，我们的灵魂是天空的一部分，他在这方面的贡献无人能及，如何褒扬都显不足"。托勒密也是占星术的倡导者，除《天文学大成》外，他还写了另一部史诗级巨著《占星四书》（Tetrabiblos），总结了各种占星方法，并且试图将这些方法融入同一个逻辑体系当中。他写道："与理性和心灵相关的个人品质要通过水星的状态理解，与感官和非理性部分相关的品质由……月亮揭示。"托勒密的方法与巴比伦人的不同之处在于，他没有把天象看作神谕，而是相信"体液转换"等恒星和行星的力量会作用于地球，影响天气、人的性格、健康等方方面面。同样，他之所以追求数学上的精确，部分是因为他想从群星中读出有关人类的秘密。

　　西欧学者用了1 000多年的时间才取代了托勒密体系，建立起现代的日心天空观。1543年，哥白尼提出宇宙的中心是太阳，不是地球。后来，伽利略将望远镜转向天空，发现金星跟月球一样也有相位，这是对哥白尼日心说的支持。1609年，约翰内斯·开普勒（Johannes Kepler）意识到天体轨道不是圆形，而是椭圆形。从此，本轮和偏心匀速点永远退出了历史舞台。

对这几位天文学奠基人来说，他们的动机和理论依然离不开群星影响命运的思想。伽利略定期给富人占星，给自己的几个私生女画星盘。开普勒希望加强和改革占星术这门"学科"，自称要"取其精华，去其糟粕"。他认为，名字或黄道十二宫之类的文化发明，不会影响地球上的事件，但他坚信，来自不同行星的光具有不同的性质，会影响地球的气候和人类的健康。他提出，地球像人类一样具有灵魂，对群星是否和谐非常敏感。

不过，占星术与科学革命终究水火不容。1641 年，法国哲学家勒内·笛卡儿（René Descartes）将精神与肉体、意识与物质分离，这是当时西方世界巨变的一部分，物理因果律逐渐成为唯一可接受的解释。从此，天文学和占星术分道扬镳。前者通过客观测量理解宇宙，后者强调无形的联系和主观意义，而胜者只有一个。由于找不到遥远天体影响人类生活的明显物理机制，占星术的学术地位逐渐衰落。

于是，在天文学飞速发展的同时，占星术只能"苟延残喘"。正如威尔士大学索菲亚文化宇宙学研究中心主任尼古拉斯·坎皮恩（Nicholas Campion）所说，占星术成了"一个脱离了宇宙学的体系"。许多科学家把占星术看作眼中钉，欲拔之而后快。在英国，著名物理学家布赖恩·考克斯（Brian Cox）说，占星术"破坏了文明的基本结构"；生物学家和怀疑论者理查德·道金斯（Richard Dawkins）抱怨说，占星术正在"令宇宙枯萎和贬值"。

然而，尽管缺乏科学支持（或许正因如此），人们对星座和星盘的兴趣延续至今。据说，占星术的可信度和受欢迎程度如今正在提升，千禧一代尤其热衷于此。在一个紧张压迫、极端理性的世界里，他们向星座和星盘寻求指引，逃避现实，甚至是含糊了事。天文学和占星术看似截然相反甚至势不两立，但从某种意义上说，它们是一对孪生兄弟，代表着人性的两面，在人类找寻天空规律、秩序和意义的根本欲望中孕育成形。

• • •

公元前 323 年 2 月，亚历山大率军再次进军巴比伦。使节中有一位祭司天文学家，名叫贝尔 – 阿普拉 – 伊迪纳（Bel-apla-iddina），他警告亚历山大说，天象预示，进城会令亚历山大有性命之虞。个中细节，古代作家的描述不尽相同，其中一位作家讲，这位祭司建议亚历山大面朝东方行进，以免看到落日，但沼泽地令军队寸步难行，亚历山大只好率军掉头，最终还是面朝西方抵达巴比伦。

进城后，亚历山大规划了下一步军事行动——向南攻打阿拉伯，向西进军迦太基和意大利。几位希腊和罗马作家都讲述了下面这个故事。那年 5 月的一天，亚历山大暂时离开王座［狄奥多鲁斯（Diodorus）说他去按摩了，普鲁塔克（Plutarch）说他在健身］，一名逃犯闯进王宫，戴上王冠，坐上王座，亚历山大的神庙祭司建议处死这个人。此等怪事令古典作家迷惑不解，但近期学者认为，忧心忡忡的祭司们可能试图通过替身代死的仪式，保住亚历山大的性命。

几星期后，也就是公元前 323 年 6 月 11 日，亚历山大参加了一个酒会，之后一病不起。这以后的事情，只有一本天文日志里面有记载。"国王卒，"日志写道，"有云。"

就这样，这位举世无双的大将军在三十三岁时撒手人寰，他的征伐生涯戛然而止，巴比伦的命运遂成定局。巴比伦是亚历山大的新都，埃萨吉拉神庙和七曜塔正在重建。亚历山大死后，众将军将帝国瓜分，塞琉古（Seleucos）占领了美索不达米亚，另立都城，强迫巴比伦居民迁居新都。只有神庙祭司们留守废都，孜孜不倦地记录夜间天象。

公元前 125 年，巴比伦被今伊朗的帕提亚人占领，不久又并入了罗马帝国。几百年后，巴比伦与昔日的伟大城市尼尼微和乌鲁克一样，埋于黄沙之下，人类的第一个文明就此终结，直到 19 世纪莱亚德和拉萨姆令它重见天日。军队与帝国、神庙与高塔、神话与魔法，这个文明是当今现代社会的源头。年代最新的楔形文字板制作于公元 1 世纪，是用于预测天象的天文年鉴，为我们保留了这个古老文明残留至今的最后一缕气息。[①]

据我们所知，早在旧石器时代，人类就能识别星座，跟踪太阳、月球和恒星的周年运动。到了新石器时代，人类开始塑造自己的宇宙，建造石阵来创造并捕捉关键时刻和影响。而由文字所支撑的管理系统，令人类将这种控制力延伸到了极致。经过几百年的努力，巴比伦人将一片飘忽不定、被众神玩弄于股掌之上的天空，变成了一个可预测的数学宇宙。

历史上，许多文明都创建了描述天空的数学模型。中国的帝王雇用天文学家绘制星图并预测日食等天象，玛雅人的领袖自封为天体，对以百万年计的天体周期进行计数，但据我们所知，是巴比伦埃萨吉拉神庙的祭司们，第一次从模拟模型转向数学模型，将繁乱复杂的现实转化为一个简明有力的数学宇宙。

---

① 比如现存于大英博物馆的一块公元 61—62 年的巴比伦泥板，给出了每月行星在黄道上的位置和各行星标志天象出现的日期，以及至日、分点、日食和月食的日期，同时还提到了天狼星升起。——译者注

第四章

信仰

公元 312 年 10 月 28 日，两支军队在罗马城外开战。交战一方马克森提乌斯[①]是另一方君士坦丁[②]的大舅子，二人反目是为了争夺西罗马帝国的控制权。当时的西罗马帝国北起大不列颠，南至北非，马克森提乌斯占据罗马，君士坦丁则从高卢挺进阿尔卑斯山。开战前夕，君士坦丁在城北几千米处安营扎寨。

　　据凯撒里亚（Caesarea）主教尤西比乌斯（Eusebius）等古代作家的记载，此战是一次堪称传奇的伟大历史转折。正午前后，渴求权力的君士坦丁看到一个神圣异象——刻有"凭此得胜"字样的十字架在太阳之上熊熊燃烧。见此，他果断放弃异教，皈依基督教，并且命令士兵在盾牌上画一个标记——由基督名字的前两个字母叠画而成的凯乐符号[③]。

[①]　马克森提乌斯（Maxentius），罗马帝国皇帝，公元 306—312 年在位。——译者注
[②]　君士坦丁（Constantinus），即君士坦丁一世，罗马帝国皇帝，公元 306—337 年在位。——译者注
[③]　即☧，由 Χριστῷ（基督的希腊语名字）的前两个字母 χ 和 ρ 叠加而成。——译者注

与此同时，马克森提乌斯声称他有罗马战神玛尔斯庇护，然而敌军频频得胜令他阵脚大乱。他在神庙举行仪式和祭祀活动，解读动物内脏和天象，想尽一切办法阻止君士坦丁的攻势。他守在牢不可破的城墙内囤积粮食，捣毁米尔维大桥（Milvian Bridge）的石拱〔米尔维大桥是敌军横渡台伯（Tiber）河攻城的必由之路〕，为抵御君士坦丁围困罗马城做万全的准备。但他不确定罗马市民会不会效忠于他，因为在 10 月 27 日马克西姆斯竞技场的战车大赛上，人群高呼着君士坦丁的名字。第二天，他查阅了《西比拉神谕集》（Sibylline Books），毅然决定与君士坦丁正面交锋。

大桥已经瘫痪，马克森提乌斯的军队用木船搭起一个临时平台渡过台伯河，在河岸以北几千米处与君士坦丁对垒。在人数上，君士坦丁的进攻部队远不敌马克森提乌斯，却把马克森提乌斯打了个落花流水，几千名士兵无处可逃，被迫跳河淹死，尸体堆叠如山，据说连河水都给阻断了。马克森提乌斯在逃跑中不堪重负，被自己的铠甲压死了。君士坦丁在淤泥里摸出他的尸体，砍下他的头颅游街示众。

经此一役，君士坦丁成为罗马西部疆土无可争议的统治者。在凯乐符号的护佑下，他后来又拿下了北起马其顿、南至叙利亚和埃及的东罗马。罗马经历了几代人的动荡和内战，终于迎来了统一的罗马帝国。帝国的疆域虽辽阔，但其政治影响力却日渐衰微，不到一两百年，西罗马便走向衰落，但帝国统治中心君士坦丁堡所在的东罗马帝国又延续了 1 000 年。

米尔维大桥战役的意义远远超出了地缘政治的范畴。君士坦丁在其统治期间，打破了几百年的宗教传统，单枪匹马将他所皈依的基督教，从受迫害的少数教派发展成为强大的教会。他的皈依，为基督教取代古老的行星之神，成为罗马乃至整个西方世界的主流宗教铺平了道路。当时的人类社会正在经历一场更大的冲突——早期文明的天空崇拜与今天主导西方的一神教之争，而此役标志着这场冲突迎来了一个至关紧要的时刻。

为了纪念这场胜利，君士坦丁在罗马斗兽场附近建造了一座屹立至今的巨型石拱门[①]，拱门之下是罗马皇帝凯旋归来时所走的仪式大道，拱门之上刻着一篇大字铭文（最初铸于青铜上），言明胜利之功归于"神启"。许多历史学家认为，这里的"神启"指的是君士坦丁看到十字架当空燃烧并皈依基督教的伟大时刻，但过去几年，艺术史学家伊丽莎白·马洛（Elizabeth Marlowe）等学者指出，拱门上的大理石雕像和浮雕不含任何基督教符号。

君士坦丁凯旋门

相反，它们展示的是罗马太阳神索尔（Sol）。在拱门的东侧，索尔驾着他的四马战车从海洋冉冉升起，在西侧的对应位置是缓缓降

---

① 即君士坦丁凯旋门。——译者注

落的月亮女神露娜（Luna）。拱门的其他位置也有索尔的局部形象，要么是环绕头部的一圈光束（称为太阳冠），要么是一只抬起的右手（君士坦丁在一些地方模仿过这个手势）。此外，马洛还认为，建造者精心地将拱门的位置建得偏一点，这样当人群靠近时，拱门前方的视野中心便是一尊献给太阳的巨大青铜像。她说："此处所取悦的神无疑是索尔。"所以，石拱门绝不可能是君士坦丁信仰基督教的证明。

也就是说，广为流传的君士坦丁皈依基督教的故事并非表面所见，一神教战胜天空诸神的说法也另有隐情。

· · ·

大多数早期社会都以某种形式崇拜天空，或者将神与天体联系起来。当然，地上也有一众神明，代表动物、祖先、河流、庄稼等一切事物。但纵观历史，横看世界，无论何时何地，天神都在大多数宗教中占据显赫地位，而 deity（意为"神"）一词的词根意为"在天空中闪耀"。①

20 世纪的罗马尼亚史学家米尔恰·埃利亚德调查了世界上数百个宗教，他认为，天空的广阔与威力足以左右所有精神体验。苍天在上，昭示着我们在宇宙中是何等渺小，同时也将我们与难以想象的浩瀚宇宙联结起来。"天空就其本质而言，是一个繁星密布的穹顶和大气区域，蕴含着丰富的神话和宗教意义，"他说，"存于大气和气象中的'生灵'似乎是一个永无止境的神话。"

有些天神与特定的天体联系在一起，比如巴比伦的马尔都克和伊什塔尔，埃及的太阳神拉（Ra）。还有一些天神是至高无上的造物

---

① 源于赫梯语 *dsius* 或梵语 *dyaus*，后来在希腊语和拉丁语中分别称作 Zeus（宙斯）和 Jupiter（朱庇特）。

主，天空要么是他们的居所，要么是他们的化身。例如，西非的贝宁崇拜玛乌（Mawu）女神，蓝天是她的面纱，云彩是她的衣裳。苏门答腊人的德巴塔（Debata）神开口一笑，便会发出闪电。美拉尼西亚班克斯群岛的最高天神喀特（Qat）用一把红色的黑曜石刀劈开黑夜，创造黎明。然而，随着犹太教、基督教和伊斯兰教三个强大的一神教兴起，各路天神再无一席之地，对大多数世人而言，跌宕起伏的天神故事已被一个永恒不变的上帝取代。

这场革命发端于约旦河谷与地中海之间、以巴勒斯坦为中心的迦南（Canaan）地区。在青铜时代晚期埃及人的统治下，一个叫"以色列"的民族于约公元前1250年出现在这个地方。文献和考古证据表明，以色列人后来崇拜万神殿里的天神，众神之首为耶和华（Yahweh，一些学者将他与太阳联系起来）和他的妻子亚舍拉（Asherah，先与树木、后与金星有关）。

迦南分为两个王国，北边是以色列国，南边是犹太国。亚述人于公元前722年灭掉以色列国，将成千上万的以色列人驱逐流放。公元前586年，犹太国在巴比伦人的铁蹄下遭受了同样的厄运。以色列国陷落后，在犹太国出现了一个宗教团体，以耶路撒冷为中心，奉耶和华为宇宙唯一的造物主。耶和华是一个不可描述的神，他禁止信奉者崇拜任何其他神明。对这一时期宗教文本的调查表明，这起初只是少数人的做法，但"只信耶和华"的教义在巴比伦流亡者中得以强化。

公元前538年，波斯人征服巴比伦并帮助流亡者返回家园，重建耶路撒冷圣殿。在波斯人的支持下，这个一神教团体控制了犹太宗教机构，他们收集文献，编纂成《希伯来圣经》。有人认为波斯人同情流亡者，因为他们在流亡者的宗教中看到了琐罗亚斯德教[①]的影子。

---

① 琐罗亚斯德教传入中国后称为"祆教"。——译者注

这是波斯人自己的宗教，造物主阿胡拉·玛兹达（Ahura Mazda）是最高神，安格拉·曼纽（Angra Mainyu）是他的仇敌。早期犹太教当然受到琐罗亚斯德教的影响，后者对宇宙是善恶大战的认知对早期犹太教的影响尤深。

虽然历史学家对这些事件的理解是含混不清的，但学者普遍认为，耶和华在犹太人中的崛起与犹太人流离失所的经历有关。麦吉尔大学犹太研究教授大卫·阿贝尔巴赫（David Aberbach）指出，目睹亚述和巴比伦这样强悍的帝国一朝覆灭，这或许促使犹太人将物质的神和领地身份视为脆弱和短暂的，进而选择信仰"一个抽象和不可毁灭的上帝，而不是木雕石刻的神"。

所有国家都声称自己的主神是至高无上的，但是这位新神与众不同。例如，希腊神宙斯是最强大的天神，但他仍然不能为所欲为，行动时常受到其他天神的阻挠。相比之下，耶和华是超然的，他不在宇宙之内，而在宇宙之上，不受宇宙规则的约束。在埃利亚德看来，认为"上帝的'权力'是唯一绝对现实"的观念是"所有后来关于人类自由的神秘主义思想和猜测的源头"。

这个无比震撼的想法改变了人类的精神世界，现在全球超过半数的人口信奉犹太教、基督教和伊斯兰教。起初，耶和华在以色列之外没什么影响。公元 1 世纪出现了一个犹太教派，首领是一位来自拿撒勒（Nazareth）的老师，名叫耶稣基督，自称是上帝的儿子。使徒保罗等皈依者把他死而复生的故事带到了罗马，但这种信仰却迟迟得不到认同。272 年，一位名叫君士坦丁的罗马高级军官之子出生在今塞尔维亚的纳伊斯①，而此时，革命的浪潮尚在岸边徘徊。

---

① 纳伊斯（Naissus），现称尼什（Nis）。——译者注

　　　　　　　　　• • •

　　君士坦丁成长于历史学家琼斯（A. H. M. Jones）所描述的"邪恶时代"。自公元前 2 世纪罗马人首次入侵希腊以来，罗马的统治范围迅速扩张。五百年后，臃肿不堪的罗马帝国难以为继，处在分崩离析的边缘，外敌入侵、内战、饥荒、瘟疫，种种威胁纷至沓来，各路敌军三天两头拥立一位新皇。

　　宗教也在不断变化。传统的罗马神早已与希腊万神殿合二为一：罗马主神朱庇特与希腊神宙斯合体，罗马女神阿佛洛狄忒（Aphrodite）承袭了希腊女神维纳斯的属性，希腊太阳神赫利俄斯（Helios）与罗马太阳神索尔关联在一起。这些行星之神在人们的日常生活中占据中心地位，不仅是宗教仪式和祭祀的主角，连占卜也少不了他们。前文提到过，占星术自巴比伦传入，后来盛行于希腊 – 罗马世界。

　　到了公元 1 世纪，行星甚至决定了历法。每周七天的历法（可能源于巴比伦）从土星（星期六）开始，之后依次是太阳（星期日）、月亮（星期一）、火星、水星、木星和金星。[①] 然而，随着罗马帝国的扩张，罗马万神殿也在壮大，罗马人欣然接受了战败行省的神。一位历史学家说：这是一个"挤满了神明"的社会，以弗所（Ephesus）的母亲之神阿耳忒弥斯，埃及女神伊西斯（Isis，代表天狼星），波斯太阳神密特拉（Mithras），可谓是五花八门。基督教作为新的信仰只能另辟天地。

　　此等乱象需要前禁卫军指挥官戴克里先（Diocletian）的铁腕

---

① 考古学家在各地都看到了行星历，比如 1 世纪泰坦皇帝的浴场废墟，还有公元 79 年被维苏威火山掩埋的一所房子的墙壁上。

加以整治。284 年，戴克里先称帝。他重视传统罗马神，惩罚不肯崇拜罗马神的基督徒。他还将庞大的帝国一分为二，各由四帝共治制（Tetrarchy）中的一对搭档①共同治理，戴克里先和马克西米安（Maximian）分别统领东方和西方。305 年，两人退位，君士坦丁之父君士坦提乌斯（Constantius）继承了马克西米安的皇位。第二年，君士坦提乌斯死于英格兰，他的军队拥戴君士坦丁为继任者。但是，四帝共治制招引了许多垂涎皇位的人，比如马克西米安之子马克森提乌斯。在接下来的几年里，君士坦丁被迫与觊觎权力者或是兵戎相见，或是背后捅刀，这才蹚出一条路来。

310 年，君士坦丁在马赛击败了马克西米安，随后命令军队离开大路，到一个神庙参观那里的圣殿②。据一份当代记录的说法，他在那儿看到了神圣异象，彰显他将被赐予胜利和长久的统治权。与他后来看到的当空燃烧的十字架不同，这回他看到的是古典神话中常与太阳联系在一起的阿波罗。

传统上，古罗马领袖坚持认为，他们的权力来自朱庇特［原型是更古老的印欧天空之神迪奥斯（Dyaus）］，但也有领袖声称自己与一个至高无上的太阳神有联系，认为自己是一条通路，把阳光引到了大地上。据《君士坦丁：基督教黄金时代的神圣皇帝》（*Constantine, Divine Emperor of the Christian Golden Age*）一书的作者乔纳森·巴迪尔（Jonathan Bardill）说，这个传统可以追溯到在亚历山大大帝之后统治埃及、讲希腊语的托勒密国王，而且反过来又受到埃及法老对太阳神拉崇拜的影响。公元前 1 世纪的尤利乌斯·恺撒头戴太阳冠，他的继承人、罗马第一位皇帝屋大维把他从埃及带来的方尖碑竖在地

---

① 指大皇帝（称为"奥古斯都"）和助理皇帝（称为"恺撒"）。——译者注
② 可能是指第三章提到的位于格朗德村的罗马圣殿。

上，当巨型日晷用。公元 1 世纪，尼禄（Nero）建造了一座巨大的青铜像，把自己雕成了太阳。

然而，这些崇拜太阳的罗马帝王都没有好下场。218 年，来自叙利亚埃梅萨（Emesa）的少年马库斯·奥雷利乌斯·安东尼努斯（Marcus Aurelius Antoninus）通过家族关系继承了皇位，那时候他是当地神庙的一名祭司，庙里供奉着一块巨大的锥形陨石，代表叙利亚太阳神埃拉伽巴路斯（Elagabalus）[①]。他把这块陨石带到罗马，"穿着丝袍，戴着高耸的皇冠，脸颊涂成红色和白色"，天天对着它朝拜。四年后，他被暗杀，残尸被拖到大街上。270 年称帝的奥勒利安（Lucius Domitius Aurelianus）试图用"无敌索尔"[②]取代朱庇特的地位，略见成效。最重要的节日是索尔的生日 12 月 25 日，也就是冬至（太阳恢复北行，白昼变长，春天在即）之后的几天。奥勒利安在位五年后，同样被暗杀了，但是对无敌索尔的崇拜流传了下来。

君士坦丁为什么在看到神圣异象中的阿波罗之后，选择追随他那几位时运不济的先帝呢？我们不得而知，或许他是想跟四帝共治制的传统宗教拉开距离。索尔被描述为"皇帝的同伴"，而且从 310 年开始，君士坦丁下令所有造币厂铸造带有索尔招牌形象的钱币——头戴太阳冠，赤身而立，右手举起。312 年，君士坦丁出征解放罗马。巴迪尔说："这位太阳神是他的守护者。"

君士坦丁皈依基督教是因为看到了第二个异象吗？一些研究人员认为，君士坦丁所声称看到的"十字架当空燃烧"的景象，其实是一种被称为"幻日"的现象，当阳光被地球大气中的冰晶折射时，就会

---

① 安东尼努斯登基后自称埃拉伽巴路斯，是一位荒淫无度的罗马昏君。——译者注
② 关于无敌索尔（Sol Invictus）是改头换面的叙利亚太阳神埃拉伽巴路斯、传统的希腊 - 罗马太阳神，还是一个全新的太阳神，历史学家意见不一。

发生这种现象，并且有可能使太阳看起来呈十字形。但对于这个问题，我们不一定要动用气象学知识来解释。古罗马领袖经常用梦境和异象激励军队或者声称得到了神助。例如，屋大维在恺撒被谋杀后进入罗马，据说当时太阳周围出现了一道彩虹。君士坦丁所说的天空十字架，可能只是后来用基督教语言演绎的另一个版本的阿波罗异象。

无论如何，君士坦丁击败马克森提乌斯之后，他的宗教政策确实发生了变化。从尼禄时代起，罗马皇帝时断时续打击基督徒，这最终导致了戴克里先时代的"大迫害"（Great Persecution），任何拒绝向罗马神献祭的人一律被囚禁或处决。313 年，君士坦丁废止了这样的做法，允许帝国的居民自由选择想要崇拜的神明。321 年，他下令将基督教的礼拜日（星期日）定为罗马公民的法定安息日。324 年，他独掌罗马帝国的控制权后，开始在钱币上刻印基督教符号。异教雕像要么被拆除，要么改变用途。他还在耶稣受难和空墓的假定地点（至今仍被视为基督教最神圣的场所）修建了一系列重要的基督教堂，包括耶路撒冷的圣墓教堂。

君士坦丁还在金钱上支持基督徒，密切参与基督教会的运作。325 年 5 月，他召集帝国各地的数百名主教，召开了第一次尼西亚公会议，这是他首次尝试统一基督教的教义。按照早期基督教主教和历史学家尤西比乌斯的形容，君士坦丁身穿紫金长袍端坐在大厅的中央，"宛若一位奉上帝旨意下凡、衣着光彩照人的天使"。他威逼争吵不休的主教们达成近乎一致的意见，一个强大、统一的"天主"① 教会诞生了。

这段历史大多来自尤西比乌斯等基督教作家的叙述，其他来源则透露了更多内容，其中包括君士坦丁看到的异象和他所建的凯旋门。

---

① catholic（"天主教的"）一词源于拉丁语 *catholicus*，希腊语作 *katholikós*，原意为"全体的"。

例如，在打败马克森提乌斯之后的几年，君士坦丁一直在铸造索尔像钱币，但在 324 年前后停止了铸造。虽然基督徒在星期日休息，但君士坦丁在他的敕令[1]中并没有像基督徒那样把星期日称为"主日"，他是"本着对太阳的崇敬"颁布了这项敕令。330 年，在按理应该信奉基督教的新都君士坦丁堡，他将一座巨大的雕像竖在一根三十七米高的紫色斑岩柱上。那是他本人的雕像，赤身裸体，头戴太阳冠，面朝太阳升起的东方。这座雕像在 1106 年被大风刮倒，但文献资料记载了雕像上的铭文："献给如太阳般照耀的君士坦丁。"

换句话说，君士坦丁没有放弃他对太阳的信仰，但在基督教明确禁止崇拜异教神的时候，他如何能同时信奉两种宗教呢？我们在他的信件里找到了一些端倪，比如他在信中描述了上帝"璀璨无比之光"所拥有的拯救力量，并且说上帝通过他的儿子"秉持着一束纯净之光"。巴迪尔等历史学家认为，君士坦丁从未真正从异教皈依基督教。相反，他只是将二者简单糅合，奉基督教上帝为某种至高无上的太阳神，他借由基督将其光芒撒播到大地上。君士坦丁刻意模糊了两种信仰的界限，这样便可以在拥护新信仰的同时不必放弃旧信仰。

当然，这并不是君士坦丁的首创。在他之前，基督徒从太阳汲取力量和光辉的做法已有几百年的历史。

· · ·

在《旧约》中，先知玛拉基把即将到来的弥赛亚[2]称为"公义的

---

[1] 指 313 年颁布的《米兰敕令》（*Edict of Milan*），准许罗马帝国居民有信仰基督教的自由。——译者注

[2] 意为救世主。——译者注

日头"，基督后来称自己是"世界的光"。在耶稣被钉上十字架之前，俘获他的罗马人嘲笑他，给他戴上一顶由荆棘做成的太阳冠。在公元后的头几百年，罗马帝国的基督教徒为了吸引追随者，同时为了将基督教与其源头犹太教区别开来，越来越多地借用太阳崇拜的仪式和标志。

他们在祷告时没有像犹太人那样朝向耶路撒冷，而是面向日出的东方。他们没有遵守犹太安息日，而是跟随异教的太阳崇拜将主礼拜日改为星期日。2 世纪，基督教作家德尔图良（Tertullian）否认主礼拜日的选择与星期日的含义①有关联，但到了君士坦丁时代，尤西比乌斯欣然承认二者的联系，说"救世主日……其名取自光和太阳"。

基督教的主要节日也是根据太阳的运动安排的。复活节是庆祝耶稣复活的节日，时间是春分后第一个满月后的星期日，最初源于犹太人的逾越节，而逾越节又源自巴比伦的新年节日阿基图（Akitu）。在君士坦丁统治期，第一次尼西亚公会议的主教们投票决定，将复活节移至春分后第一个满月后的第一个星期日。最晚从 4 世纪开始，12 月 25 日，也就是无敌索尔的生日，就已成为耶稣的诞辰日。在崇拜无敌索尔的时代，异教徒在那天点亮蜡烛和火把，在小树上挂满饰物。

历史学家和作家玛丽娜·沃纳（Marina Warner）指出，这些做法使基督的一生都与太阳的周期紧密相连：生辰是冬至之后的几天，那时太阳开始向春天的方向移动；待到春分后，当太阳终于战胜黑暗，昼长夜短之时，他复活了。其他基督教意象强化了这个隐喻，比如早在 2 世纪，十二门徒就被广泛看作黄道十二宫的代表。

与此同时，月亮先是代表教会，后来又代表圣母玛利亚。在《自成性别》（*Alone of All Her Sex*）一书中，沃纳指出，在基督教最早立足的地区，太阳代表凶猛的能量和力量，而滋养生命的则是与宝贵的

---

① 星期日的英文 Sunday 意为"太阳之日"。——译者注

雨露联系在一起的柔和的月光。她认为，这启发了一种想法，即上帝的恩赐通过圣母玛利亚调节，正如阳光经由月亮反射后变得柔和起来。"若基督教不是在烈日炎炎的东方扎根，"沃纳说，"它所采用的天体形象可能会截然不同。"

把太阳当作上帝的象征，这使皈依变得相对容易起来，因为皈依者不必放弃他们熟悉的仪式和节日。但这也意味着，即使基督徒愤然否认与异教的联系，甚至有许多人表示宁死不愿向异教神献祭，太阳崇拜的方方面面早已内嵌在他们的信仰当中。考古学家雅克塔·霍克斯（Jacquetta Hawkes）说："这是历史上常见的恶意反讽，也就是当他们在一条战线上英勇作战的时候，他们的阵地已经在另一条战线上被敌人渗透了。"

君士坦丁深化了这种融合，他不仅把基督同太阳联系在一起，还把基督和他自己联系起来，说他如同基督那样在地球上传播神圣的光芒。一段对 5 世纪君士坦丁堡太阳神像的描述称，城里的基督徒甚至将祭祀品摆放在太阳神像的基座旁，"把太阳当成神，用香火和蜡烛崇拜"。无论是不是有意为之，君士坦丁选择追随太阳神都堪称一次政治妙举，他以此为纽带，将天空崇拜与基督教统一起来，让帝国的异教徒和基督徒团结在同一个统治者和同一位至高无上的太阳神周围。

这种融合不仅对君士坦丁本人的形象，而且对基督教救世主的形象产生了深远影响。在今叙利亚的杜拉－欧罗普斯（Dura-Europos）有一座被改造成基督教堂的私人住宅，我们在那里发现了已知最早的耶稣画像，可以追溯到约公元 235 年。据说，这座教堂的墙壁是君士坦丁统一罗马之前唯一留存至今的教堂墙壁，上面有一些绘画，比如一个衣着简朴者治愈一个瘫痪的人，还有此人行走于水上、照料羊群之类的场景。然而，在君士坦丁时代之后，典型的天主教耶稣的形象变得大不相同。例如，在 5 世纪塞萨洛尼基（Thessaloniki）的圣大卫教堂，基督坐在天国的彩虹宝座上，身披紫色长袍，头顶金色光环，举起右手。

这种画在人物脑袋后面的光轮现已成为基督教的一个特征，但密特拉教等异教的门徒最初用这种光轮代表太阳神的神性与光辉。后来，君士坦丁在他建造的那座凯旋门上刻画了一个戴着光轮的自己，这在罗马皇帝中是头一回。自此，基督徒开始使用光轮，并且引发了一个转变——基督的形象包含了越来越多的帝王特征。多亏有了君士坦丁，这位谦卑的老师①才成为宇宙之王，顶着太阳的光辉掌控寰宇。

这是一个在整个中世纪都保持强大生命力的形象。学者们争论说，基督徒借用光轮这一特征，是为了表现他们的弥赛亚是一位强大的皇帝吗？还是仅仅希望传递太阳的光辉与清澈呢？艺术史学家托马斯·马修斯（Thomas Mathews）说：不管是哪种情况，自从有了光轮，这个形象就深入人心了，"他变成了人们想象中的样子"。

· · ·

对太阳和群星的崇拜塑造了人们对耶稣基督的理解，而现代西方人关于天堂和人类灵魂归宿的信仰，根源也在这里。在儿童读物《天堂是什么》（What's Heaven）一书中，作家、加州前第一夫人玛丽亚·施赖弗（Maria Shriver）将来世描述为"一个美丽的地方，你可以坐在柔软的云彩上……当你的凡间生命走向终结时，上帝派天使下凡，把你带到天堂与他相伴"。灵魂在人死之后脱离肉体，升入天堂与天使们生活在一起。这种想法在现在的许多基督徒中十分普遍，但古以色列人若活到今日，定会感到惊愕。

---

① 指耶稣基督。——译者注

根据犹太史学家 J. 爱德华·赖特（J. Edward Wright）的说法，与旧石器时代和新石器时代的社会一样，古以色列人也认为宇宙分三层：中间是平坦的地球，下面是冥界，上面是天空。《希伯来圣经》（文本在《旧约》中有改动）将天空描述为一个将地球覆盖起来的帐篷或者说天篷，但有时也描述为一个坚实的"天穹"，铺着石地板，还有很多储存风、雪、冰雹等气象的仓库。这些描述借用了城市宫宇的形象，比如天堂入口设有大门，天堂中央有一个宝座殿，身在宝座殿的耶和华在一班神仙的围绕中统治宇宙。

但正如皇宫不欢迎平民，天堂也不对芸芸众生开放。历史学家迪亚尔梅德·麦卡洛克（Diarmaid MacCulloch）在《基督教史》（A History of Christianity）中指出，《希伯来圣经》没怎么谈及人死后的事情，但确实暗示了"除极少数例外，人死了就是死了"。邻近的社会也形成了类似的信仰。例如，在《吉尔伽美什》中，酒馆女老板西杜丽劝告英雄吉尔伽美什放弃对不朽的追求，告诉他众神只会把永生留给他们自己。再比如，荷马史诗是已知最早记录希腊思想的文献，可追溯到约公元前 8 世纪，但是里面也没有记载过可以容纳大多数人的天堂。真正的"自我"是肉身，而就算灵魂在人死后可以在漆黑一片、尘土飞扬的冥界生存，也只是活人的影子。在《奥德赛》中，命运令英雄阿喀琉斯心生恐惧，他告诉奥德修斯"永远不要试图让我接受死亡"，他宁愿在大地上做穷人的仆人，也不愿做"所有亡者的主人"。

公元前 6 世纪之后，人们的思想发生了变化。希腊哲学家放弃了神话叙述，转而寻求对宇宙的物理解释，他们的宇宙模型不仅为希腊的宗教信仰采纳，还渗透进了近东的宗教信仰。我们在第三章讲到亚里士多德建立了一个同心天球系统，让太阳、月球和行星都围绕地球转动。这个想法启发了犹太教、基督教以及后来的伊斯兰教文献中所描述的"七重天"，而在亚里士多德之前，他的老师柏拉图彻底改变了人们对灵魂的看法。

柏拉图最著名的一段教义写于公元前 4 世纪，是其对话录《共和国》(*The Republic*) 中的一个故事。一群囚犯被锁链拴在一个洞穴里，面朝石壁。他们只能看到石壁上的影子，便以为自己看到的是现实，但这些影子其实只是洞外光明之下的现实的映象。同样，柏拉图认为，我们在生活中所感知并认为是真实的事物，仅仅是它们背后不变的思想或者说"形"的反映。在柏拉图哲学中，物质次于意识，事物源于思想。

柏拉图的洞穴寓言

所以毫不奇怪的是，柏拉图认为灵魂比肉体重要。在他的另一段对话录《蒂迈欧篇》(*Timaeus*) 中，一个人物描述了一位仁慈的神，他把混乱的宇宙改造成一个有序的天球系统，先造灵魂，再塑肉身。柏拉图认为，人类也有不朽的灵魂，它生于繁星所在的神圣王国，通过行星球层降临地球，在一个肉身出生时与其结合。当人死去时，灵魂从肉身中释放出来，或转世（如果此人生前的德行足够高尚），或穿过球层升天，回到繁星家园。"我们应竭尽所能，飞离地球，奔赴天国，"他写道，"而飞离地球就是要变得像上帝一样。"后来，画家文森特·凡·高在 1888 年写给其兄弟的一封信中也谈到了这一想法。"正如我们去塔拉斯孔（Tarascon）或鲁昂（Rouen）要坐火车，"他沉思道，"我们想去一颗星星那里，就必须死去。"

我们每个人的内心都有一个神圣的火花，一个存于脆弱肉身的完美灵魂，它可以去往天堂，永存于繁星王国——这是多么非同寻常而又鼓舞人心的想法。柏拉图的思想从哪里来？这是一段几千年来不为人知的故事。

· · ·

在开罗以南埃及沙漠的边缘，靠近塞加拉（Saqqara）村的地方，有一个半成废墟的金字塔群，位于古都孟菲斯（Memphis）巨大的皇家墓地。此处的金字塔没有附近吉萨（Giza）那几座著名的金字塔高大雄伟，大多数也没那么古老。这些金字塔是用石灰岩块围着一堆碎石垒起来的，但石灰岩的部分早被偷光了，最初有五十多米高，但现在看上去像一个个快要垮塌的小山包。

1881 年 1 月 4 日，这堆碎石头有了拜访者。来自柏林的两兄弟，海因里希（Heinrich）和埃米尔·布鲁格施（Émile Brugsch），到这里探索地下墓室。他们破开第一座金字塔后，发现古老的入口通道被一堵厚重的花岗岩活板门封死了，好在门上有道窄缝，是几百年前的盗墓者凿出来的。两人收着肚子往里钻，海因里希很怕上面的大块碎石掉下来砸死他们，不过最后，两人毫发无伤地掉进了一条地道里。"等待我的是何样的惊喜！我的努力换来了何样的回报！"他写道，"无论往哪里看，都能看到光滑的石灰岩壁上刻着数不清的文字。"

这些象形文字精雕细刻，呈柱状排列。兄弟俩猫腰跨过大大小小的石块，沿着地道爬进了一个更大的洞室。黑色的石灰石尖顶上有一些白色的五角星，岩壁上同样刻满了象形文字。在昏暗的烛光下，他们一遍又一遍地念出同一个名字：太阳的挚爱迈兰拉（Merenre）。

19世纪，殖民者不仅热衷于探索美索不达米亚，还兴致勃勃地到埃及搜罗古代宝藏。在埃及南部的卢克索（Luxor）附近，欧洲探险家正在挖掘国王谷悬崖深处的皇家陵墓。尽管这些墓穴几乎都被洗劫一空，但墓穴壁上的艺术和铭文透露了许多有关这个神秘文明及其历史的宝贵信息，但令人失望的是，位于吉萨的那几座历史更为悠久的金字塔，墓室墙壁上却一片空白。

当时法国负责管理埃及文物的是一位法国老人，名叫奥古斯特·马里耶特（Auguste Mariette），他确信这些金字塔都是"哑巴"，其中有些小金字塔甚至没有发掘的必要，但法国政府不这么认为。1880年夏天，一队当地工人挖进一座金字塔并报告说里面有象形文字。马里耶特不相信，一口咬定他们误入了一位贵族的坟墓。同年12月，马里耶特在开罗患上了重病，此时传来一个消息——又发现了一座刻满文字的金字塔。由于病情迅速恶化，他派共事了很久的布鲁格施兄弟去探明究竟。

就这样，1月4日上午，海因里希和埃米尔乘火车从开罗南下，接着骑了两个小时的驴子，来到这座刚被打开的金字塔。在画满星星的石室西边还有一个墓室，同样有一个画满星星的尖顶，岩壁上也刻满了内容丰富的铭文。角落里还有一个红斑花岗岩石棺，棺盖开着，上面刻着更多的象形文字，海因里希粗略地将这些文字译成"伟大的上帝，光明地带的主，如日中天"。

棺材旁的地面上躺着一具经过防腐处理的木乃伊。那是一具年轻人的尸体，最初用细麻布裹起来，捆绳已经被盗墓者扯掉了，碎布条像蜘蛛网一样散落在四周，尸体上的护身符和珠宝已经不见了。防腐处理做得极好，精细的面部特征仍可辨认，海因里希断定这个人就是金字塔的主人迈兰拉国王。

当晚，兄弟俩决定把这位 4 000 岁的法老带给马里耶特瞅瞅。"我对自己说，亲眼看到埃及乃至全世界最古老的国王的木乃伊，"海因里希写道，"说不定可以给这位垂死的朋友带来最后的快乐。"他们把木乃伊放进木棺，绑在驴身上，花了两个小时赶到火车站，然后登上去往开罗的列车。在把木乃伊扔进行李车厢的时候，他们对惊讶的警卫说，他们正陪同一位经过防腐处理的塞加拉市长。由于距离市区不远的那段铁轨坏了，列车无法继续前进，此时日落西山，剩下最后几千米的路，他们只好步行。"为了减轻负担，我们扔掉棺材，两人分头抬着这位翘辫子陛下的头和脚，"布鲁格施回忆道，"结果法老大人纵向裂成两半，我们俩每人胳肢窝底下夹着半个法老走了回去。"他们终于在马里耶特去世的前几天，把木乃伊带到了他的面前，据说老人看到一分为二的法老给吓得不轻。

不过，他们最重要的发现不是木乃伊，而是布鲁格施所说的"金字塔铭文"。在公元前 24 世纪和前 23 世纪，归第五王朝和第六王朝国王及王后所有的十座塞加拉金字塔中，也有类似的铭文。金字塔铭文不含历史细节，却是有关埃及宗教信仰最古老、最广泛的信息来源。铭文表明，其他近东文明的天堂只属于神，但埃及不然。

埃及人拥有复杂的宇宙观，其中充满了各种各样的隐喻。他们把天空想象成一片海洋，太阳神拉乘着他的天舟穿过海面。他们还把天空想象成一只巨鹰或者女神努特（Nut）的腹部。努特呈母牛或女人的形态，手脚撑地，在大地之神盖伯（Geb）的上方拱起，每晚吃掉天体，清晨再把天体生出来。生命是日复一日的循环，围绕着太阳神拉永无休止的死亡和重生。拉在日落时分死去，进入冥界，到晚间与冥界深处的木乃伊奥西里斯（Orsiris）合体并获得力量，在日出时重生。

法老们修建金字塔就是为了反映太阳神拉的生死变迁。埃及古物学家约翰·泰勒（John Taylor）说，金字塔由石头垒起，万年长存，"不仅是尸身的安放地，也是在世的活人与复活的死人之间的接口"。有趣的是，这与新石器时代建筑物（比如同一时期的巨石阵）的许多理念遥相呼应。人们认为，法老的灵魂同太阳神拉一样，每晚都会与他的身体——坟墓里的木乃伊——融合，以便转日重生。金字塔铭文是一套符咒，在这个融合、重生的过程中起辅助作用。铭文描述了整个过程的几个阶段，在最高阶段，法老与太阳并肩升起，在群星中占据一席之地。有一段铭文写道："太阳神啊，我乘着您的神舟在天空中划行。"还有一段铭文写道："一条通向天空的小径已为我铺就，我要踩着它升天。"

塞加拉金字塔墓室的布局反映了这段周而复始的旅程。复活的法老走出埋葬室，朝太阳东行，继而沿出口地道北转，或许是迎向绕北天极转动的拱极星。拱极星永不降落，所以埃及人将它们与永生联系在一起，称它们为"不朽之星"。尽管其他恒星也很明亮，但几处金字塔铭文仍然将拱极星认作已故法老的归宿地，比如猎户座腰带（奥西里斯）、天狼星（女神伊西斯）、孤星和晨星（即金星，在黎明和黄昏时分看似一颗孤独明亮的恒星）。

尽管更大、更古老的吉萨金字塔没有铭文，但建造它们的法老可能也抱持着相似的信仰。人们认为，金字塔铭文的记录年代十分古老。吉萨的三座主要金字塔均面向正北，朝向天极。最古老、最大的胡夫金字塔建于公元前 26 世纪，偏离正北方不超过 1/20 度，对金字塔颇有研究的意大利天体物理学家、古宙天文学家朱利奥·马利

（Giulio Magli）将这描述为"疯狂的精确"，并且强烈主张"埃及人极度迷恋拱极星"的观点。胡夫金字塔也有风井，从主墓室向北和向南延伸。根据天文学家的计算，在金字塔建成时，这两个风井准确指向拱极星和奥西里斯（猎户座腰带）的最高点。马利认为，它们或许"象征着法老灵魂升天的路径"。

只有国王和王室成员（他们也有属于自己的金字塔）才能用金字塔铭文。不过后来几百年，非王室成员的棺板和莎草纸上也出现了类似的咒语。公元前 1600 年左右出现的《亡者之书》（*The Book of the Dead*）似乎已得到广泛使用，书中收录了助人通过升天测试的咒语。这项测试给心脏称重，以判断一个人是否有资格进入天国。天上有一个神圣王国的概念并非埃及人首创，而是一种普遍的信仰，但据我们所知，是埃及人在历史上第一次将天国视为人类灵魂的最终归宿。

埃及人的信仰常被视作一条死路，因为它早已消隐在历史长河中，不管它多么引人入胜，都无法与今天的来世概念联系起来。但历史学家尼古拉斯·坎皮恩认为，希腊人关于灵魂不朽的观念很可能是受到了埃及人的启发，所以古埃及才是来世概念的发源地。坎皮恩指出，希腊作家希罗多德（Herodotus）说过同样的话：埃及人是"最早提出灵魂不朽学说的人"。这句话本身算不上是证据（希罗多德好多地方都搞错了），但这种联系是合理的。公元前 6 世纪，希腊和埃及落入波斯的统治，这给希腊哲学家创造了与埃及祭司融合的机会。据说在希腊，数学家、哲学家毕达哥拉斯（Pythagoras）是最早提出灵魂不朽思想并对柏拉图影响至深的人，据有关毕达哥拉斯的古代传记记载，他在意大利南部开办学校之前，曾在埃及的神庙学习过。

在天文学史上，埃及人常常是靠边站的角色，因为就科学而言，他们远不及他们的美索不达米亚邻居那么先进。尽管如此，坎皮恩说，埃及人是西方宇宙学思想的根源所在。他说，巴比伦人贡献了数学，埃及人的贡献则是形而上的"灵魂融入"。在毕达哥拉斯和柏拉图的传播之下，人类灵魂归于群星的想法风靡整个希腊 – 罗马世界，人们因此抱有这样一种信念：思考宇宙能让我们更接近上帝。"观察恒星的运动，仿佛你与它们一起运行，"2 世纪的罗马皇帝奥勒留提出，"如此想象可以将地球生命的污秽涤荡干净。"柏拉图的思想还催生了各种各样盛行至君士坦丁时代的"神秘"崇拜，如诺斯替主义、赫尔墨斯主义和密特拉教。所有这些神秘教派都承诺传授秘密知识，帮助人们为灵魂升天做准备。犹太教的上帝是一个充满激情的干涉主义者，而这些神秘教派所崇拜的"唯一神"，是一个散发光辉、授予知识、亘古不变、无形无状的神。

后来，柏拉图的思想渗入犹太教。《希伯来圣经》曾两次暗示，虔诚者可以期待在天国与上帝会合，但两次暗示都出现在靠后的章节。成于波斯时期的《传道书》（Ecclesiastes）发出不服气的疑问："谁知道一个人的灵魂能不能升天？"在亚历山大大帝四处征伐之后成书的《但以理书》（Daniel）则十分肯定地写道："智者将耀如晴空，携众人走向正义之人会璨若星辰。"几百年后，伊斯兰教继承了类似的思想，相信人类会在天空中得到永恒的来世。

不过，柏拉图最大的影响体现在基督教的新生信念。"当基督徒开始建构自己的文献时，执笔者显然发现，这种有关个人灵魂和复活的论调水到渠成，"麦卡洛克说，"这是基督徒关注甚至痴迷于来世的根源。"

· · ·

337 年，复活节后不久，准备入侵波斯的君士坦丁病倒了。当时他正在参观其母所在城市海伦波里斯（Helenopolis）的一个温泉浴场，结果他一病不起，无法撑到返回君士坦丁堡。他来到附近的尼科美底亚（Nicomedia），召集一群主教，把自己的皇家紫袍换成了纯白色的长袍，接受洗礼。几天后，君士坦丁死了。

他的尸体被放在一具金棺里，运回君士坦丁堡，安放在金碧辉煌的圣使徒教堂中，那里有他为自己准备的石棺。教堂周围有十二座空墓，用来放置耶稣门徒的遗体。[①]一些历史学家认为，这最为清楚地表明，君士坦丁将自己等同于基督。但也有人认为，既然十二门徒象征黄道十二宫，君士坦丁同样可以把自己看作太阳。在君士坦丁死后不久发行的官方纪念币上，君士坦丁像索尔一样，驾着一辆四马战车，头戴太阳冠升入天空。

或许，两种解释都对。君士坦丁成就了基督教的历史地位，使基督教成为一股席卷全球的主要力量。学者们一致认为，他为天主教会赢得了一个未来，并且在很大程度上对基督教的全球传播负有责任。但为了做到这一点，他在这份信仰中嵌入了神圣光辉的太阳形象，由此可见君士坦丁时代普遍的宗教模糊性。在那个兵连祸结的时代，变幻莫测的帝国命运汇集了相互冲突的世界观，关于宇宙的本质和人类在宇宙中的地位，每种世界观都有一套解释。在许多情况下，一神教没有清除旧的天神信仰，而是吸收和适应它们。天国、灵魂、永恒的来世等基督教概念，是用埃及、波斯、以色列、希腊、罗马等许许多多古老文明的彩线，经过几百年织就的。

不过也有例外。18 世纪的政治作家托马斯·潘恩（Thomas Paine）以炮轰宗教而闻名（我们在第七章[②]会再次讲到他），他将基

---

① 君士坦丁之子君士坦提乌斯（Constantius）将使徒的坟墓和遗物移至别处。君士坦丁现被视为圣人，而不是神。

② 原书作"第八章"，有误。——译者注

督教描述为"对太阳崇拜的滑稽模仿，他们把一个他们称为基督的人放在了太阳的位置上，像仰慕太阳一般仰慕他"。早期的基督教徒确实借鉴了许多太阳崇拜的符号和仪式，但两者之间有一个根本区别，潘恩在炮轰基督教时没有涉及。柏拉图思想中有一个方面，是主流基督教最终也没有接受的。

柏拉图的造物主存于宇宙之中，他用手边可用的物质塑造了天球。柏拉图在《蒂迈欧篇》中写道，这位造物主整顿混乱，恢复秩序，塑造了一个世界，让它"尽可能是一个完美的整体，拥有完美的部分"。相比之下，犹太人信仰一个超越宇宙的神，他从无到有创造了世界。"天是我的座位，地是我的脚凳。"《希伯来圣经》的《以赛亚书》中如是说。

一般来说，基督徒坚持后一种观点。例如，尤西比乌斯很乐意把君士坦丁比作太阳。"太阳……自由地朝着万事万物播洒阳光，"他写道，"君士坦丁也是如此，他在黎明时分从皇宫出发，仿佛随着天光一道升起，慷慨地把自己的仁慈洒向所有来到他面前的人。"但尤西比乌斯也清楚地表示，即使太阳也不是神圣的，它同样是上帝的创造物。君士坦丁可能曾经忠于索尔，但对尤西比乌斯来说，崇拜的最终焦点在宇宙之外。君士坦丁对基督教的支持意味着人们不再"心怀敬畏地仰望太阳、月亮或星星，将奇迹归于它们，而是承认在群星之上还有一位不可战胜、不可察觉的造物主，并且学会了只崇拜这一个神"。

这是天主教会今天仍然坚持的立场。梵蒂冈天文台首席天文学家盖伊·康索尔马诺（Guy Consolmagno）在 2013 年明确指出："我所信仰的上帝不是宇宙的上帝，他在宇宙开始之前便已存在；他不是自然的一部分，而是超自然的。"这是一个全能的、不受宇宙现有法则或资源限制的上帝。不仅如此，它还给宇宙带来了深远的影响。相比较而言，柏拉图的宇宙是一个智慧生物，它本身是神圣的，其灵魂弥漫于整个现实。宇宙中的一切,从肉身终有一死的动物和人,到被柏拉图称为"神圣而永恒的动物"的群星,都在共享宇宙的灵魂。很大程度上是由于柏拉图,这种信仰在古典世界变得十分普遍。五百年后,罗马历史学家老普林尼将太阳描述为"灵魂或……全世界的意识"。早期信奉天神的社会,比如埃及人和美索不达米亚人,不管他们对人死后归宿的看法如何,也必定是把宇宙看作一个交织的生命系统。当他们把太阳、月亮和星星塑造成神的时候,他们实际上是在崇拜宇宙本身。

因此,一神教的意义不仅在于减少了神的数量,更在于它改变了宇宙的本质。5 世纪神学家、希波主教奥古斯丁(Augustine of Hippo)巩固了基督教的主流教义。他非常尊重柏拉图,他说:"没有人比柏拉图主义者更靠近我们基督徒。"但是,他否定上帝的灵魂弥散于全宇宙的看法。"谁会看不到那些随之而来的对上帝的不敬和亵渎呢?无论践踏何物,此物必为上帝的一部分。无论杀害何种生物,上帝的一部分必被杀死。"坎皮恩说,实际上,奥古斯丁"拒绝了宇宙是一个生物的概念……取而代之的是,世界有些部分已经死去,与其他活着的部分是区分开来的"。

我不确定君士坦丁自己怎么看,但至少对西方文明来说,他的皈依标志着一个重要时刻的来临——人类拒绝将宇宙视为一个神圣的生物。相反,宇宙仅仅是一个独立的造物主的作品。人类的命运曾经由天体运动决定,群星是众神的家园。但从这一刻起,我们不再身处一个包罗万象的宇宙之中。我们可以走出来,向下看。

虽然我们的宗教信仰今天依旧深受太阳、月亮和群星的影响,但故事讲到这里,我们与宇宙的又一份联系被斩断了。

第五章

时间

牛津大学博德利图书馆（Bodleian Library）里有一本鼓囊囊的小书，上下两块皮包木板，中间夹着二百张小牛皮书页。书名简明扼要，就叫《阿什莫尔 1796 手稿》（*MS Ashmole 1796*）。这本书写于 14 世纪，书页上印着大型花体字母和彩绘的大写字母，还点缀着一些精巧的图画，展示着复杂的轴轮机械。

这本书由收藏家、占星爱好者埃利亚斯·阿什莫尔（Elias Ashmole）于 17 世纪遗赠给牛津大学，之后便被束之高阁，无人问津。直到 1965 年，牛津的天文史学家约翰·诺思（John North）才将它从拉丁文译成了英文。诺思还将书页空白处的一条笔记 "*Hic est liber sandi Albani*" 一并译出，意为 "此乃圣奥尔本之书"。他发觉书中隐藏着对一个特别事物的描述——那是一样神奇的发明，沃林福德的理查德（Richard of Wallingford）为它倾注了一生的心血。

理查德在 1327—1335 年担任圣奥尔本修道院的院长，其间他修造了一座巨型时钟，安装在修道院教堂的南面大窗下。这座时钟不是普通的计时器，而是一个新奇复杂的自动宇宙模型。它是如此超前，以至在二百年后的 1534 年，当图书管理员、文物专家约翰·利兰（John Leland）看到它时，依然称其为全欧洲独一无二的奇迹。利兰说，此钟展示了上至苍穹、下至海洋的宇宙运行过程，"人们可以观察太阳、月球和群星的运行轨迹，也可以观察海洋的潮起潮落"。

这座时钟已经不复存在了。一段时间以来，现代历史学家无法凭借利兰这句话想象他当时到底看到了什么，直到诺思发现了博德利图书馆的这本小厚书。这是一本造钟秘籍，它不仅展现了一件令人印象深刻的发明，而且还揭示了人类历史上一个极其关键的时刻。

本章讲述中世纪欧洲修道士跟踪时间的缘由和方式，以及他们如何在这一过程中改造了人类。他们精益求精地跟踪时间，最终取得了超乎想象的成功，但与此同时，他们也摧毁了时间本身。从前，时间如同太阳、月球和群星的周期运动所展示的那样，代表神圣的宇宙秩序，直到人类的新发明——机械钟——定义了一种截然不同而又威力无穷的时间。因为它，人类弱化了与上帝和宇宙的联系；基于它，人类形成了一种全新的生活方式。

· · ·

理查德于 1291 年（或 1292 年）出生在伦敦以西约五十英里的伯克郡（Berkshire）沃林福德镇，父亲是一名铁匠。他十岁那年，父亲去世了。没过一两年，"他因为孤独、聪明、前程远大"被当地本笃会修道院院长收养。后来，这位院长花钱送他去附近的牛津大学学习。在那里，他偏爱天文学和数学，神学课业明显荒疏了。

当时，本笃会在欧洲十分盛行（本笃会成员因穿黑袍、剃光头被称为"黑和尚"）。1314 年，二十多岁的理查德游历到了圣奥尔本修道院，从此立志当一名修道士，这可能是因为他指望修道院院长能接济他完成学业。圣奥尔本修道院建于 8 世纪 ①，在英国颇有权势，拥有大片土地，长达 85 米的教堂中厅据说在基督教世界首屈一指。

1317 年，理查德被任命为牧师，之后返回牛津继续学习。在牛津学习的九年里，他写了几篇很有影响力的论文，其中有一篇描述了他的一项发明。那是由一串金属圆盘组成的天文仪，叫作"阿尔比恩"（albion），可以用来计算行星在天空中的位置。在另一篇讲述占星术的论文中，他继承了托勒密《占星四书》的思想，阐释如何通过观察天体的排列，预测洪涝、旱灾、风暴、潮汐等天气事件（当然，他关于潮汐的论述是正确的）。

1327 年 9 月，理查德访问了圣奥尔本修道院，他的命运再次转向。在他访问期间，修道院院长休·埃弗斯东（Hugh Eversdone）去世了，理查德被选为继任者。根据修道院编年史记载，理查德不愿意接班，想必他已经意识到这是份苦差事。当时，修道院负债累累，教堂有些地方已经垮塌，尚未完全修复，而内战中的英国正处于四分五裂的状态。

此前，在 1 月的时候，英国国王爱德华二世被他的法国妻子伊莎贝拉王后和她的情人罗杰·莫蒂默（Roger Mortimer）废黜入狱，两人代表伊莎贝拉的幼子爱德华三世统治英国。随后的几个月，不同派系争权夺利，暴乱四起，政局动荡不安。在圣奥尔本这样的修道院小镇，暴乱尤为激烈，民众对修道院院长的怨愤在这场危机中越积越深。

作为英国最大的地主之一，修道院有效控制着领地居民的生活，对他们课以重税，同时禁止他们到修道院院长的地盘打猎。1327 年 1 月，镇民围攻圣奥尔本修道院，要求制定一份包括议会代表权在内的

---

① 此处原有一座为纪念圣奥尔本（St Alban）而建的教堂，他在 4 世纪戴克里先迫害基督徒期间殉道。

广泛的权利宪章。休院长以前曾得到爱德华二世的支持，现在迫于伊莎贝拉王后的压力，不得已答应了镇民提出的几乎所有要求。这份耻辱或许正是他的死因之一。

到了 9 月，叛乱愈演愈烈。镇民摧毁了附近的林地，侵入修道院大院和鱼塘。新院长理查德眼见有场硬仗要打，不过他必须先到阿维尼翁（Avignon）教廷去确认他的院长身份。沿途，他想必游遍了欧洲大陆的大教堂和桥梁，拜读了新的手稿，还与当时同在阿维尼翁教廷的哲学家、神学家奥卡姆的威廉（William of Ockham）等重量级学者见了面，所以这趟旅行必定令他深受启迪。然而，在 1328 年 4 月回到院长庄园的当晚，理查德感到左眼灼热。他得了麻风病。[①]

• • •

从君士坦丁皈依基督教、统一罗马帝国算起，已经过去了近千年。在君士坦丁死后的几百年里，文明在东罗马（后称拜占庭帝国）和伊斯兰世界蓬勃兴起，那里的学者将古典知识译出并发扬光大。西罗马一蹶不振，部分是因为大量日耳曼移民从北方涌入，远在君士坦丁堡的皇帝鞭长莫及。公元 476 年，罗马陷落，古代终结，欧洲进入了中世纪。

延续了几百年的社会、经济和政治基础一朝瓦解，长途贸易崩溃，欧洲陷入了暴力与混乱。基督教修道院宛如黑暗中的一点光明，成为欧洲坚固、稳定、持久的权力与知识中心。埃及沙漠的隐修士早在 3 世纪就形成团体，这种习俗很快传到了西方。修道士受清规戒律的严格约束，比如圣本笃（St Benedict）的 6 世纪"会规"严格约束

[①] 理查德自认为患上了麻风病，一些历史学家认为他得的是结核病或梅毒。

修道士的行为，而其中关于恪守时间的会规，对修道士的日常生活约束最严。

白昼和黑夜被划分成严格的时段，修道士按时进行一轮轮的研修、体力劳动和集体祷告。正如哈佛大学历史学家大卫·兰德斯（David Landes）所描述的那样，这种"时间纪律"将西方基督教与其他一神教区分开来。在犹太教、伊斯兰教和东方基督教会，每日祷告的时间遵循日出、日中和日落等天象，但西方的基督教，特别是修道院基督教，越来越注重规律性和准时性。此外，修道院基督教还增加了祷告的次数，其中几次祷告的时刻不是依据太阳的位置，而是通过数小时确定的。本笃会描述了每天的七次祷告：除上午、傍晚、夜间三次之外，还有每天的第一、第三、第六和第九小时（拉丁语分别为 *prime*、*terce*、*sext* 和 *none*）。①

其他几个修会采纳了本笃会的祷告规则，很快"教会时"（canonical hour）成为天主教会的官方计时标准。严格高效的日程安排既能督促修道士勤勉修行，也令这种生活方式在血腥动荡的时代得以延续。但是，人们之所以对守时如此执着，这里面有更深层的原因。

在人人各司其职的社会里，骑士保卫王国，农民犁地种田，修道士则不仅要为自己的灵魂负责，而且要为所有基督徒的灵魂负责。兰德斯认为，修道士的天职是"祷告，经常祷告，以拯救那些因世俗责任或无常世事羁绊而无法全心全意侍奉上帝的信徒"。这一职责围绕以钟声为标志的集体祷告展开。修道士必须守时，这既是为了避免祷告时间吃紧，同时也可以确保众人的颂祷整齐划一。据说，整齐而响亮的反复吟诵会令祷告更具力量。于是，守时变得比生死还重要，人

---

① 每日祷告始于日出，即清晨6时左右。几百年后，第九小时的祷告（拉丁语为 *none*）从下午的中间时段移至正午，这就是"noon"（意为正午）一词的由来。

类的灵魂能不能获救，全看修道士们守时与否。

　　但如何准确计时呢？一直以来，时间的终极仲裁者都是宇宙自身的运动。第一批人类通过太阳的运动标记天和季节，用月球周期标记月份。巴比伦人和埃及人，之后的希腊人和罗马人，白天用日晷计时，夜里靠观察恒星升起来识别时间。当时的天文学家与今天的我们一样，把一天分为 24 个等长时（equal hour），但普通人仍然遵循所谓的季节时（seasonal hour），即白昼和黑夜各有 12 小时，且小时的长度在一年当中是变化的。①人们用沙漏和水钟（即由指针和浮子构成的小时刻度盘）等陆地计时器，为议员演讲、嫖客嫖妓等各种各样的短时事件计时。

　　在中世纪，大部分学术研究都退步了，只有计时技术蓬勃发展。这是因为基督教修道士和学者不断寻找更好的方法，来确保每轮祷告，特别是天黑之后的祷告能够准时执行。例如，在 6 世纪 70 年代，图尔的格里高利主教（Gregory of Tours）撰写了一套详细的指南，指导修道士如何通过观察恒星升起和吟诵诗篇来测算时间的流逝。然而，这意味着必须有人彻夜不眠。

　　随着政局在 10 世纪和 11 世纪稳定下来，欧洲国家（尤其是西班牙）与穆斯林世界的接触促进了西方的学术研究。大致在这段时期，修道士开始使用水驱闹钟。虽然人们把这种装置描述成时钟，但它并不能报时。它靠一个简单机械带动，每隔一段时间就反复敲响一个小铃铛，将修道院主钟的敲钟人叫醒。传唱至今的童谣《雅克神父》（Frère Jacques）讲的就是这个过程。

　　有关这种闹钟的详细记载，最早出现在西班牙北部一所本笃会修

---

① 巴比伦人除外。巴比伦人把一天分为 12 个双小时（double hour），并且同时使用等长时和季节时。

道院的手稿中，但很快在欧洲多了起来。据记载，1198 年，伯里圣埃德蒙兹（Bury St Edmunds）修道院发生火灾，修道士们跑到水驱闹钟那里取水。不过，水驱闹钟不是很准，每天晚上必须重置归零。直到 13 世纪末，人类终于迎来了计时革命。

沙漏、燃烧的蜡烛、水钟以及其他当时的时钟设计理念，都试图创造一种均匀、连续的流动，毕竟流动看起来就是时间的本质。然而事实上，我们很难让物体保持精确的匀速运动。13 世纪，钟表匠开始做试验，把末端坠着重物的绳子或链条缠在桶上，这样重物下落时会带动桶转起来，从而驱动时钟。但是，重物下落速度太快，而且越靠近地面，下落越快。这方面最重要的突破是一种被称为"擒纵机构"（escapement）的摆动装置，它通过反复锁定和开启齿轮系，使重物以规律可控的方式下落。兰德斯说，这是"历史上最精巧的发明之一"。擒纵机构不是将时间当作一种连续流来测量，而是把时间分成有规律的节拍（即时钟的"嘀嗒走时"）并对节拍进行计数。在擒纵机构发明之前，世界上最精密的时钟出自伊斯兰世界和中国，比如来自西班牙安达卢西亚的工程师穆拉迪（Al-Muradi）描述过一种由快速流动的溪水驱动的坚固齿轮，中国的太子太保苏颂设计了一款由水或水银驱动的钟楼。但是，自从擒纵机构发明后，欧洲人成了全世界的计时大师。

擒纵机构的确切起源已不可考，但很显然，在 1271 年的时候，这种装置还没有出现。英国天文学家罗伯特斯·安格利卡斯（Robertus Anglicus）写道，钟表匠用铅锤让齿轮每天转动一周的尝试"对改进他们的产品无甚助益"。几年后，教堂的财务记录显示，出现了一种新型时钟。这种时钟往往由专业工匠制造、修理，并且安装在教堂墙壁的高处，所以造价不菲。

有关这种新型时钟的最早记录全部来自英国教会，其中最早的要数贝德福德郡邓斯特布尔镇（Dunstable）的奥古斯丁修道院。1283

年，该修道院的修道士建造了一座时钟，安放在圣坛屏（将教堂的唱诗班席与中厅分隔开的巨屏）的上方。紧随其后的是埃克塞特（Exeter）、伊利（Ely）、坎特伯雷（Canterbury）和伦敦的圣保罗（St Paul's）。在圣保罗，一位名叫巴塞洛缪（Bartholomew）的钟表匠因造了一座新型大钟获得了 281 份口粮。欧洲其他地区有关新型时钟的最早记录出现得稍晚，比如 1309 年米兰的一座铁钟。大致同期，在 13 世纪的法国诗歌《玫瑰传奇》（*Roman de la rose*）中出现了有关机械钟的第一个文学典故：

> 他的时钟
>
> 响彻宫殿
>
> 精巧如是的齿轮
>
> 在时间中亘久飞转

这些时钟不一定有表盘和指针，它们的用途是敲响祷告的钟声。然而，修道士并不是唯一追求自动机械的人。

• • •

公元前 1 世纪，罗马作家西塞罗（Cicero）在他的书 [①] 中提到了两个球，制造者是伟大的数学家阿基米德。前 212 年，罗马将军马塞卢斯（Marcellus）洗劫了阿基米德的家乡锡拉库萨（Syracuse），把这两个球抢走了。他将标有恒星和星座的那个实心球赠予一座罗马神庙，而另一个球很是特别，马塞卢斯把它留给了自己。按照西塞罗的

[①] 即《论共和国》（*De Re Publica*）。——译者注

说法，阿基米德必定"被赐予了人类无法想见的巨大天赋"才能造出这样一个球。

这个球是一个机械宇宙模型，显示了太阳、月球和五颗已知行星的运动。阿基米德"想出了一种方法，仅用一个单一装置就可以精确地显示具有不同速度的天体运动"。当这套复杂的青铜装置转动时，"装置上月球落后于太阳的周数总是与天空中月亮落后于太阳的天数一致"。

在历史的大部分时间里，西塞罗的描述没有引起特别的关注。一来此类古代装置没有流传下来，二来西塞罗以虚构对话体描述的这个装置，远远超出了人们心目中古希腊工匠的能力。1901 年，在希腊安迪基西拉（Antikythera）岛附近的一艘公元前 1 世纪的沉船上，海绵潜水员找到了一个神秘的青铜装置。近几十年来，研究人员一直在研究它。腐蚀的铭文、齿轮和表盘是如此精细，以至一些作者最初声称这是一场精心设计的骗局，甚至有人说它是天外来物。然而，它确实是文物，人们用了一百多年才将装置上的图案破译出来，最终证明了安迪基西拉仪是一部模拟天空运动的机械，与西塞罗的描述完全吻合。

这个装置最初装在一个约 30 厘米高的木箱里，正面有一个巨大的青铜表盘，显示太阳、月球和行星在天空中的运动变化，另外还有一个旋转的黑白球显示月相，铭文列出了一年当中恒星升起的时刻。装置背面有两个螺旋形表盘：一个是有 235 个月的年历[1]，还内嵌了一个刻度为 4 年的小表盘，显示奥运会之类的体育赛事；另一个表盘显示了一个为期 223 个月的周期[2]，用来预测日食和月食。

换句话说，这是一个便携宇宙，一个以机械形式封装起来的宇

---

[1]　即默冬历。——译者注
[2]　即沙罗周期。——译者注

宙。指针的速度各异，受控于一个复杂的齿轮系，其中包含齿数不同的青铜齿轮——这种结构就是我们今天所说的"齿轮发条装置"。这套齿轮系中有 30 多个齿轮保留下来，但原始的齿轮数量可能更多。

此后 1 000 多年，也就是到沃林福德的理查德造出理氏时钟之前这段时期，历史记录中再也没有出现过复杂程度接近此物的东西，但人们并没有完全遗忘利用齿轮系模拟天体运动的想法。伦敦科学博物馆陈列着一个 6 世纪的拜占庭日晷，那是由八个齿轮驱动的机械历，显示太阳和月球在天空中的位置。同样的日历出现在伊斯法罕一个 13 世纪的星盘上。有迹象表明，这类知识最终又传回了欧洲。例如，1232 年，大马士革苏丹的使节向神圣罗马帝国皇帝腓特烈二世进献了一座镶嵌着宝石的行星仪。它的工作原理已不得而知，但按照一份当代手稿的说法，那是"一台由奇妙的轮子组成的装置"。

所有这些装置都有一个严重的缺陷——它们是手动的。历史上，人们一直用水力驱动天文仪，比如罗马建筑师维特鲁威描述了一个令人印象深刻的水钟，它可以带动一个刻着星图的青铜大圆盘①，但是，液压不足以驱动复杂的齿轮机械。13 世纪，随着欧洲学术研究再次兴盛，神学家和哲学家对创造一个自动宇宙模型产生了浓厚的兴趣。

1248 年，方济各会修道士罗杰·培根（Roger Bacon）在一篇论文中主张，科学技术可以创造出比魔法更伟大的奇迹。他描述过诸如潜艇、飞行器、曲面透镜和火药之类的发明，而后来他认为，一个自动的天球仪比前面所有这些都更有价值。自动天球仪当时并不存在，但培根相信是可以造出来的。在后来的著作中，他提出这种装置可以

---

① 雅典的罗马市集有一座公元前 1 世纪的八角形建筑，名为风塔（Tower of the Winds），人们认为风塔内曾有一座这样的时钟。在萨尔茨堡和格朗德村，也发现了与维特鲁威描述相似的青铜盘碎片，年代为公元 2 世纪。

由磁力驱动 ①，并且称其为"实验科学乃至所有领域最伟大的秘密之一……—种与天空同步运动、胜过所有天文仪的物体或仪器"。

换言之，第一批试图制造永动机的发明家并不是为了谋取免费能源或者"蒙骗自然"，他们只是想造出一个自动的微缩宇宙。培根说，这样的模型包含宇宙运行的奥秘，比国王的宝藏还要珍贵。因此，几年后擒纵机构发明者将时间切成一份一份的做法，其影响远不止于令集体祷告更准时。计时器和天文模型，这两个伟大的机械传统即将碰撞出火花。

• • •

沃林福德的理查德从阿维尼翁返回圣奥尔本后，当务之急是将控制权从镇民手中抢回来，并且剥夺镇民从休院长那里索得的权利。双方的一个主要矛盾是用谁的磨盘磨面，按照律法，农民必须付费使用修道院的马拉磨盘，但有人已经开始自行打制小型的手动磨盘，这损害了修道院的利益。

理查德的策略是在法律上猛烈攻击镇上最有影响力的镇民，指控这些人犯有通奸之类的道德罪，然后与法官杯酒言欢，再跟新王爱德华三世攀上关系。1332 年 5 月，镇民被迫交出权利宪章和八十多个手拉磨盘。理查德没收了这些磨盘，把它们砌进了修道院会客室的地板。

与此同时，理查德的病情不断恶化。他虚弱不堪，单眼失明，面目全非，几不能言，但战胜镇民似乎令他在修道士中间威望大增。他

---

① 可能指法国学者皮埃尔·德·马里古（Pierre de Maricourt，人称朝圣者皮埃尔）的作品。马里古一直在用天然磁铁做试验，并且得出一个巧妙但错误的结论——磁铁的两极指向南北天极。他提出把一个球形磁铁对准天空中合适的点，这样它就会随着地球一起转动。

在两次篡权阴谋中幸免于难，后来便开始在修道院大兴土木。不过，这些只是为了掩人耳目，他的真实意图是在计时科学新近革新的基础上，造出一样前所未见之物——一座宏伟的天文钟。

《阿什莫尔 1796 手稿》没有署名，但页边空白处的笔记表明，这本书是在理查德死后不久由圣奥尔本的一位抄写员誊写自理查德的论文。[①] 书中有很多数学和天文学相关的内容，我们知道其中有些是理查德本人的思想成果。还有一些杂乱无章、未经编辑、来源不明的笔记，记录了理氏时钟的建造原理。这是已知最早的有关机械钟的详细描述，让我们得以近距离探究这项改变世界的发明到底从何而来。正是依靠这些笔记，诺思才复原了这台"宇宙机器"的个中细节。

根据笔记的描述，理氏时钟使用擒纵机构控制下落重物，带动一个巨大的铁齿轮每天跟随太阳转动一周，在此过程中，一套与重物相连的敲钟机械每小时敲一次钟。不同于后来常见的立轴横杆式擒纵机构，理氏时钟的擒纵机构由一个半圆金属片和两个并列的齿轮组成，靠齿轮上交错布局的小圆柱前后拨动金属片驱动。在诺思发现理氏时钟之前，人们一直认为"立轴横杆"才是最原始的擒纵机构。[②]

理查德似乎不是凭一己之力发明了这种擒纵机构，因为他叙述这段文字的语气让人感觉不是在谈论一件新事物。有趣的是，他描述的部件排列方式与修道院的撞钟机械完全相同。诺思因此得出结论：这种擒纵机构起初必定是一个摆动式响铃装置，可能安装在一台水钟

---

① 根据诺思的说法，在 14 世纪末，这本书归圣奥尔本一个名叫约翰·鲁金（John Loukyn）的修道士所有。鲁金是一所修道院的圣器看管人（即现代的教堂司事），负责管理教堂钟以及后来的时钟等圣器。

② 立轴横杆式擒纵机构在立轴的上下两端各有一个托盘，立轴靠一个单轮顶部和底部的轮齿前后推动。除了这些笔记，人们只在意大利画家列奥纳多·达·芬奇 15 世纪末的画作中见过理查德所描述的擒纵机构设计。

上，后来，有人意识到还可以用它调节下落物体的运动。从洪亮的撞钟声到时钟的嘀嗒声，这是人类思维的一次横向跳跃，使欧洲一举超过拜占庭和伊斯兰世界积淀几百年的学术成就，成为计时领域的先锋。

根据《阿什莫尔 1796 手稿》的描述，理氏时钟还融合了许多天文特征。每 24 小时转动一周的太阳轮与一个转速略快的次轮相连，次轮带动一个 6 英尺的铁制圆盘与群星同步旋转。这个铁盘上刻有星图，其中包含黄道十二宫。铁盘前面的固定网格标定了天空的关键位置，比如地平圈、小时线和本地子午圈[①]，将三维的天穹顶投到平面上，形成一张由优雅的直线和曲线织成的网格。

在自动天文仪上采用这种星盘并不是理查德的首创。维特鲁威描述的天文水钟上也有一个旋转的星图。13 世纪 20 年代诺威奇大教堂（Norwich Cathedral）的财务记录描述了一个随天空旋转的铁盘，重 40 千克。不同的是，理查德的精确度令人惊诧。他用复杂的数学表格计算出适当的齿轮齿数，以及齿轮系的尺寸和相对角速度。根据诺思的计算结果，如果理氏时钟的主太阳轮每 24 小时转动一周，那么铁制星盘转动一周的用时是 23 小时 56 分钟 4.12 秒，误差仅为 0.03 秒[②]。

理查德没有就此罢休。他还加装了一根巧妙的"太阳指针"，令其每天转一周。正如第三章提到的，太阳在天空中的运动[③]速度看起来不是恒定的，而是时快时慢。理查德用一个全新的发明来匹配太阳的速度变化。那是一个椭圆形齿轮，由四条独立的圆弧组成，每条都经过理查德的计算，精确代表太阳的运动速度。这枚齿轮带动太阳指针转动，在任何一个给定时刻，指针穿过星图上黄道的位置都与太阳

---

① 本地子午圈（local meridian）指通过观测者正上方天空点和天极的子午圈。
② 在地球上，一个恒星日为 23 小时 56 分钟 4.09 秒。——译者注
③ 即太阳视运动。——译者注

在天空中的实际位置吻合。作为宇宙学史和中世纪科学领域的专家，诺思从未见过这样的东西。他说，椭圆形齿轮是"数学与机械两种创造力的结合，这或许在整个中世纪和文艺复兴时期的理性力学史上都是独一无二的"。

理氏时钟还有一个显示月球位置的指针和一个显示月相的旋转黑白球，后者对于夜行者安排旅行、修道士规划养生放血非常有用。理氏时钟甚至还能预测月食。当时已知最复杂的天文装置是安迪基西拉仪，它具有许多与理氏时钟相似的特点，但其制造者并没有尝试去预测月食，而只是将巴比伦人的预测结果标注在月历上。相比之下，理氏时钟基于托勒密的理论，根据太阳和月球的运动自动推导出月食的发生时间，并且用一个黑色转盘遮住代表月球的那个小球的相应部分。

最后，对占星术感兴趣的理查德还用一个表盘显示离圣奥尔本最近的港口——伦敦桥——的潮汐涨落，从而反映出其他天体对地球的影响。潮汐涨落的月周期相对容易计算，只要用一个齿轮带动一根指针每 30 天转动一周即可。

理查德笔记流传下来的部分没有谈及行星，但古文物学家利兰后来说，理氏时钟确实可以显示行星的运行轨迹。另外，利兰提到过的"命运之轮"也从手稿中消失了。命运之轮可能指罗马神话中幸运女神的车轮，在中世纪十分流行，代表着变化无常的命运，比如车轮底部的乞丐随着车轮向上转变成国王，向下转又变回乞丐。但在基督教修道院里，提及命运之轮有些奇怪。诺思认为，命运之轮展示的是一种被称为"命位"的占星学说，即通过一个人出生时天体的位置预测他的寿命。

人们对理氏时钟的建造过程知之甚少，但据修道院记录称，这座钟耗费多年建成，而且严重超支。几十年后，法国建造了一座时钟，我们可以从有关的详细记录中了解兴师动众的程度。1356 年，这座时钟由阿拉贡（Aragon）国王佩雷四世（Pere IV）敕造于比利牛斯城堡。主钟表匠安东尼奥·博韦利（Antonio Bovelli）从阿维尼翁教廷带来十名能干的助手，城堡里堆满了锅炉和打铁工具，工人们利用木制模具打造出一个个巨铁轮。整体框架重近 1 吨，钟体重 3 吨。当吊车将各个部件吊装进钟楼时，围观者如此之多，木工们不得已，临时搭起脚手架，供众人攀爬围观。

博氏时钟比起理氏时钟简单许多，只用九个月就建成了，但它从未发挥过预期的作用，因为三十年里，敲钟人还是用沙漏计时。相比之下，理氏时钟似乎超越了当时已知的任何事物，创造性地展示了两百年不变的神圣宇宙秩序与逻辑。诺思说，理查德的笔记证明，理查德不仅是一位"伟大的修道院院长"，而且是"中世纪后半叶最具创造力的英国科学家"。理查德一手设计建造的这座非凡的时钟，刷新了现代人对 14 世纪欧洲天文学家的认识，同时也标志着人类技术史迎来了一个重要的转折点。

· · ·

此后，修造大型时钟的潮流风靡欧洲几十年。在那个经济复苏、学术复兴的时代里，纺织品和小麦贸易持续扩张，人们正在反抗旧有的封建秩序。从斯特拉斯堡到米兰，在所有城镇里，随着有组织的劳动力的出现和新兴商人阶层的兴起，生机勃勃的市场形成了。

生活和工作的节奏也在加快，在城镇尤为如此，这令人们的时间意识变得更加强烈。人们的生活被分成了不同的时段，何时开工和收工，何时开市和休市，何时清扫街道，何时饭馆打烊，一切的一切，都被市镇大钟分配得清清楚楚。起初，各地的公共大钟遵循教堂钟的教会时，而随着机械钟的发明，情况开始发生改变。虽然最早的机械钟出现在教堂里，但是很快在公共广场也出现了。

继理查德之后，如雨后春笋般出现在欧洲大陆的计时设备都有复杂的天文表盘，很多还配有会动的雕像。例如，14 世纪 50 年代斯特拉斯堡的教堂钟楼里有一只镀金的小公鸡，每逢正午便扑棱着翅膀啼鸣（今天的咕咕钟保留了这一传统）。建于 1410 年的布拉格天文钟上有一具晃动着沙漏的骷髅。15 世纪意大利曼图亚（Mantua）时钟的设计者夸耀说，这座时钟显示了外科手术、裁剪制衣、犁地耕作等各种活动的适当时间。

这些时钟不仅是计时器，更是宇宙模型，给天空中和地球上的时间赋予意义、目的，甚至伦理道德。

这些早期计时装置的天文特征表明，人们仍将时间视为广阔宇宙的一部分，时钟的嘀嗒走时与天空的周期密不可分，而这正是随后的社会巨变的关键。时钟不仅仅是玩物或工具，还具有神圣的权威性，人们的日常生活受其支配，一个个与天空的宏伟循环相呼应的表盘，必定令人们心生敬畏。例如，对圣奥尔本的居民来说，理氏时钟预测月食的能力宛如魔法，证明了它与天国的直接联系。修道院的马拉磨盘——当时社会纷争的根源——同样靠齿轮传动（结构较为简单），[1]但理查德却将平凡的齿轮机械与天堂和上帝联系起来。

随着公共时钟的兴起，时间和工人的日常生活逐渐不再受修道院的摆布。例如，圣奥尔本的镇民在 15 世纪建造了一座公共时钟，以此抗议修道院对工作日的控制，同时一天的划分方式也发生了变化。修道院的水钟遵循季节时或者说教会时，但这没法简单地用自动齿轮机械来实现。因此，机械钟的诞生促使修道院放弃教会时，改用等长

---

① 磨盘可能使用大而粗糙的木齿轮，而不是精密制作的铁制钟表轮，但基本原理同样是通过轮齿啮合实现传动。

时。新式时钟不是简单地逢时敲钟，而是用适当数量的钟声来标记每个小时，这种做法被称为"打点报时"（理氏时钟是已知的首个打点报时钟），在 14 世纪末广为流行。

等长时的引入切断了平民生活与修道院修行时刻表的联系，把计时从太阳的季节性规律变化中抽离出来，世俗化进程由此加剧。打点报时意味着人们不仅每隔一段时间就会听到一串钟声，而且还可以感受到时间是一个贯穿全天、规律性的累积过程。随着计时变得越来越精确，可调整的余地变得越来越小，人们的生活也越发不受事件或天象的支配，而是由义无反顾向前走的时钟所主宰。

历史学家通常将这一时期称为资本主义和工业革命的奠基时期。据 20 世纪颇有影响力的历史学家刘易斯·芒福德（Lewis Mumford）所说，"现代工业革命的关键机器是时钟，而不是蒸汽机"。钟表所需的精密齿轮和技术专长推动了机械的发展，使大规模自动化生产成为可能，[①] 而且更重要的是，钟表制造带来了分工协作水平的提高，同时促使人们改变了对时间的看法。研究中世纪英语的约翰·斯卡特古德（John Scattergood）教授分析了中世纪文学中涉及时钟的引用，发现随着机械钟的出现，作家开始运用与时钟相关的隐喻，歌颂一组新的美德，比如恒心、守时和严谨。然而有时候，精确的时钟并不受欢迎。在 14 世纪，时钟打断了诗人大卫·阿普规林（Dafydd ap Gwilym）邂逅一位美貌女子的绮梦，他抱怨道："哎呀，堤坝边的钟……唤醒了我。"

---

① 例如，行星轮系和差动轮系（较小的齿轮围绕较大的齿轮转动）等特征，最初是用在天文钟上，以模拟行星的运动，后来成了自动织机的关键部件，到近现代又成了汽车轮轴和 3D 打印机的关键部件。

让它白费那口舌力气
两根绳子和一个轮子
愚蠢的球是它的重物
四方盒子和敲钟的锤
以为是白天的蠢鸭子
转个不停的水车轮子
叽叽喳喳煞风景的钟

不过总括来说，修道院的职业操守和生产力很快在社会各界普及。从磨坊工人到商人，每个人的活动都在时钟的机械节拍下变得井井有条，尽管这背后的推动力不是精神救赎，而是金钱利得。1433年，一位名叫莱昂·巴蒂斯塔·阿尔韦蒂（Leon Battista Alberti）的西班牙交易员写道，他每天早上做的第一件事就是列出当天的任务。"事情太多了，我数数有多少，想想怎么做，然后给每件事分配好时间，"他写道，"我宁愿少睡会儿也不愿意浪费时间。"

人们对时间的态度不仅体现在更加守时上，而且有着深刻的转变。随着原本可塑的生活体验被切割成规则的、可测量的片段，人们也开始用更为数学的方式去思考世界。大卫·兰德斯认为，在一个原本不怎么识数的社会里，有规律的打点报时促使人们计数、做简单的算术，比如计算一个班次的时长。他还指出，在 13 世纪前，计量单位多变且基于实物，比如英国人用脚量（英尺），法国人用拇指量（法寸）。他认为，从季节时到等长时的转变促使人们思考"抽象计量"，即一种独立存在的标准单位，这对日益增长的官僚体系和贸易至关重要。与此同时，时钟本身也变得越来越简单小巧，用途也不再是模拟宇宙，而是纯粹用来报时（但表针的转动方向依然反映了太阳穿过北方天空的路径）。

在芒福德看来，这种抽象度量和数学思考的能力，才是时钟所带来的真正意义上的革命。"人类强大到忽略了由小麦和羊毛，或者说食物和衣服组成的现实世界，"他写道，"而是把精力集中在如何用各种符号将世界量化。"数量不再仅仅是价值的一种表示，而是价值本身的定义。就在打点报时的钟声里，现代生活方式的经济种子开始萌芽。

• • •

这场计时变革与当时的社会变化交缠叠加，给科学和哲学思想带来了深远影响。从人类用天文钟模拟宇宙运行，到提出宇宙本身就像一个时钟，这两者之间只有一步之遥。最早这样比较的作家是意大利诗人但丁。1316—1321 年，也就是沃林福德的理查德在牛津求学的时候，但丁写成了《天堂篇》(Paradiso)，讲述了他穿越各个天球球层的旅程。书中说，当他到达太阳球层后，他看到了上帝的宇宙是如何运行的，还把宇宙比作一个正在敲响晨祷钟声的修道院钟，那是"一个光辉灿烂的轮子……用至甜至美的音符敲响钟声"。

把宇宙看作一台由可预测规则支配的机器，这种想法古已有之，而中世纪天文钟里永恒跳动的擒纵机构，令人们再也无法抗拒这个想法。1364 年，意大利工程师乔瓦尼·德唐迪（Giovanni de'Dondi）建造了一台复杂的天文钟，目的之一是证明托勒密的同心圆系统不仅是一个数学模型，还能精确再现天空的真实运作方式。1377 年，法国哲学家尼科尔·奥雷姆（Nicole Oresme）提出，宇宙就像一个计时器，春夏秋冬，恒久运转，不快不慢，永不停歇，"就仿佛有人造了一台时钟，上好发条，然后便让它自己走下去了"。

对于这些中世纪学者来说，宇宙不像时钟和机器那般冷硬。例如，在《天堂篇》中，但丁不仅把宇宙比作一座修道院钟，同时也把它描述为上帝的新娘。他写道，宇宙敲响晨祷的钟声，为她的丈夫兼造物主唱起了情歌。17 世纪，像勒内·笛卡儿这样的哲学家将这个比喻引向一个符合逻辑的结论：不仅是恒星和行星，还有动物，都是简单的自动机，也就是由预定规则驱动的机械，跟斯特拉斯堡大教堂钟的那只公鸡没有区别，[①] 只有人类与众不同，因为人被加注了"灵魂"。

驱动宇宙的力量不再是上帝之爱，而是因果律。要理解一个事物，我们必须用物理机制进行解释。哲学家和科学史学家斯蒂芬·图尔明（Stephen Toulmin）说："任何做不到这一点的 17 世纪科学家都会被同事们指责为援引'奇迹'和'神秘品质'。"宇宙的"机械化"最终将占星术挤走，为未来的所有科学思想奠定了基础。与此同时，随着整个社会对时间的态度发生转变，时钟也改变了科学家对时间本质的看法。

秒针规律地嘀嗒走时看似自然而然，但其实并非唯一解。人类学家报道过一些原住民社会，比如苏丹尼罗河畔的努尔人（Nuer）、俄罗斯萨哈林（Sakhalin）岛的阿伊努（Ainu）文化、巴西亚马孙河流域的阿蒙达瓦（Amondawa）部落，他们都没有抽象的"时间"概念。[②] 在人类历史的大部分时间里，太阳、月球和群星的运动既定义了时间，也创造了时间。没有它们的运动，就没有时间。不过，随着时钟越来越精确，情况发生了变化。

这方面的进步最初源于对精密部件的追求。15 世纪，钟表匠开始使用分针，并且设计了一种新的驱动方式——用弹簧代替下降的重

---

① 笛卡儿似乎痴迷于时钟。他自己设计了一套钟表机械，还有许多自动机，比如由磁铁驱动的走钢丝机和一条朝一只山鹑弹出的发条狗。

② 例如，努尔人有粗略的农历月份，以一年中的活动命名，例如 *Jiom* 指牛群圈集地形成的时期。阿蒙达瓦人可以识别上午和下午、旱季和雨季，但不会识别年月。两种文化里都没有"时间"一词，也没有任何独立的时间单位。

物来驱动走时。这样，钟表可以做得更小，甚至小到可以揣在兜里。此外，为了更精确地记录观测结果，天文学家需要更精确地计时，于是他们成了这个领域的急先锋，在 17 世纪取得了更为惊人的进展。

关键人物是意大利天文学家伽利略。早期时钟的一个问题是速度不稳定，钟表主人精心将重物装在旋臂上合适的位置，以实现理想的速度，但任何轻微的移动都会使时钟变得不准。伽利略发现，摆锤（即悬挂在绳索或钢丝上的重物）不论质量和摆幅，总是以设定好的速度摆动。所以理论上，如果一个摆锤的设计速度是每秒摆动一次，那么这个摆锤就会一直这样摆动下去。1656 年，荷兰天文学家克里斯蒂安·惠更斯（Christiaan Huygens）与钟表制造商所罗门·科斯特（Salomon Coster）合造了第一个摆钟。[1] 新的设计极大地提高了钟表的性能，将走时误差从每天至少 15 分钟降低到只有几秒钟。

过去，钟表需要经常校准，参照物是太阳（即真太阳时[2]）。许多早期手表上的微型日晷便是用来与太阳校准的，而太阳在天空中微小的速度变化（造成真太阳时与钟表时之间长达 16 分钟的差异）对校准影响不大。但现在，时钟比太阳更精确，换句话说，最初用来模拟宇宙的装置已经超越了宇宙本身，这给人类的思想带来了深远影响。

有一个人想要利用此项进步，他就是正在构建万有引力理论的物理学家艾萨克·牛顿。他于 1687 年出版的开创性著作《原理》（*Principia*）彻底改变了科学宇宙观，至今仍是人类历史上最重要的科学巨著之一。他提出了三个基本运动定律，并且阐述了如何将三大运动定律和万有引力定律结合起来，以解释太阳系的所有运动，包括游

---

[1] 惠更斯是透镜研磨和望远镜制造方面的专家。他最知名的发现是 1655 年探测到土星的第一颗卫星和 1666 年观测到土星环的真实形状。

[2] 又称视太阳时。——译者注

荡的行星、遥远的卫星、一生见一次的彗星，甚至还有海洋潮汐。从令人目眩神迷、看似孤立的天体和运动中，他抽象出一个由万有引力之网联结起来的宇宙，万事万物均可由一个简单的数学公式解释。

牛顿运动思想的核心是绝对空间和绝对时间，两者共同构成一个数学网格，宇宙中的真实物体和运动都被叠放于这个网格之上。例如，牛顿将时间与太阳的运动分开，引入"真实的数学时间"概念，即"与任何外部事物都无关的均匀流动"，而这一概念的形成，很大程度上是受到了新发明的精确摆钟的启发。牛顿与皇家天文学家约翰·弗拉姆斯蒂德（John Flamsteed）相交甚密，弗拉姆斯蒂德在1675年伦敦格林尼治天文台开张时引进了摆钟，人们还认为弗拉姆斯蒂德拥有一个17世纪80年代制造的摆钟。在《原理》中，牛顿阐述了摆钟如何证明了科学家需要区分常规时间（相对时间）和绝对时间，后者是对宇宙进行精确观测和计算所必需的。

对此，最初有人是反对的，例如德国哲学家戈特弗里德·莱布尼茨感觉，牛顿引入的是他无法解释的神秘和不可知的概念和力量。莱布尼茨认为，除非我们感知到某个事物，否则我们不可能知晓它的存在；既然我们无法感知时间，只能感知事件，那么时间不过是事件发生的次序。实际上，这比牛顿的观点更接近现在大多数物理学家对时间的看法（本书后面会提到），但在至少几百年里，牛顿关于抽象时间的概念（即时间是与事件无关的流动）是公认的、无可置疑的科学观点。

随着摆钟的普及，真太阳时与平太阳时①的时差反映在社会的方方面面。从17世纪70年代起，钟表制造商常常在钟壳里面贴一张表

---

① 天文学上假定一个太阳（平太阳）在天赤道上（非黄赤道上）匀速运动，其速度等于运行在黄赤道上真太阳的平均速度，该假想将太阳连续两次经过上中天的时间间隔，称为一个平太阳日。将一个平太阳日等分成24份即得到一个平太阳时。——译者注

格，给出一年中每天或每个星期的时差，即真平太阳时差换算表，以便人们随时校准钟表。然而，随着人们越来越多地按照自己的时钟来安排生活，这个过程反了过来。很快，时差换算表出现在了日晷上，为的是校准太阳，而不是校准时钟。

大城市一个接一个地放弃了真太阳时。1780 年、1792 年和 1816 年，日内瓦、伦敦和巴黎相继把平太阳时定为标准时，规律的、独立于太阳而存在的绝对时间概念成了常识。起初，人们仍然觉得太阳应该在正午时刻到达天空最高点，所以每个城镇都有自己的平太阳时。19 世纪，铁路时刻表问世，各地无法再各自为政，由此开始实行小时时区。20 世纪，人们引入了"夏令时"，以便更好地利用白昼。后来，航空旅行普及，今天的我们已经习惯于一天跨越多个时区。时间是一种独立、抽象的流动，这一点在今天看来不言而喻，我们很难想象还有别样的时间。

擒纵机构也变得越来越精巧，但最终还是让位于振荡的石英晶体，再后来，石英又被快如闪电的原子振动取代。在这个过程中，时钟变得越来越精确。尽管曾经模拟宇宙的圆形表盘还没有完全被数显取代，但我们已经不再依赖天文学定义时间。1967 年，科学家重新定义了时间的基本单位——秒，正式切断了时间与天空的联系。传统上，地球自转所定义的秒为一天的 $1/86\,400$[①]；现在，秒由铯原子的振荡周期定义。[②]

如今，从通信系统、电网和金融网络，到电影片段和体育赛事结果，各种快到人脑无法感知的瞬间充斥于我们的生活。与此同时，我

---

① 即 60（秒）×60（分钟）×24（小时）= 86 400（秒）。

② 即一个铯 –133 原子振荡 9 192 631 770 次所用的时间。然而，物理学家仍需要在日历中偶尔插入闰秒，以确保时钟与昼夜周期吻合。

们在清醒着的每一刻，几乎都能感觉到时间的流逝——我们花时间做事，有些事情节省了时间，有些事情浪费了时间。守时的重要性和迟到的后果是孩子们最先要学习的东西。无论何时何地，总会有某种形式的时钟出现在我们眼前，或者总有报时声在我们耳边响起。"我们对这些线索的反应是根深蒂固的，"兰德斯说，"忽视这些线索，吃亏的是我们自己。"

讽刺的是，计时越精确，我们拥有的时间似乎越少。例如，近一半的美国人说时间不够用。人们常说，时荒感是他们拒绝休闲活动或者拒绝帮助别人的原因，同时还跟非健康饮食、睡眠问题和压力有关。我们对时钟百依百顺，这成就了复杂万千、机会多多的现代城市生活。然而，我们的生活被切割成越来越小的碎片，代价也随之而来。

• • •

14世纪30年代初，爱德华三世到圣奥尔本修道院视察。他看着巨大的理氏时钟，温言责备理查德院长放着教堂不修，倒把资源浪费在一台计时器上。理查德答复说，他的继任者能把修道院复原，但这座时钟，除了他没人能完成。理查德知道自己时日无多，他的麻风病一日重似一日，到1334年的时候，他已经病入膏肓。根据修道院编年史的记载，在1335年的一场大雷雨中，他的房间着了火。从那以后，"他几乎日日在痛苦中度过，直至离世"。1336年5月23日，44岁的理查德与世长辞。

图书馆员利兰在1534年看到理氏时钟时，它显然还在正常走时，但没坚持多久。亨利八世刚刚与罗马天主教会断绝了关系，正在想方设法将修道院聚敛的财富占为己有。利兰的任务是在修道院的房产被卖掉前挨个巡视，以挽救可能存放在修道院的手稿和贵重物品。"与罗马的决裂不仅留下了一个历史断层，也造成了史实的丧失，"诺思写道，"我们非常感谢利兰，是他令史实没有尽失。"①

　　但利兰没办法保住理氏时钟。修道院的教堂最终以 400 英镑的价格出售给了圣奥尔本的镇民，理氏时钟从历史中消失了。1631 年对英国教会纪念碑的一项调查没有提到它，想必已经有人将它拆散，拿走了值钱的铁件。镇里的钟楼在亨利八世统治期间翻新过，镇民可能把一些部件用到了那里。诺思指出，从尺寸上看，钟楼里的中世纪巨钟应该就是圣奥尔本修道院的理氏时钟，钟壁上的铭文 "Missi de celis habeo nomen gabriels"（"吾受上天派遣以加布里埃尔之名来此"）表明它出自教堂。这座钟楼留存至今，理氏时钟的钟声仍在回响。

　　今天，理氏时钟的影响遍及整个现代世界。机械钟所激发的社会变化和哲学变化促使新科学观的形成，它不仅定义了现代西方社会，也催生了令人瞠目的经济和技术进步，推动欧洲跳出中世纪的泥潭，进而称霸全球。与此同时，这些自动机械也将我们与宇宙割裂——时间的代表不再是宇宙周期，而是越来越精确的时钟。

---

① 利兰将圣奥尔本修道院的一份手稿保存了下来。手稿名为《修道院院长列传》（*Gesta Abbatum*），记录了圣奥尔本修道院历任院长的生平。若没有这份手稿，我们几乎无从知晓理查德其人其事。

第六章

海洋

"奋进号"（Endeavour）已经在茫茫大海上漂泊了两个月，船员们依然没有看到陆地的迹象。1769 年 3 月底，船员们看到了成团的海藻，还有在陆地筑巢的海鸥、燕鸥和黑色军舰鸟，不久，几个遍地长着棕榈树的小岛映入眼帘，但他们没有停驻。4 月 11 日破晓时分，目的地塔希提岛层峦叠嶂的翠峰终于进入了他们的视野。

　　"奋进号"是一艘坚固的平底船，建于英格兰东北部的惠特比（Whitby），原本是一艘运煤船，人称"水上煤斗"。为了执行英国首次太平洋航海，它被重新命名并改装成了一艘探险船，额定十二人的船舱被隔成一个个狭小的舱室，可以容纳九十多名船员和三年的给养。1768 年 8 月，被塞得满满当当的"奋进号"从普利茅斯起航。船长同样来自惠特比，他就是靠煤炭贸易起家的詹姆斯·库克中尉（Lieutenant James Cook）。

　　"奋进号"沿大西洋南下，途经葡萄牙殖民地马德拉（Madeira）和里约热内卢。在南美洲最南端登陆时，船员们遭遇了身披海豹皮的火地岛人。1769 年 1 月底，"奋进号"顶着狂风暴雪，绕过凶险无比的好望角，正式踏上了漫长多艰的太平洋之旅。

那是横跨万里的开阔水域，库克和他的手下一路乘风破浪，心中满怀着对彼岸的憧憬。西班牙商船早已多次横渡太平洋，但太平洋的大片海域仍然是未知的。西班牙的竞争对手英国和法国在不久前完成了首次太平洋航行，目的是寻找新的土地和贸易机会。在"奋进号"启程的几个月前，"海豚号"（Dolphin）返航了。作为首批造访塔希提岛的欧洲人，"海豚号"的船员们将一个热带天堂的种种奇闻逸事带回了英国。他们说，那里有享用不尽的鲜果和猪肉，只需要一根钉子或者一粒珠子，就能换来与裸胸美女的春宵一刻。

看着塔希提岛缓缓露出地平线，"奋进号"的船员们将所有希望寄托于前方。只见果树、椰树和黑沙滩包围着连绵起伏、郁郁葱葱的山峰，黑沙滩上布满了蓝绿色的泻湖和海湾，一圈珊瑚礁将整个小岛围了起来。4月13日，"奋进号"准备在塔希提岛北岸的马塔韦湾（Matavai Bay）靠岸。船锚刚入水，"奋进号"就被成群结队的独木舟团团围住，当地人挥舞着芭蕉芽迎接他们，热情地奉上椰子、烤面包果、土产的苹果和鱼。

库克一生中率领过三次史诗级太平洋探险，取得了无数发现，这在整个欧洲都称得上前无古人、后无来者，但我认为，他的首次塔希提岛之行是其职业生涯中最迷人的篇章。随"奋进号"出海的还有一队画家和科学家，他们在年轻贵族、博物学家约瑟夫·班克斯（Joseph Banks）的率领下，随时随地将新景观和新物种记录下来。出人意料的是，他们在塔希提岛上发现了一个生机勃勃的文化和一种截然不同的宇宙观。这种宇宙观与启蒙思想如此格格不入，直到今天人们仍在解译当中。这些发现改写了欧洲人对远洋航行和探索极限的认知，也改变了人类与群星的关系。

不过少安毋躁，故事还没讲到那儿。库克此行有命在身。他和班克斯问候了当地酋长，一个叫图特哈（Tuteha）的壮硕老人。随后，他们就在岛北岸的一片狭长沙地上破土动工了（双方还交换了礼物，班克斯满怀歉意地以茅草屋"四面无墙"为由，婉拒了对方性招待的提议）。库克看中了一个位于"奋进号"船载大炮射程内的地点，他让人沿着四周竖起一圈扎实的木围栏，又安排火枪手日夜把守。他们计划在围栏里面搭些帐篷，然后请天文学家查尔斯·格林（Charles Green）帮助他们把伦敦名厂制造的仪器装进去，其中包括一个黄铜象限仪和六分仪、至少四台望远镜和两个时钟。营地建成，米字旗插好，库克准备执行一项关乎英国国家安全、尊严与财富的重要任务——在后人看来，这项任务是英国探索、测绘并主宰地球的开拓之举。库克将其命名为"金星堡"（Fort Venus）任务。

• • •

千百年来，人类依靠太阳和恒星确定时间和位置。在人类历史上，了解身处地球何处与身处宇宙何方在大多时候是分不开的。由于地球在不停自转，所以我们的方位由天空决定。日出东方，日暮归西，南北天极，恒星围转。同时，我们看到的天体位置反过来也可以揭示我们位于地表何处。地标可以在局部地区为旅人指路，磁罗盘可以为我们指示方位，但撇开最近几十年的新方法不谈，从古至今人类获知位置的办法只有一个——仰望天空。

许多动物利用天象辨识方向，比如蜣螂盯着银河便能找到最短的返巢路线，候鸟和海豹靠恒星导航。破译星空图的能力自古以来就影响着人类的迁徙、战争和贸易，尤其是对远洋航行来说。据称，早在公元前 2000 年，克里特岛的米诺斯人（Minoans）利用绕北天极旋转的大熊座和小熊座引导战舰和商船驶向遥远的港口。荷马在公元前

8 世纪所著的《奥德赛》中写道，流浪英雄[①]让大熊座始终在他的左边，一路扬帆向东返回家乡。

同时，地球自转轴缓慢摆动，因此标记南北的恒星也在变换位置，每 2.6 万年完成一个轮回。[②]今天，南十字星（Southern Cross）绕南天极转动，但正南天极的位置上并没有恒星。过去几百年里，北天极与小熊座末端的北极星完全重合。北极星位于地球北极的正上方，夜空旋转，群星移位，唯有它几乎一动不动。人类离开它无法航海，于是把它称为"领航之星"，或者简称"那颗星"。

北极星不仅能指北，它的高度还能告诉你与北极的距离（即纬度），大多数早期航海仪都是基于这个原理。如果北极星的高度是 50°，你所在的位置就是北纬 50°；在赤道（北纬 0°）上，北极星位于地平线上；在北极点（北纬 90°），北极星在你的头顶。首批航海家可能把一根棍子拿到一臂开外，以估计北极星的高度。在 9 世纪末，阿拉伯贸易商用带绳结的拉线板判断北极星的角度。15 世纪的葡萄牙航海家配备了航海星盘（一种测高仪，由一个标有刻度的重铜环组成），乘风破浪穿越大西洋，先后到达马德拉、亚速尔群岛、佛得角群岛和塞拉利昂，开启了所谓的"大发现时代"（Age of Discovery），欧洲人此后几百年的环球探索与扩张塑造了我们的现代世界。

15 世纪晚期，人们开始使用星历表，用正午太阳的高度计算纬度，航海星盘逐渐被更精确的十字测天仪[③]和背测式测天仪取代。与此同时，西班牙加入了葡萄牙的探险行列，资助哥伦布从 1492 年开始跨大西洋探险，1521 年首次环球航行。后来，英国、法国和荷兰

---

① 即《奥德赛》主人公奥德修斯。——译者注
② 即岁差。——译者注
③ 十字测天仪包括一根可移动的横杆和一根标有刻度的金属纵杆。

也加入了大航海阵营。自 16 世纪起，糖、香料、丝绸等货物和奴隶便通过一张覆盖大西洋和太平洋的贸易网自由往来。

如果无法知晓向东或向西行驶的距离（即经度），上面这些航海成就是不可能实现的。凝望夜空，我们可知南北，但在东西方向，由于地球不停自转，天空中并没有一个固定点可供人类参照，水手只能根据水流经过船只的速度估计航行距离，或者采取变通的法子保持航向，比如沿着目的地所在的纬线向东或向西航行。后面这种走法意味着要走很多冤枉路，而且导航错误曾令无数水手葬身大海。

16 世纪的荷兰天文学家格玛·弗里修斯（Gemma Frisius）率先发觉，虽然我们把经度看作一个地理概念，认为其标注的是空间位置，但如果以天空为参照系，经度其实是一个时间函数。位于不同经度的观察者实际上处于地球每日自转的不同时刻，因此在任意一个时刻，太阳或恒星在天空中的位置，因观察者所处经度不同而有所差异。经度差越大，时间差越大。弗里修斯提出，如果已知出发时刻和当地时刻，通过计算二者的时间差便可得出经度差。地球以每小时 15 度的速度自转，每 24 小时转动一周（即 360 度）。假设你从伦敦出发向西航行，显示伦敦时间的手表在太阳到达最高点时（即正午12 时）指向下午 4 时，这说明你已经向西航行了 $4 \times 15 = 60$ 度。

说起来浅显，实操却不容易。机械钟表在陆地上尚且做不到长久走时准确，又怎么能经得起海上的颠簸摇晃、温湿波动呢？于是，人们想到了另一个办法——拿天空当时钟。月球以较快的速度从背景恒星前经过，如果水手能够预测每天几个固定时刻月球相对于某些恒星或太阳的位置，那么只要以一个经度已知的位置作参照点，就可以通过观察月球得知始发地的当地时刻。

但问题在于准确性。在地球和太阳的双重引力作用下，月球在天空中的运动轨迹变化多端，所以无论你处在地球的什么位置，你对月球运动的预测都达不到计算经度所需的准确度。在当时，如果一个国家拥有航海优势，那就意味着它能开疆拓土，发展贸易，获利无穷。于是，如何在航海途中测算经度，很快成为迫在眉睫的智力难题。

解答这道难题，人类用了二百年。欧洲各国的统治者纷纷出重金悬赏，法国和英国甚至由国家出资建造皇家天文台。英国国王查理二世在 1675 年对英国首位皇家天文学家约翰·弗拉姆斯蒂德的指示是明确的：汝须献身于"校正可以预测天空运动和星体位置的星历表，以获知梦寐以求的经度，完善航海艺术"。

摆钟的发明给陆上计时带来了革命性突破，但摆钟在运动的船只上并不管用，但好歹令天文观测变得更加精确，再结合牛顿 1687 年发表的万有引力定律，欧洲天文学家终于能够又快又准地预测几乎所有主要天体的运动轨迹，唯有散漫的月球仍旧游离难测。至此，在陆地上测算经度不再是难事，但时钟、星历表、观测仪器，哪一样拿到海上都不够精确。

就在库克首次太平洋之旅即将起航的时候，海上计时设备和天文观测双双进入实用阶段。1759 年，约克郡（Yorkshire）的木匠约翰·哈里森（John Harrison）经过三十多年的试验，发明了被他称为"H4"的著名装置——一种能在船上使用的小钟表或称经线仪（chronometer）。同时，新发明的六分仪能够在海上更精确地测量纬度。两相结合，航海家便可将当前位置的正午时刻与出发地的当地时刻进行比较。

1768 年，库克扬帆起航，而当时 H4 的效用仍在接受检验与争议，所以他只好依靠月球寻找塔希提岛。天文学家和数学家已经完善了牛顿月球历表。1767 年，英国第五任皇家天文学家内维尔·马斯基林（Nevil Maskelyne）出版了第一部《航海年鉴》（Nautical Almanac），其中包含伦敦格林尼治皇家天文台每三小时测算一次的日月距离。① 凭借这本年鉴，再带上六分仪和表（后者用来测量从前一天中午算起过去了多久），航海家可以在短短半小时内算出他所在的经度。库克是最早使用这本年鉴的人之一。然而，年鉴里的星历表并不完美，潜在误差为 1.5 度，相当于沿赤道航行 100 多海里。之所以存在如此大的潜在误差，是因为天文学家对太阳系的理解有一个巨大的缺口，而库克此行正是为了填补这个缺口。

· · ·

在塔希提岛上安顿下来后，班克斯和他的团队开始记录岛上的生活。他们给野生动物画像（作画时必须罩上蚊帐，否则会招来成群的苍蝇吃颜料），听当地人用鼻笛吹奏，班克斯还在帐篷里接待络绎不绝的岛民访客。他提到 4 月 28 日来过的一个女人，说她"四十岁上下，身材高挑，活力四射"，但是就算曾经美若天仙，如今也已"容颜不再"了。之前搭乘"海豚号"到过塔希提岛的一名船员立刻认了出来，说她就是普雷娅（Purea）酋长。"海豚号"的船员们一度以为她是塔希提岛的女王，看样子她现在已被图特哈取而代之了。

与此同时，库克正在等待他的大日子。最令他忧心的是船钉的命运。当初，"海豚号"上有些不规矩的船员恨不得把船拆散，好拿着铁钉找当地姑娘买春，搞得"海豚号"任务险些夭折。既然靠别的就能换来想要的东西，当地人自然不愿意消耗宝贵的食物。为了保住船钉，库克定下铁律：任何人不得用铁和其他必要零部件交换任何东西，违者鞭刑伺候，但换生活必需品不受限制，比如用一根钉子换一

---

① 自此，英国不断编制《航海年鉴》。最终，格林尼治被选定为全球经度和时间的起点。

头小猪，或者用一粒白玻璃珠换十颗椰子，都不会挨罚。除了船钉，库克还面临一个大难题：如何应付塔希提人无与伦比的盗窃天赋。有一次，班克斯的两名同事丢了一副歌剧望远镜和一个鼻烟壶。还有一回，一名当地男子试图抢夺船员的步枪，结果被打死了。"奋进号"的补给全靠当地人，所以为了避免发生更多流血冲突，库克可以说是绞尽脑汁。

5月1日，金星堡工程竣工，船员们把天文仪器搬上岸，存放在守卫森严的营地里。第二天早上，他们打开其中一个巨大的箱子，发现里面空空如也——黄铜象限仪不翼而飞了。这下，他们拿什么观测金星凌日呢？库克想出一个非暴力解决方案。他派手下把图特哈和普雷娅的独木舟抢过来，并且告诉他们，什么时候交出黄铜象限仪，什么时候归还独木舟。与此同时，班克斯带领一支搜查小分队匆匆赶去跟头号嫌疑人对质，库克带着一群武装卫兵紧随其后。班克斯凭借两把袖珍手枪吓住躁怒的人群，夺回了已经被拆散的象限仪。两人喜不自胜地用草把象限仪包起来往回走，可当他们回到金星堡时，库克惊愕地发现图特哈被他的手下强行拘禁起来，并且认定自己就快要吃枪子了。库克和普雷娅酋长花了好几天时间，筹备了一场摔跤表演，又拿出了一头烤猪作为补偿，食物供应才得以恢复。

普雷娅的独木舟仍然被扣在"奋进号"上，第二天早上，她派一名顾问去索要独木舟。这位顾问对这艘欧洲探险船十分着迷，尤其喜欢这帮艺术家和科学家。他在船上盘桓了整整一个白天，至晚不归，最后睡在了独木舟的遮阳篷底下。班克斯起初没太留意他，只是刻薄地说，他"不至于没有床伴，但这位先生少说也得有四十五岁"。那晚之后，这位访客与班克斯的团队厮混在一起的时间越来越长，渐渐成了团队的顾问和向导，但还算不上朋友。这个人是塔希提岛的大祭司，精通宗教传说、医学、天文和航海，或许是岛上最博学的人。他的名字叫图帕亚（Tupaia）。

• • •

让库克感到宽慰的是，经过前一晚变化无常的天气，6 月 3 日的清晨万里无云。他、格林和植物学家丹尼尔·索兰德（Daniel Solander）只有几个小时的时间对仪器进行最后一次检查，其中包括一个装在高木箱里的高级摆钟和一套笨重的黄铜望远镜（船员把木桶打进沙地里，再把望远镜的三脚架支在木桶上）。上午 7 时 21 分刚过，他们期待的时刻到了。一个微弱的、像素大小的黑点从火红的日面上爬过，那就是金星。它携带着一份有待博学之士破译的重磅信息——整个太阳系的大小。

在之前的二百年里，科学家对人类身在宇宙何处的理解发生了翻天覆地的变化。1543 年，波兰天文学家尼古拉斯·哥白尼提出，包括地球在内的所有行星围绕太阳转动，推翻了统治天文学 1 500 年的托勒密地心天球系统。后来，伽利略、开普勒等天文学家用望远镜取得了一系列观测结果，成为证实哥白尼理论的压倒性证据。人类并非永居宇宙的心脏，优越地四顾寰宇，相反，这颗距离我们最近的恒星，拥有众多飞速旋转的行星，而我们人类所紧紧依附的这颗星球，不过是其中的一颗而已。这种视角转变给人类带来了巨大的影响，但要确定我们在地表的位置，仅仅描述行星分布是不够的。要弄清楚引力对月球的复杂影响，进而改善用于计算经度的月球历表，我们不仅要了解太阳系的运动，还要知道太阳系的绝对大小和日地距离（后者尤为重要）。

测量太阳系大小的尝试可以追溯到喜帕恰斯等希腊天文学家。喜帕恰斯所开创的测量方法称为视差法，其原理是当我们从不同角度观察物体时，距离较近的物体看起来比较远的物体位移更大。他在相隔数百千米的不同地点用肉眼观测，从而估算地月距离。17世纪，天文学家拥有了望远镜和牛顿数学，于是他们重拾喜帕恰斯的视差法。这需要测量天空中微小的视位移（apparent shift），但在遥远而炽热的日面背景下，这几乎是不可能实现的。好在开普勒已经证明，行星的公转轨道半径与其公转周期存在简单的数学关系，这意味着天文学家可以从行星的公转周期计算出距离——若知其一，便知全部。

1716年，英国第二任皇家天文学家埃德蒙·哈雷（Edmond Halley）提出一种新的测距方法，即观测金星凌日（金星从太阳前面经过的现象）。用这种方法，天文学家能够比以往任何时候都更精确地测量行星视差。在凌日事件发生时，相隔遥远的地球观测者会看到金星沿着平行的弦扫过日面。他们需要把各地凌日事件的准确时长记录下来，从而精确计算出行星视差。① 这是一个雄心勃勃的计划，需要世界各地的观测者将长达数小时的凌日事件精确记录到秒。根据预测，离当时最近的一次金星凌日是在1761年。

当时，英法两国陷入七年战争，欧洲列强无一不被搅入这场瓜分全球领土的争斗。打仗归打仗，两国还是派出了天文学家团队，无奈战火硝烟、多云天气和计划不周使多地的观测活动流产，最后的计算结果是不可靠的。战争于1763年结束，各国再次为六年后的金星凌日精心筹划，若是错过这次机会，下次金星凌日就要再等一百多年。随着欧洲各国争夺威望与权力，追逐金星成了18世纪的太空竞赛。牛津天文学家托马斯·霍恩斯比（Thomas Hornsby）在制订英国的观测计划时说："可以确信的是，几个欧洲大国必然又会争论谁为解答

① 我们也可以用这种方法计算天体相对于太阳的视位移。水星离太阳比金星更近，相对于太阳的视位移要小得多，所以尽管水星凌日出现得更频繁，但还是不如金星凌日更适合用来计算视差。其他太阳系行星都在地球公转轨道之外，所以永远不会从地球与太阳之间经过。

这个重大问题贡献最多，所以我们应当……竭尽所能地利用 1769 年的金星凌日。"

英国资助的天文学家团队出发前往挪威和加拿大，而"海豚号"带回的新发现使塔希提岛在最后一刻被增补为观测点。"奋进号"上有两名天文学家，除了观测过 1761 年金星凌日的格林，还有库克船长本人，他在测绘北美海岸线时学过海洋天文学。[①]

两人花费数周时间，用六分仪和刚刚修复的象限仪完成了一项与观测凌日时长同等重要的工作——精确测定金星堡的经纬度。6 月 3 日，他们透过望远镜仔细观察金星切入日面和切出日面的时刻，同时凝神倾听时钟的嘀嗒声。

库克坐镇金星堡，他担心有云出现会影响观测，便派两个小队分头到附近的地点同时观测，班克斯带领一队到莫瑞亚（Mo'orea）小岛。按照班克斯本人的日记所述，他邀请当地酋长用他的望远镜观看金星凌日，"三名美貌的女孩"便在晚些时候被送到了他的帐篷，并且欣然答应他留下过夜。库克在金星堡倒是心无旁骛，可他对自己的观测结果依然感到些许失望。一种被称作"黑滴效应"[②]的光学现象早不来晚不来，偏偏在金星切入和切出日面的时候出现了，导致库克的观测误差多达 13 秒。

其他观测者也遇到了同样的问题，这造成世界各地负责数据分析的数学家得出的结果是不同的，[③]而日地距离的数值直到 1874 年的金

[①] 例如，库克对 1766 年日食的观测结果由英国皇家学会发表，并用于纽芬兰的经度测定。

[②] 黑滴效应的成因一直有争议，现在科学界认为这种现象是行星边缘的光被衍射或弯曲造成的。

[③] 全球 77 个观测站大约 151 名观测者向各种各样的学会投递了约 600 篇论文，报告了他们的观测结果。

星凌日才得以改进。一些历史学家认为，库克其实应该为他的观测结果感到自豪。天文学家霍恩斯比使用塔希提岛、加拿大、下加利福尼亚的一个法国团队[①]、俄罗斯团队和斯堪的纳维亚团队的观测结果，计算出日地平均距离为 149 623 007 千米，这与现代公认的日地距离相差无几。[②]

与此同时，欧洲探险家继续利用恒星测绘地球表面。航海家已经有经线仪可用，但仍然定期使用月距法标定时间，校准经线仪。在随后的两次航行中，库克用这两种方法[③]绘制了南极—阿拉斯加—夏威夷的海岸线。1779 年在夏威夷，他打算故技重演，劫持酋长以换回被盗的物品，但行动失败了，他也丢掉了性命。到了 19 世纪 70 年代和 80 年代，越洋电报电缆将精确的每日时间信号传输到所有港口，各港口再通过投球或鸣枪将信号转发给过往船只，月距法彻底没有用处了。再到 20 世纪早期，无线电信号令水手在远洋航行中也能校准经线仪。就这样，库克和其他海军测绘员发现的疆域和跨洋航线，最终使欧洲国家得以殖民和统治世界。大卫·巴里（David Barrie）在 2014 年出版的《六分仪》（*Sextant*）一书中写道："新的世界秩序……基于优质的星历表。"

让我们再回到塔希提岛的故事。观测任务大功告成，是时候庆祝

---

① 该团队的大多数成员在此次金星凌日后不久死于黄热病。法国天文学家纪尧姆·勒让蒂尔（Guillaume Le Gentil）的运气也不怎么样。他因七年战争错过了 1761 年的金星凌日，之后为了观测 1769 年的金星凌日，又去印度洋一带苦等了八年。不巧的是，云层挡住了他的视线，这令他失望透顶，差点儿发疯。

② 日地距离又称 1 个天文单位（AU），其数值因时间和参照点不同有细微变化。2012 年，天文学家一致同意将天文单位的值固定下来，即 149 597 870 千米，这个值是根据金星和火星反射的雷达信号测定的。

③ 即月距法和钟表法。——译者注

了。1769年6月5日，在所有观测小队都返回金星堡之后，库克设宴庆祝国王诞辰。应邀赴宴的当地酋长们在敬酒时高呼"Kihiargo"，这已经是他们口中最接近"King George"（意为"乔治国王"）的发音了。"奋进号"在塔希提岛又停留了几个星期，在此期间，库克完成了塔希提岛的海岸线测绘。在即将离岛的时候，他做了件前无古人的事情——他让图帕亚跟他上了船。正因库克此举，才让我们发现了一种截然不同的宇宙观。

· · ·

图帕亚是秘密团体"阿里奥"（'arioi）的大祭司。这个团体崇拜战神奥罗（'Oro），最初以塔希提岛西北250千米的拉亚塔（Raiatea）岛为基地，将人类牺牲的暗黑传统与华丽的音乐、喜剧以及色情舞蹈融为一体。年轻的图帕亚曾穿着猩红的服饰，画上黑色的文身，乘船周游列岛，岛上的土著深感敬畏与愉悦，拿出美物佳肴回馈于他。18世纪50年代末，拉亚塔岛被临近的波拉波拉（Bora Bora）岛武士入侵，图帕亚逃到了塔希提岛，一跃成为普雷娅的顾问和塔希提岛上有权有势的人物。然而，当"奋进号"抵达塔希提岛时，普雷娅已经被击败，感到前途未卜的图帕亚看到这些外来客即将离岛，便请求他们带他去英国。

班克斯一直很喜欢同这位博学的祭司交谈，所以他看到了图帕亚身上的娱乐价值。"我有什么理由不把他当作一件奇珍异品留着呢，"班克斯写道，"我的一些邻居养狮子、养老虎，他们的花销可比我养他多多了。"库克起初不大情愿，但最后还是承认图帕亚对当地岛屿的了解可能会派上用场。1769年7月13日上午，"奋进号"缓缓驶离马塔韦湾，班克斯和图帕亚爬上桅杆，久久立于其上，向前来送行的岛民挥手致意，直到他们的独木舟一点点从视野中消失。班克斯对岛民的"哭哭啼啼"无动于衷，但他认为他在图帕亚身上看到了真情，因为图帕亚在离别时洒下了"几滴真心的泪水，我做出这样的判断，是因为我看到了他在拼命忍住泪水"。

在接下来的一个月，图帕亚引领"奋进号"访问了邻近岛屿（库克将这些岛命名为"社会群岛"），其中包括拉亚塔岛。图帕亚从不用仪器或海图导航，船员们对此大为惊叹。他常常在甲板上待几个小时——晚间识别关键恒星，白天观察涌浪规律。如果有人问他塔希提岛在什么方向，他总能指对。

完成邻岛之行后，图帕亚鼓动库克继续向西航行，他说西边的岛屿更多，十二天左右就能到达。如果库克当时听从了图帕亚的建议，他会到达2 500多千米外的汤加、斐济和萨摩亚，但库克还有令在身。海军部的"额外秘密指令"要求他在完成金星凌日观测后，去寻找"南方大陆"。远在英国的学者们坚信，在太平洋的遥远海域，有一片广阔肥沃的大陆，它在南半球平衡着北半球欧洲、亚洲和俄罗斯的重量，所以被称作"南方大陆"。8月9日，库克启程南下。

库克没有找到传说中的南方大陆（他在第二次太平洋航行中多次穿越南极圈，证明了南方大陆并不存在）。10月9日，"奋进号"抵达新西兰。在贫穷湾（Poverty Bay）的海滩上，库克发现图帕亚能够与当地的土著酋长交谈。这次会面被称为世界史上一个非比寻常的时刻。想想看，英国人连让英吉利海峡对面的人听懂自己都做不到，而图帕亚竟然与隔着半个太平洋的毛利人讲同一种语言。[1]

---

① 在新西兰，库克和他的同事测绘海岸线，记录当地的文化和野生动物，图帕亚则成为这些英国人的官方发言人，在"奋进号"船员与当地人建立友好关系方面发挥了重要作用。这一点库克从未充分承认，只是近年来才有学者提出。

库克在后来的职业生涯中惊讶地发现，这份共同遗产传承得比新西兰还要远。他意识到，在夏威夷、复活节岛和新西兰所构成的600万平方英里的三角形海域内，所有岛屿上的原住民都说同一种语言，都有同一种文化，都使用同样的石板、鱼钩、茅草屋和独木舟。正如一位人类学家所说，是库克"发现了波利尼西亚"。"这太神奇了，"库克在1774年访问遥远的复活节岛时写道，"这片辽阔的海域几乎横跨地球周长1/4的距离……同一个民族竟能遍布这片海上的所有岛屿。"

　　太平洋上零散分布着无数小岛，它们相隔数百乃至数千英里，波利尼西亚人在这些小岛上如此繁盛，这令欧洲探险家感到震惊。与西方航海家不同，波利尼西亚水手没有仪器和海图，换句话说，他们没有望远镜、六分仪、月球历表这些东西，那他们是怎么跨越大片开阔海域登陆这些小岛的呢？有人认为，这片海域曾经是一片有人居住的古陆，古陆沉没后露出海面的山尖变成了岛屿。还有人认为，岛民出现在那里，是上帝的安排。不过，在认识了图帕亚之后，库克有了不同的见解。

　　1770年3月，库克即将离开新西兰，经由澳大利亚和印度尼西亚返航。出发前，他将图帕亚口述的太平洋岛屿列成一份长长的清单，并且提到有一张"图帕亚亲手绘制的"海图，上面标出了74个岛屿的位置。这份海图的原稿已经失传，但库克制作的副本现存于大英图书馆。泛黄的纸上画满了岛屿的轮廓，范围显然远远超出了社会群岛。库克的态度十分开放：波利尼西亚人确实有可能靠"昼观红日、夜望星月"横渡汪洋大海，踏遍太平洋诸岛。

　　库克没有说明波利尼西亚人是如何做到这一点的，图帕亚似乎也无法或者不愿意多做解释。图帕亚在"奋进号"上待了一年多，在坏血病暴发、大堡礁撞礁等几次重大险情中幸存下来。可不幸的是，12月，在疾病肆虐的巴达维亚（Batavia，今雅加达）港，他发烧去世了。[①] 他永远无法将他的学识带去伦敦，但他留下的海图令学者们痴迷至今。

• • •

考古学家现在一致认为，太平洋居民确实如库克所言通过海路迁徙。他们从公元前 2000 年从东南亚向东迁移，并且分阶段向汤加、夏威夷和复活节岛扩散，最终在公元 1200 年到达新西兰。最初，库克和其他探险家带回的故事激发了一种浪漫主义想法——"波利尼西亚人是由星辰指引的航海家"，但到了 20 世纪 50 年代，这种想法已经被怀疑论取代了。

因为图帕亚海图看起来大错特错。在掌握了太平洋诸岛的分布之后，人们发现，图帕亚海图上的大部分岛屿要么不可辨认，要么位置错得离谱。当年的那些探险家对图帕亚等祭司的导航方式描述得十分粗略。另外，由于欧洲人带来的疾病，波利尼西亚人口崩溃，大量文化知识随之泯灭，他们的远洋航海技能也被遗忘了。新西兰历史学家安德鲁·夏普（Andrew Sharp）等有影响力的评论家坚称，这些技能根本不存在。夏普认为，如果没有天文仪器和海图，波利尼西亚人不可能在远洋航行中辨别方向，新的小岛想必是他们偶然发现的，比如有些迷航的独木舟幸运地被风吹到了新岛的岸上。

反对者很快回击。他们重造波利尼西亚人的传统独木舟，并在远洋航行中测试。20 世纪 70 年代，夏威夷大学的人类学家本·芬尼（Ben Finney）参与建造了一艘名为"欢乐之星"（*Hokule'a*）的独木舟——十九米长的双船体绑在一起，撑起一块甲板和两根挂着棕

---

① 三分之一的船员死于巴达维亚暴发的各种疾病，其中包括天文学家查尔斯·格林。

色蟹爪帆的桅杆，可以装载十六名船员。1976 年，在密克罗尼西亚（Micronesia）航海家毛·皮亚鲁格（Mau Piailug）[①]的引导下，"欢乐之星"在没有任何现代仪器的辅助下，扬帆航行 2 000 海里，从夏威夷出发，航行了 33 天，到达塔希提岛，1.7 万名当地人欣喜若狂地迎接"欢乐之星"。"我们没料到会遇到这样的文化反应。"波利尼西亚航海协会主席奈诺亚·汤普森（Nainoa Thompson）说。他后来补充说，这次航行改变了夏威夷人的身份，"我们从流浪者变成了世界上最伟大的航海家的后裔"。

最近的考古学和基因学发现显示，早在哥伦布发现美洲之前，波利尼西亚人就定期在相隔遥远的太平洋诸岛间自由航行，开展贸易，范围远至美洲。研究人员一直在研究留存下来的少量线索，想要弄清楚波利尼西亚人是如何做到这一点的。其中最有影响力的一篇文章由水手兼波利尼西亚学者大卫·刘易斯（David Lewis）发表，他研究了历史上有关波利尼西亚人寻航（wayfinding）的描述，访问了在世的密克罗尼西亚航海家，并且最终发现了一个迥异于西方的海上导航系统。

被欧洲航海家奉若神星的北极星在南半球是看不到的，所以波利尼西亚人确定方位不是靠测量纬度，而是用"恒星罗盘"（star compass）读取恒星从地平线升起和落下的点，再据此确定方位。[②]启航时，他们根据目的地把独木舟对准合适的恒星。由于每颗恒星只在地平线上短暂可见，所以想在夜间保持航向，他们需要跟踪一串恒星，形成一条"星路"。这要求水手记住分布在天空各处的几百颗恒星出没地平线的规律。这个体系还有一些辅助元素，包括对太阳、月球、风向和涌浪的观测结果，以及遥远岛屿的迹象，比如云层或在陆

---

① 我们已经找不到具备航海本领的波利尼西亚人了。

② 在任意纬度，恒星出没地平线的位置是不变的。

地筑巢的鸟类。水手要动用所有感官，探知和吸收微弱的线索，比如海水的颜色，甚至是海水的味道。刘易斯称，在多云或大雾天气，波利尼西亚航海家无法看到附近海浪的方向，他们会两腿分开站立，通过睾丸的摆动来感知涌浪的规律。

要掌握这些技巧，一个人要从孩童时期就开始接受长期、严格的训练。波利尼西亚航海家创作颂歌、故事和舞蹈，再结合视觉隐喻（呈钻石形状的南十字星被视作"大扳机鱼"）和宗教信仰，编成一套复杂的记忆地图。波拉波拉岛是波利尼西亚宇宙学最重要的源头之一。据一位西方传教士记载，1818年，一位名叫鲁阿-努伊（Rua-nui）的老妇为他唱了一曲古老的颂歌，讲述了一段宇宙诞生的故事：世界伊始，众星在创造"地球酋长之王"前，驾着独木舟走遍天空的每一个角落。所以，图帕亚和他的同辈人之所以能够循星航海，并不是简单地遵循罗盘方位，而是跟随先祖天空之旅的足迹。

鲁阿-努伊的颂歌还唱道：旧时的擎天柱后来化作一颗颗恒星，"进门之柱"变成了心宿二[①]，"文身之柱"变成了毕宿五，"辩论之柱"变成了星宿一[②]。2010年，新西兰测绘员、航海家斯坦·勒斯比（Stan Lusby）等研究人员提出，这段话说明图帕亚这样的祭司有一份教学时间表，而且教学活动可能在一座代表天穹的传统柱式房屋内进行。

颂歌里甚至可能包含一些线索，可以为我们揭示波利尼西亚人发现新岛的方式。（在尝试复原独木舟航海时，航向遵循现代海图，然后再移至波利尼西亚人的恒星罗盘上。）勒斯比认为，颂歌里的天柱不是对应单颗恒星，而是对应一对恒星。当一对恒星中位置较低的那颗露出地平线时，这对恒星只会在某个特定纬度上垂直于地平线。勒

---

① 心宿二（Antares），又称天蝎座 α 星。——译者注
② 星宿一（Alphard），又称长蛇座 α 星。——译者注

斯比指出，颂歌中一根接一根的天柱（即恒星对）形成了一个横跨太平洋的海上航道系统。独木舟可以一直向北或向南航行，在看到一根天柱垂直于地平线时，便跟随这根天柱向东或向西航行，直到抵达陆地。也许早期的波利尼西亚祭司正是根据由恒星对导航的路线派遣航海任务，以此再现颂歌所描述的天空之旅。最关键的是，即使发现新岛的第一艘独木舟没有返回，后续独木舟同样可以找到新岛。而一旦确定了新岛的位置，他们便可以找到一条更直接的星路到达那里。

这虽然只是猜测，但至少说明波利尼西亚人利用手中的工具，完全有可能实现定向的航海探险与贸易。每晚都有一根神柱直立于地平线上——这样的图景很好地展示了波利尼西亚人的全景观。库克通过准确的天文观测，运用星表和海图计算航行位置，而波利尼西亚人则用感官线索、记忆、故事和信仰构建了一个复杂的网络。正如法国考古学家安妮·迪皮亚扎（Anne Di Piazza）所说，波利尼西亚人的航海不是知识的相加，而是"一种创造和构想世界的方式"。

这份领悟吸引迪皮亚扎及其同事埃里克·皮尔特里（Erik Pearthree）回到图帕亚和他的那张海图去寻找答案。

• • •

库克沿着塔希提岛的海岸线进行天文观测，精心绘制成一幅塔希提岛的地图。跟所有地图一样，这份地图是真实与想象的奇妙融合。地图的大部分近似于今天塔希提岛的航拍图：一大一小两个裂瓣，山川凸起，河流奔涌，还有一圈珊瑚礁。地图上还有一些特征，我们找不到实际对应物，比如本该是汪洋大海的地方，却画着一个标着度数的网格（从格林尼治向西、从赤道向南数）、一个比例尺和一个指北的箭头。这种做法历经几百年，发展成我们今天习以为常的惯例，不会有人特别留意。而正是这种做法，定义了我们看待物质世界的方式。

　　据我们所知，最早在地图上添加数学特征的人毫不意外的是巴比伦人，他们在本地略图上画出比例尺和方向。首张世界地图出自希腊人之手，这与希腊人尝试绘制星空图的努力是密不可分的。公元前5世纪，天文学家欧多克索斯（Eudoxus）描绘了一个以地球为中心的球形宇宙。为了证实自己的观点，他造了一个天球，也就是一张从外往里看的星空图，图上不仅标记了恒星的位置，还画着天极、赤道、回归线（太阳在分点与至点时穿越天空的路径）等重要特征。后来的天文学家在制作地球仪时，也把这些点和线画了上去。

　　公元前3世纪，天文学家埃拉托色尼（Eratosthenes）通过比较相隔遥远的城市的影子，计算出赤道的长度，即地球周长。于是，计算地球上任意平行圆①的周长，再根据天文观测将纬度差换算成距离，就变成了一个简单的几何问题。人类终于知晓了地球的大小，并且可以把已知地点画到地图上（但由于经度一般要根据旅行者的报告来估算，所以结果不是十分准确）。四百年后，托勒密编写了一本当时最先进的地图绘制者手册——《地理》（Geographia），介绍了将地球曲面投影到平面上的不同方法（此法的首创者正是绘制星空图的天文学家），并且列出了当时已知的全球约8 000个地点的坐标。

　　到了中世纪，欧洲人遗忘了托勒密的这部著作（反倒是讲阿拉伯语的学者还知道它），被称为"世界地图"（mappae mundi）的宗教地图大行其道。这种地图是象征性而不是科学性的。英国赫里福德大教堂（Hereford Cathedral）有一幅著名的地图，将世界描绘成一个由环形海洋包围、以耶路撒冷为中心的单块陆地，图中的城镇与圣经场景混作一团，耶稣坐在王位上监督世界。1406年，《地理》被译成拉丁

---

① 即纬线。——译者注

语，西方人的世界观从此被颠覆。一千多年来，人类第一次意识到，已知世界（包括欧洲、亚洲和非洲）只是地球表面的一小部分，还有广阔的地域尚未探明。在哥伦布、库克等探险家横渡大洋时，托勒密的著作为他们提供了记录地点的方法。

就这样，经纬度取代了地图上的神话和宗教元素。自此，人类终于有能力将地点转换为可靠的位置信息，客观记录一个不掺杂个人信仰和经验的物质世界。这令库克能够在海图上画出一条从起点到目的地的可靠路线，就像我们今天看图识路一样。但在 2007 年，迪皮亚扎和皮尔特里指出，这根本不是图帕亚等波利尼西亚航海家的航海方式。他们认为，西方视角和思维的局限，造成一代又一代的学者完全误解了图帕亚海图。

我们对波利尼西亚人的航海过程知之甚少，但我们知道一个关键概念——"移岛"（etak）航行，即水手认为，独木舟在旅途中是静止不动的，周围的海水和岛屿从舟边流过。[①] 当我们浏览一幅西方地图时，我们想象自己俯视于它，所以山川湖海固定不动，是我们在循图行进。但对于航行中的波利尼西亚人来说，他处在其宇宙的绝对中心，一路追随恒星，身边的海洋不断变幻。他不是靠想象地图上的距离来获知位置，而是依据岛屿与他的相对位置计算方位（即使他看不见这些岛屿）。放在小一点的尺度上，这相当于你站在一个熟悉的房间里，虽然某件家具在你的身后，但你仍然能指出它的方位。

普卢瓦特环礁（Puluwat Atoll）小岛有一种名为"礁石洞探索"的训练，有助于我们理解这种方法。见习水手想象一条鹦鹉鱼生活在

---

① 这并不是说波利尼西亚人真的认为他们是不动的，这只是他们出于航海目的形成的一种思维方式。同理，我们明白是地球自转导致昼夜更替，但还是习惯性地说日出日落。

本岛的礁石洞里，当他用棍子往洞里戳时，这条鱼就会逃到另一个岛的礁石洞里。在鱼逃跑的时候，他要背诵从本岛到彼岛的"星路"。然后，他要把自己想象成本岛，重复这个练习，直到走遍所有邻岛。这类线索使迪皮亚扎和皮尔特里认为，图帕亚海图根本不是地图，至少不是寻常意义上的地图。相反，它是一个包含多个中心的航向组合或者说航向拼图。

为了验证这一想法，研究人员分别把图帕亚海图上最大的几个岛当作中心，并且确定每个中心与其邻岛的角度。之后，他们将这些信息叠放到图帕亚海图上，发现以塔希提岛、拉亚塔岛等五个岛为中心的邻岛方位与图帕亚海图上一半以上的岛屿的位置一致，其中包括南方群岛（the Australs）、库克群岛（the Cooks）和马奎萨群岛（the Marquesas）。[①] 在西方地图上，岛屿"拥有绝对位置"，而图帕亚海图不然。研究人员认为，图帕亚海图的中心是一个由看图人所在位置决定的"主观坐标"。

迪皮亚扎和皮尔特里认为，库克在复制图帕亚海图时，自行添加了罗盘方向和比例尺。库克的地图概念如此根深蒂固，以致他和此后的无数学者都无法想象地图还可以不是这样的。就这样，迪皮亚扎和皮尔特里破译了一度被认为是虚假的图帕亚海图。人们终于明白，原来当年的图帕亚早已知晓西起萨摩亚、东到土阿莫图群岛（the Tuamotus），相当于美国国土面积的广阔海域的存在。

----

① 如果他们是对的，图帕亚海图仅标注以中心为出发点的航向，不含距离信息。然而，据库克和他的同事记录，图帕亚不仅指明了岛屿的方向，他还说出了去往不同岛屿的航行时间（对于波利尼西亚航海家来说，航行时间比绝对距离更有用，因为航行时间融合了有关洋流和风的信息）。

　　给地球表面画上经纬线，这改变了我们与所在空间的关系。中世纪的"世界地图"上充斥着真实和玄幻的地点、人物、生物和事件，时间与空间杂糅在一起，一个地点在地图上的显著程度取决于它在人们心目中的重要性，而各种场景被描绘成人眼所见的样子。随着托勒密地图盛行起来，数学架构取代了这种道德与历史架构。

　　托勒密地图不再代表人类视角，而是天文观测的几何投影，地图上每个地点的大小既不是看它的神话地位，也不是看绘制者的心情，而是按比例绘制。换言之，托勒密地图平等对待每个地点，将其视作一对简单的坐标，不含文化意义。这一转变在今天看来自然而然又显而易见，但它的影响是根本性的。人类对世界的主观体验不再是"真理"。新式地图揭示了一个更深层的客观现实的存在，而地球并非宇宙中心的发现强化了这种认识。这样一个世界，人类只有在剥离了个人信仰和主观印象之后，才能够如实呈现。

　　17 世纪，笛卡儿阐述了如何在地图中使用数字坐标（现称"笛卡儿坐标系"）描述位置信息以及各种几何形状和线条，由此托勒密地图也退出了历史舞台。笛卡儿从根本上抛弃了物质宇宙，创造了纯粹的数学空间。空间不再由填充于其中的物理地点和事件来定义，而是沿着一个均匀的数学网格延伸开来。

　　换句话说，正如我们将时间和上帝抽象化，我们也将地点抽象化。我们在客观的固定点之间移动，这种笛卡儿式观点已成为现代科学的基础，最终带来了令人震惊的技术进步。自欧洲探险家靠海图和仪器征服了地球，人类便在这条路上一发不可收拾。倚仗日新月异的技术，如今的我们不仅可以横渡大洋，还能穿越太阳系。装有原子钟的人造卫星舰队取代了恒星，让我们可以分辨位置，误差仅几英尺而已。全球定位系统（GPS）的信息定期发送到我们的汽车和手机上，一个人想知道自己在哪儿，不必看窗外，更不必仰望星空。

然而，有得必有失。心理学家和神经科学家警告说，如果我们总是依赖技术完成导航之类的任务，如果我们沉浸在一个抽象的、计算机化的世界里，我们对物理环境的感知能力会衰退。研究表明，我们往往过于信赖计算机信息，忽视或注意不到眼睛和耳朵捕获的信息，这曾酿成大祸，比如飞行员撞机、游客按导航驾驶却开进了大海等。2017年，英国神经科学家雨果·斯皮尔斯（Hugo Spiers）领导的一个研究小组发现，当人们使用全球定位系统时，在正常情况下参与导航的大脑区域会停止工作。"当电子设备告诉我们该走哪条路时，"斯皮尔斯说，"大脑的这些部分根本不对街道网络做出响应。从这个意义上说，我们的大脑已经关闭了对周围街道的兴趣。"

其他研究表明，经常使用全球定位系统的人，离开这个系统就会变成路盲。研究人员认为，这是因为未被充分利用的脑区萎缩，造成大脑结构的变化。正如久坐不动的人，体力会下降，而过分依靠技术完成感官或智力任务，似乎也会使大脑变得迟钝，甚至使人更容易患上痴呆等神经退化疾病。我们越是依赖计算机，越是忽略物理经验，我们的意识和技能就衰退得越厉害。

从某种意义上说，不可见的经纬线，以早期人类社会难以想象的方式将我们与宇宙联系起来。就像系泊系统或导绳一样，经纬线为我们构建了一个参照系，赋予我们令人惊叹的洞见与能力，让我们不仅能够在航海中知晓位置，还可以确定我们相对于地球、太阳系以及更遥远恒星的位置。但与此同时，抽象空间让我们越发远离主观宇宙观，向着客观宇宙观继续前行。我们曾与宇宙，甚至是宇宙的创造者纠缠不清，而如今，我们成为一个独立于现实的记录者和观察者。

图帕亚的故事让我们眼前一亮。我们的时空观放在今天看来，是不言而喻的唯一选择，我们理所当然地认为，数学的、客观的方法是了解"真实"物质世界的最佳乃至唯一方法。但是，波利尼西亚航海家不仅没有放弃经验，反而最大限度地运用经验探索数百万平方英里的海域，他们将故事、歌曲、感官和本能结合起来，在不掌握任何技术的情况下，依然实现了西方人无法想象的航海壮举。

第七章

权力

1774 年 12 月，当库克船长第二次探索太平洋的时候，英国的"决心号"（*Resolution*）半死不活地驶入一个熙熙攘攘的新兴港口——费城港。船上的乘客此番横渡大西洋，是为了到北美大陆寻求新生。不幸的是，在三个月的航行中，伤寒肆虐，等到靠岸的时候，大多数人早就奄奄一息了，只能被人抬上岸。

　　乘客中有一个三十七岁喜好争辩又伶牙俐齿的人，他叫托马斯·佩恩（Thomas Pain）。对佩恩和许多一道上岸的人来说，这是一次有去无回的旅行。佩恩出生于英国诺福克郡一个束胸衣裁缝的家庭，当过税吏，开过烟草铺，做过教书匠，可惜都没能出人头地。最后，他变卖所有家产，买下一张去往新大陆的船票。英国殖民地费城只有不到八十年的历史，但发展迅速。佩恩发现，这是一个兼具文化与荒蛮、涌动着勃勃生机的城市，在多层砖房、教堂、图书馆，还有很可能是北美最大的市场里，蚊子、野猪等有害动物泛滥成灾，赶上潮湿天气，马车踩踏过的土路泥泞不堪。

　　其实，佩恩上岸后六个星期才看到此番景象。"决心号"抵岸时，他已是将死之人，一名当地医生将他收治，要求他卧床休养。康复后，佩恩开始写信给同他一样的北美大陆殖民者，这一写就写了一辈子。他写民主与人权，写不一样的社会，写君主制的荒谬与腐朽，写每个人与生俱来的自由权。

他改名托马斯·潘恩，成为有史以来最成功的作家。一位传记作家称，潘恩"可能是现代人类史上最有影响力的作家"，可以毫不夸张地说，他的著述改变了世界。在他著书立说的几十年里，他给大众带来了激进的思想，催生了两次大革命，还差点儿引发了第三次革命。他在美国被尊为英雄，在英国被通缉，在法国被判处死刑。乔治·华盛顿赞扬他"给许多人的思想带来一种美好的变化"，拿破仑·波拿巴说"宇宙的每个城市都应该为他竖立一座金像"。然而，潘恩的最后一部著作，曾经一度被认为过于离经叛道，这使他声名狼藉，二百年没能翻身。

托马斯·潘恩

潘恩的思想源自何处？这个身无分文的流浪者，如何在现代世界政治版图的形成中扮演如此重要的角色？本章故事讲述权力与宇宙观如何枝附叶连。这要从一艘海盗船、几场天文学讲座和一对天文仪讲起。

· · ·

两周来，伦敦《每日广告》（*Daily Advertiser*）几乎每天都刊登这样一则告示："为巡航抵抗法国人，'可怖号'（*Terrible*）私掠船现招募船长死神威廉……所有愿意碰碰运气的绅士水手们和精壮的农夫们……登船。"十九岁的潘恩无法抵挡这份诱惑。

潘恩在塞特福德镇（Thetford）长大，住在绞刑架边的一个茅草屋里，十四岁辍学回家跟着父亲学手艺。1756 年，他离家出走，跑到伦敦做了几个月的束胸衣工人，每天工作十四个小时，靠微薄的薪水度日。他感觉这样的生活不适合他，于是报名到"可怖号"上服役。私掠船是合法海盗，政府许可私掠船在战时捕获敌舰并分赃（这里指七年战争）。潘恩的父亲是信奉和平的贵格会教徒，他找到儿子，说服他打消了当海盗的念头。"可怖号"起航不久，就在英吉利海峡与一艘法国船发生血战，全船人几乎无一生还。潘恩幸运地逃过了一劫。

少年潘恩终究耐不住安宁的生活，冲突与冒险是他年少以及余生的选择。1757 年 1 月，他登上"普鲁士国王号"（*King of Prussia*）私掠船当起了海盗。"普鲁士国王号"六个月劫了八艘船，捞得盆满钵满。那年夏天，潘恩带着对他来说无异于一笔小财的三十英镑回到伦敦，平生第一次有钱可花。传记作家克雷格·纳尔逊（Craig Nelson）说，潘恩本来要犒劳自己"一套都市绅士应有的行头"，包括马裤、吊袜带和长袜、带丝质衬里的外套和毡帽，可他被一样不寻常的东西吸引住了。"我一有钱，"潘恩后来写道，"就买了一对天文仪。"

当时的伦敦正处在欧洲历史上的思想巨变期——启蒙运动，那是一段激荡人心的岁月。六十年前，牛顿出版了《原理》一书，阐释了行星、彗星、树上的苹果等所有物体的运动都遵循同一套数学公式。潘恩回到伦敦的时候，牛顿的思想正席卷欧洲。牛顿摈弃了古代学者、教会等旧日权威，通过自己的观察与创造力，揭示了宇宙的运行方式。宇宙从此不再是神秘莫测之物，任由天上诸神凭着一时的心血来潮推来搡去。牛顿证明，宇宙具有普遍的运行法则，任何有志研究宇宙的人都能发现并理解这些法则。就这样，一项新事业诞生了，它旧称"自然哲学"，现称"科学"；人们不再依赖传统理论，而是热情地投入现代观察与实验当中，正如德国哲学家伊曼努尔·康德（Immanuel Kant）所总结的那样，人们开始"敢于求知"（*Sapere aude*）。

与此同时，科学变得更加亲民，人们在畅销书中，在讲座上，在俱乐部里，乐此不疲地议论最新的思想，其中最有名的当属英国皇家学会［其座右铭为"不随人言"（*Nullius in verba*）］。欧洲各地的城镇也涌现出不少规模较小的社团。新科学的追随者不仅有约瑟夫·班克斯这样的达官显贵，也有自学成才的手艺人，也就是"技工"。

潘恩怀揣"普鲁士国王号"的酬劳回到伦敦，一头扎进牛顿追随者的圈子里。六个月的海上生活让他有足够的时间思索星辰，宇宙的运行方式和本质令他心醉神迷。他买了一个地球仪和一个天球仪，还学习如何使用太阳系仪（一种演示太阳系运动的机械装置）。他参加了不少科普讲座，讲师包括数学家、透镜制造商本杰明·马丁（Benjamin Martin）和苏格兰天文学家詹姆斯·弗格森（James Ferguson），后者写过一本介绍牛顿思想的火爆畅销书。

潘恩和他的新朋友们常常聚在咖啡馆和饭馆里，畅谈到深夜。他们聊化学、彗星、钟摆、棱镜，也聊别的。启蒙精神鼓励人们不仅要质疑科学教条，也要质疑所有被普遍接受的思想。"随着时间的推移，这些讲座和辩论跑题了，"纳尔逊写道，"人们不再讨论牛顿算术，而是思考18世纪一系列最惊世骇俗的问题，其中一个问题令托马斯·潘恩享誉全世界。这个问题是：为什么要有国王？"

· · ·

古往今来，人类所见的天空事件和天体之间的关系始终是塑造地球权力结构的核心。正如第一章所述，早在旧石器时代，社会精英就必须通晓天文周期。随着社会日益复杂，天空观将不同社会凝聚起来。高挂夜空的灿烂星辰为光芒万丈的帝王提供了原型，围绕顺天而行的观念，即宇宙史学家尼古拉斯·坎皮恩所说的"宇宙态"，形成了完整的治理体系，文明蓬勃兴起。

天文学帮助人们预测天气，规划农业生产，还在工程、经济等领域激发了有用的学术研究。但最重要的是，对天空的关注令人们安分守己，社会得以存续。究其根本，恪守天象的本质是维护权力，也就是利用天文知识强化政治意识形态，证明统治者地位的正当性，维持对平民大众的严格控制。

在前文讨论过的所有社会中，天空信仰无非是为了维护掌权人的地位。痴迷于利用天象保护国王的巴比伦人，自居太阳的埃及法老，在皇家宫廷结构中反映天空观的早期犹太人和基督教徒，无一例外。正如法国哲学家布鲁诺·拉图尔（Bruno Latour）所言："一个不调动天地之力而构建的集体，我们闻所未闻。"很难找到一个成功的早期文明，不是围绕天空信仰建立起来的。

历史上，这种做法带来了几个相互关联的结果。将统治者与天空的宏伟与完美联系起来，这样做可以提高统治者的声誉。对大多数古代人来说，预知天象者，必有神力，所以统治者预测天象的能力说明了他们要么是神，要么拥有神的嘉许。人们在天空中也看到了与君臣关系相似的等级结构，这使统治集团的存在显得天经地义。当社会的权力结构被视为宇宙运行不可或缺的一部分时，要质疑它必定是难上加难。

在中国，皇帝被称为"天子"，其职责是教化地球生命顺应天象。四千多年来，中国古代的皇家天文学家坚持观测天象，他们绘制的星图和星历作为国家机密受到严密看护。皇帝必须具备准确预测天象的能力，以此证明君权天授，如果皇家天文学家无法预测日食这样的重大天象，觊觎皇位的人可能会趁机造反。

中美洲的统治者聘请谋士观察天空，并且将自己等同于星辰，坐实自己与天空的联系。一位来自墨西哥尤卡坦（Yucatan）的 10 世纪玛雅统治者，给自己起名查克（Chac），跟雨神同名。他的宫殿上上下下刻着几百个金星符号①，以及数字"5"和"8"②。研究中美洲文化天文学的考古学家伊万·斯普拉杰（Ivan Sprajc）指出，金星每年的出现和消失都与雨季和旱季吻合。查克将自己与金星联系起来，名正言顺地把天降甘霖的功劳据为己有。

古人经常用建筑物、纪念碑等体现人类与天空的联系。玛雅人用台阶和金字塔展示至日到来的壮观时刻，相当于英国巨石阵的升级版。罗马人用万神殿的圆顶来标志分点。15 世纪北京的天坛，是为象征天地联系而建。更有甚者，8 世纪伊斯兰帝国的统治者曼苏尔哈里发（Caliph al-Mansur）雇用十万名劳工在巴格达修建新都，整个城市就是天空在大地上的镜像。

这座新都名为团城（Round City），俯瞰是一圈圈的同心圆，圆

---

① 即♀。——译者注
② "5"和"8"可能代表金星每 8 年完成 5 个会合周期。——译者注

心是哈里发的金色宫殿，街道以圆心为起点向外辐射，直至外城墙。历史学家易卜拉欣·阿拉维（Ibrahim Allawi）认为，哈里发将团城设计成了一个"宏伟的宇宙星盘"，等分为四个区域，在太阳视运动较快的区域，街道更密集，阿拉维认为哈里发以此代表太阳的偏心轨道。同时，这些同心圆可能代表天赤道、巨蟹座（Cancer）和摩羯座（Capricorn）的回归线，金色宫殿代表天空运动的中心——天极。阿拉维说，曼苏尔希望把新都建成"世界权力与商业帝国之心，宇宙之脐"。①

天文学与权力的联系并非仅存于古代，这种联系深植于现代世界的根基，比如先锋天文学家哥白尼就曾借用国王形象，为他的日心说辩护。1543 年，他着手改造根深蒂固的旧太阳系模型，处境十分艰难。他认为，地球远非宇宙的固定核心，它只是绕着离它最近的恒星飞速转动的一颗行星，但他苦于没有直接证据证明这种违背直觉的观点。因此，他借用了当时盛行的政治结构，希望借此提升日心说的可信度。他写道，太阳"如同居于宝座的王者般……统治着围绕它转动的行星家族"。

哥白尼的思想渐渐被人们接受，欧洲各地的君王纷纷给自己冠上了新名号，把自己与雄踞中心地位的"王者"太阳联系起来，新名号所使用的字眼，很容易让人联想到形容君士坦丁等罗马皇帝的语言。17 世纪，西班牙国王菲利普四世尊号"行星之王"（即太阳），法国国王路易十四人称"太阳王"。到 18 世纪下半叶，英国国王乔治二世和乔治三世被誉为"耀眼的君主"或"璀璨的亲王"，发出"无比高

---

① 15 世纪和 16 世纪的伊斯兰文化中心、马里的廷巴克图古城（Timbuktu）也是以天空为原型建造的，分为五个区，代表一颗原初恒星及其周围用来标识东南西北的四颗恒星。

贵的光芒"。地球和太阳的地位已变,但天空依旧是强权和神启统治者的靠山,即使是哥白尼的太阳系新论也未能撼动这份联系。然而山雨欲来,大厦将倾,革命已在路上。

· · ·

牛顿结合观察与推理,证明了人类可以用同一套数学公式预测宇宙万物的运动。从苹果到行星,从一粒细沙到炎炎烈日,这套公式屡试不爽。牛顿不仅改变了人类对物质世界的看法,也颠覆了人类的自我认知。科学史学家莫迪凯·费恩戈尔德(Mordechai Feingold)说,牛顿提出的不仅是"引力"或"超距作用",而是一个全新的"世界体系"。

这是水到渠成的事情。17世纪早期,伽利略透过望远镜观测天空,发现太阳上有黑子,月球上有山脉,行星也有相位和卫星。这些观测结果打破了腐朽地球与神圣、完美天空之间的界线。伽利略通过研究物体运动得出一个基本观点:宇宙是一个机械系统,受物理定律支配,不为上帝意志所左右。"哲学就写在敞开于我们眼前的这本书中(我指的是宇宙),"伽利略写道,"一本用数学语言写就的浩瀚之书。"

这些关于宇宙的思考,深深影响了英国哲学家托马斯·霍布斯(Thomas Hobbes)等政治思想家。跟伽利略一样,霍布斯也信仰一个机械的物质宇宙,认为所有自然现象,乃至人的思想,都只是物质实体之间机械作用的结果。在1651年出版的《利维坦》(*Leviathan*)一书中,霍布斯将物理定律应用于政治和社会,拒绝承认国王的神权,主张人人生而平等,但他的主张与民主仍有万里之遥。

霍布斯认为,若无强大的权力结构将个体聚拢起来,个体就会像一盘散沙,在一种暴力、无政府的"自然状态"下横冲直撞,技术、工业、艺术和科学绝不可能生发于此种状态,人们会度过"孤独、贫穷、肮脏、野蛮和短暂的"一生。他提出，要避免这种状况，我们必须放弃个人权利，以换取一个拥有绝对权力的君主的庇护。

1687 年，牛顿用他的宏论^①取代了一个没有章法的宇宙。他指出，天体不是混乱无序的，而是受万有引力定律的支配。没多久，哲学家和政治理论家纷纷开始思考牛顿思想的社会涵义。他们认为，如果大千宇宙由一个数学定律管辖，那么必定也有与其类似的普遍原理适用于人类社会。

约翰·洛克（John Locke）是启蒙运动最重要的哲学家之一。他和牛顿一样，认为理解世界的最好方法，是将经验证据与理性相结合。他同样认为宇宙是物质的，由机械相互作用和碰撞所定义，但他拒绝接受霍布斯的无目的虚无论。"自然状态有一个自然法则在支配它，"他在 1689 年说，"这个法则就是理性，它教导我们……人人平等、独立，任何人都不应损害他人的生命、健康、自由和财产。"宇宙中小到原子、大到行星的万事万物都由同一套物理定律支配，同理，包括国王在内的所有人，也应当受统一的道德法则的约束。跟霍布斯一样，洛克也主张舍弃一部分个人的自然权利，去换取统治者的庇护，但不同的是，在洛克的理论框架中，统治者没有绝对权力，侵犯人民权利的暴君理应被推翻。

洛克和霍布斯被视为自由政治思想的奠基人，这派思想包括今天西方政治制度的一些基础概念，比如个人权利和有限政府。尽管洛克后来赞同牛顿，但他未必是受到了牛顿物理学的直接影响。在牛顿发表其著作之前，洛克已经潜心研究了几十年，试图对伽利略、霍布斯等人以及他本人的英国政治经验做出回应。他在英国内战期间长大，当奥兰治亲王夫妇于 1688 年光荣革命受邀登基时，洛克参与起草了

---

① 即《原理》。——译者注

旨在限制君权的《权利法案》(*Bill of Rights*)。

洛克和牛顿发表著作的时间,前后相差没几年,加上两个人的观点又有许多相似之处,这难免令人以为他们是有联系的。洛克鼓励人们这样去联想,他称牛顿"无人能及",说《原理》一书"我们如何赞美都嫌不够"。牛顿则在《原理》的序言中说,"同一种推理"将带领人们发现约束自然界其他领域的相似原理。正如费恩戈尔德所说,牛顿和洛克成为"一个新时代的象征",人们将洛克的著作视作证据,证明在牛顿建立的科学基础之上,还有统辖人类社会的自然定律。

牛顿式的隐喻和原理很快渗透到了政治学领域。爱尔兰哲学家乔治·伯克利(George Berkeley)在 1713 年的一篇文章中,把社会联系比作随距离拉长而减弱的引力。几年后,政治家博林布罗克勋爵(Lord Bolingbroke)在英国宪法的演变中读出了天体力学,他认为君主"再不能沿着偏离人民的轨道运动,也再不能像某颗优越的行星那样,自动吸引、驱逐、影响和引导人民的运动"。

历史学家理查德·斯特莱纳(Richard Striner)认为,在牛顿著作引起的各种政治回响中,最有力的概念是"平衡",即通过设置相互对抗的力维持和谐。引力和斥力的共同作用,令行星完美地在绕日轨道上运行;同理,社会的不同部分也应当达成精准的平衡。1748 年,法国政治哲学家孟德斯鸠发表《论法的精神》(*The Spirit of Laws*)。这是有史以来最有影响力的政治理论著作之一,孟德斯鸠在书中首创"平衡"这一概念,提出为避免权力滥用,应将政治权力分为立法权、行政权和司法权,分别负责法律的制定、实施和裁决。

孟德斯鸠的思想是建立在兼顾民主、贵族和君主制的古代混合政府论的基础之上,同时又受到了另一种观点的启发,即政治力量如同天体一样必须保持相互对抗,只有这样,权力平衡才不会陷入中央暴政或沦为无政府状态。他认为,英国采用的有限君主制,使下议院、上议院与国王彼此牵制，是最接近理想状态的制度。"这种政府宛如宇宙体系，"他说，"一种力量不断地把所有物体逐出中心，同时又有另一种力量将它们拉向中心。"

18 世纪中叶，精英政治家和哲学家，伦敦咖啡馆里的年轻潘恩和他的朋友们，还有全欧洲的年轻人，都在激情澎湃地议论这些思想。牛顿物理学没有提供无可争议的答案，来自不同国家，宗教背景和政治理念各异的思想家，都在用牛顿式的隐喻证明自己的观点，比如有人认为尽量不要干预社会的自然节奏，也有人主张通过加强控制以模仿天体之间的对抗。尽管如此，一个深刻而重要的变化业已发生：人类找到了理解宇宙自然秩序的新方法[①]，随之而来的是一个新的想法，即通过法则和逻辑，人类也可以找到最佳的社会自治方式。君权神授的基本范式已被彻底打破，斗争由此拉开序幕。

· · ·

潘恩只用了六个月就把钱花光了。他离开伦敦，从此踏上了一事无成又屡遭不幸的十五年坎坷路。他开过一家束胸衣公司，但公司倒闭了。他坠入爱河，爱妻难产死了。他当过税吏，在岸上与走私者周旋，后来因为当吹哨人被解雇了，复职后又为了帮同事争取涨工资，出头打架又一次被炒了鱿鱼。二婚娶了个烟草商的女儿，可惜好景不长，这段婚姻失败了，夫妻二人继承的公司也破产了。

虽然日子过得不怎么样，潘恩还是不停地返回伦敦听讲座，参加辩论。1774 年，他变卖了家产和烟草公司的剩余资产，还清债务，再次迁居伦敦。他拜访了一个熟人——发明家、外交官和同为牛顿狂

---

① 即科学。——译者注

热分子的本杰明·富兰克林（Benjamin Franklin）。富兰克林建议他去北美殖民地碰碰运气，还给新大陆的几位显赫人物写了推荐信。潘恩用手头的最后一笔钱买了一张去费城的头等舱船票。

从伤寒中康复的潘恩发现，在费城的俱乐部和咖啡馆里，人们也在讨论科学和政治领域的启蒙思想。他到"印度女王"俱乐部与人喝酒辩论，又参加了由美利坚哲学学会主办的讲座，可以说他轻而易举就跟这群人打成了一片。他很快找到了工作，在新创办的《宾夕法尼亚杂志》（Pennsylvania Magazine）当编辑。这本杂志既谈海狸，也谈伏尔泰，而潘恩的稿件政治色彩日渐浓厚，他发文反对决斗、虐待动物和奴隶制，甚至支持女权。

当时，英国和北美殖民地的关系剑拔弩张。在17世纪和18世纪，北美殖民地基本处于自治状态。与法国的七年战争使英国政府债台高筑，1765年，英国政府开始对北美殖民地课以重税，纸、玻璃、颜料、铅和茶叶，统统都要交税。北美殖民地居民疯狂抵制，拒绝进口征税商品。在1773年12月著名的波士顿倾茶事件中，几百箱茶叶被倒入大海。

英国回敬以战舰和军队。1775年春天，双方发生第一次暴力冲突，而潘恩就在冲突的前夕踏上了北美大陆。来自弗吉尼亚、富有魅力的政治领袖乔治·华盛顿被任命为新大陆军指挥官。当时的大陆军虽然满腔敌意，却无人谈论独立。其实，大多数北美殖民地居民不想背上叛军或卖国贼的骂名，他们想通过这场战争逼迫英国同北美殖民地修好，而不是跟英国决裂。不过对潘恩来说，这是一个转折点。"在我刚刚踏足的这片土地，炮火声就在我耳边响起，是时候鼓动了。"他后来这样写道。他开始动手写一本小册子，把他同富兰克林、律师和地主托马斯·杰斐逊（Thomas Jefferson）等牛顿追随者讨论过的一些想法，一一记录下来，起名《常识》（Common Sense）。

这本书争议太大，只有一家印刷厂愿意出版。潘恩起初甚至不敢署名，扉页上简单写着"一个英国人写的"。不料，此书一鸣惊人，首印 1 000 册没几天就售罄了，三个月卖出 12 万册（当时北美殖民地只有 200 万自由人口），别家印刷厂的版本、盗版和手抄本风靡北美殖民地和整个欧洲，还有人向狂热的群众大声朗读书中的词句。

在这本小册子中，潘恩主张北美殖民地脱英独立，全文充斥着牛顿式的表达。他说："一颗行星的卫星大于这颗行星，大自然无此先例；相互尊重的英格兰和美利坚颠倒了大自然的普遍秩序，所以二者显然属于不同的体系。"[①] 他抨击君主制，就连英国的有限君主制也照批不误。他认为人人生而平等，把权力传给世袭的国王是荒谬无理的，事实上，"大自然反对世袭制，否则它不会让人们频频看到'驴披狮皮'[②] 的闹剧"。他把促使人们在社会中合作的力量描述为一种"引力"，主张建立一个新型国家和一个民主政府，赋予尽可能多的成年男性以投票权。他说："我们有能力重启世界。"

其实，富兰克林、约翰·亚当斯（John Adams）、塞缪尔·亚当斯（Samuel Adams）这些大人物，私底下讨论过类似想法，但潘恩是公开倡导北美独立的第一人。他使用的语言和形象清晰有力，每个普通的北美殖民地居民都能理解并感同身受。他改变了这场冲突的本质——独立不是造反或者叛国，而是顺应自然法则的高尚之举；革命的目的不是摆脱苛捐杂税，而是建设一个更美好的世界。

这是历史学家公认的非凡时刻。"在 1776 年 1 月，鼓吹北美独立的人非傻即癫"，历史学家伯纳德·贝林（Bernard Bailyn）说，因为人人皆知，英国是地球上最强大的国家。克雷格·纳尔逊补充说：

①　下一句是"英格兰属于欧洲，美利坚属于它自己"。——译者注
②　出自《伊索寓言》。——译者注

"潘恩找出一个大西洋两岸的英国人都抱持的观念，即他们的政府是世界上最好的政府，因为它平衡了君主、绅士和平民之间的竞争性力量……然后再炮轰这个观念。"或者，正如当时一位波士顿人所说，"就在一年前，任谁公开谈论独立都难逃罪责……现在，人们非独立而不谈，我不知道大不列颠还能做什么来堵住悠悠众口"。

现在，问题不是北美殖民地该不该独立，而是怎样独立、何时独立。一如欧洲人的做法，这场政治辩论的参与者吸纳了许多牛顿物理学中的形象。此前，早就有人用天文学语言描述英国与其殖民地的关系。1764 年，殖民地总督托马斯·波纳尔（Thomas Pownall）将英帝国描述为一个天体系统，殖民地在其"适当的球层"运行。波纳尔认为，政府而非国王"才是引力的中心，殖民地……必须听命于政府"。北美殖民地居民被迫面对一个更为根本的问题：当这个系统的中心被移除时，会发生什么？

《康涅狄格州公报》（Connecticut Courant）的一位撰稿人警告说，过早宣布独立的北美殖民地可能会如"空中的杂耍球"一般零散。1776 年 4 月，《宾夕法尼亚州分类报》（Pennsylvania Ledger）的一位记者炮制了一个更加积极的形象。他想象一位太空旅行者"在群星中发现了一个共和国"，虽然在抬眸仰慕的凡人眼中，太阳似乎是"统辖众天体的伟大君主"，但是放眼广阔宇宙，恒星不计其数，它们"在完全平等的原则下聚成"星座。于是，写在天空之书上的权力结构不再是君主制，而是共和制。

1776 年 7 月，大陆会议正式宣布美利坚独立，开始主张"自然法则和自然之神赋予他们的独立和平等地位"。这一说法出自一份宣言①，其原稿的起草人是潘恩的好友杰弗逊。宣言中最著名的一句话

---

① 即《独立宣言》（Declaration of Independence）。——译者注

是："我们认为这些真理是不言而喻的，即人人生而平等，造物者赋予他们若干不可剥夺的权利，其中包括生命权、自由权和追求幸福的权利。"

学者们无休无止地争论着这份宣言的思想源头。它与潘恩的著作极为相似，同时显然受到了洛克和英国《权利法案》的影响。许多历史学家认为，这里还应该有牛顿的一份大功劳。虽然宣言没有直接引用牛顿，但牛顿的思想在公众心中根深蒂固，以至宣言中所说的"自然法则"和"不言而喻的真理"无法不令人想到牛顿定律。宣言原稿的起草人杰弗逊拥有一个牛顿的半身像和一个牛顿的面部模型，他将牛顿、洛克和哲学家弗朗西斯·培根①并称为"有史以来最伟大的三个人"。

在 18 世纪 80 年代的制宪过程中，牛顿定律所激发的思想和隐喻——包括平衡的概念——至关重要。与会代表从头设计了一个新的政府和联邦体制，他们虽各有各的想法，但都主张设计一个防止权力失衡或被滥用的结构。他们常用天文学语言或力学语言讨论这个问题。

有些代表主张最小监管，比如特拉华州的约翰·迪金森（John Dickinson）认为，各州"应在适当的轨道上自由运动"。还有些代表主张加强联系，比如约翰·亚当斯主张制定一部控制"自然平衡所依赖的引力与斥力"的宪法。这场辩论的最终结果是制约与平衡，即三权分立和两院制，在今天依然是美国政府的根基。这是一种受天空中自然力量启发的民主模型，后来被输出到了世界各地。

制宪之前还有件大事——国旗。设计方案在 1777 年 6 月 14 日大陆会议的一项决议中确定下来。如何体现刚刚独立的十三个州呢？当

---

① 弗朗西斯·培根（Francis Bacon）的著作在 17 世纪对科学方法的发展起到了重要作用。

然只有一种方式。根据决议，这些州由"蓝底上的十三颗白星"代表。自此，天空中出现了一个新的星座。

• • •

独立战争结束后，潘恩四处寻找新的人生目标。"在我看来，独立之后不可能发生什么大事，"他说，"足以让我放弃宁静，重温曾经的那份感觉。"他回到了钟爱的科学，与富兰克林和华盛顿搞起了气体和蜡烛实验，还耗费七年时间设计了一座宽跨铁桥。

1787 年，他先后访问了巴黎和伦敦，向欧洲人推介他的铁桥计划。他获得了一项英国专利，还找人造了一个四十米长的模型。但他对工程设计事业的兴趣并不长久，一来欧洲人对他的铁桥计划热情不高，二来时任美国驻法大使杰弗逊来信说，海峡对岸正在发生翻天巨变。

政治管理不善，农作物歉收，七年战争和美国独立战争欠下的巨额国债，终于将法国拖入一场经济危机。贵族穷奢极欲，农民忍饥挨饿。1789 年，法国议会拒绝通过国王路易十六的税收改革，路易十六遂召集了三级会议（一个古老的机制，代表法国的三个阶层，即神职人员、贵族和平民）。然而事与愿违，平民迅速组建了属于自己的国民议会，他们拥护权力制衡，并且邀请其他人加入国民议会。法国大革命爆发。

当夏，国民议会通过了人权史上的一份重要文件——《人权和公民权宣言》①。这份宣言受启蒙运动哲学家的影响，在杰弗逊的帮助下起草，确立了所有公民法定的平等权利和新闻自由。国民议会还高票

---

① 《人权和公民权宣言》(*Declaration of the Rights of Man and the Citizen*)，又译《人权宣言》。——译者注

通过决议，削减王权，废除贵族社会。但是，与美国独立战争相比，法国大革命从头就带着一抹黑色。在暴乱者眼中代表旧政权的人，经常遭到残杀。7月14日巴士底狱暴动后，兴高采烈的人群将狱长的头颅扎在长矛上高举示众。

作为美国独立战争的功臣，潘恩成为法国的荣誉市民，他几次到巴黎目睹了法国大革命，这种新式的自由和民主令他心潮澎湃。1790年，哲学家埃德蒙·伯克（Edmund Burke）在英国出版了一本热销书，他在书中说，暴动是一种"传染病"，暴戾恣睢的暴民正在摧毁法国的传统社会和价值观。潘恩怒火中烧，立刻动笔痛斥伯克。他说，攻占巴士底狱的人群不是暴民，是英雄。"从无哪种付出，如法国大革命这般，不遗余力地教导和启迪人类：利益存于美德，而非复仇。"尽管伯克用传统和历史为自己的观点辩护，但潘恩认为，权利由活人行使，人人生而平等自由。

1791年2月，潘恩的新作《人的权利》（*The Rights of Man*）出版，这本书使他再度成为历史上最畅销的作家。但是，革命才刚刚开始。6月21日天还没亮，他寄宿的那家主人就把他喊醒，对他说："鸟儿飞了！"国王和整个王室逃跑了。潘恩冲出门去，情急之下忘了扣上他的共和党三色丝带帽，差点被愤怒的人群打死。

不久，潘恩返回伦敦。在法国险些丧命的经历似乎没有打消他的革命热情。1792年初，他出版了《人的权利》的第二部，更加明确地支持共和。他意识到，他为美利坚争取到的自由和平等，亦可在欧洲实现。如果法国这样的传统政权都可以被颠覆，革命必将遍地开花。

这本书大受欢迎。英国政府担心，这本书会使整个国家走向内战，于是派人去评估军队的忠诚度。书商被逮捕，辩论俱乐部关张，潘恩和给他出书的出版商被控煽动叛乱罪，罪可致死。9月15日，潘恩出逃，离开了"被亢奋、敌对的多佛暴民围困"的英国，迎接他的是高呼"托马斯·潘恩万岁"的法国民众和新任民选政府（即国民议会）的一个席位。

当时法国的局势十分紧张，卖国贼、侵略和一拨由国家操刀的处决潮成了人们的日常谈资。国民议会左右两派势同水火，左派是律师马克西米利安·罗伯斯庇尔领导的雅各宾派，右派是潘恩的死党吉伦特派。该如何处置国王？两派争持不下。潘恩主张宽大处理，这激怒了势头日盛的罗伯斯庇尔。1793 年 1 月 21 日，路易十六被押上断头台，全欧洲的保守派都被吓得两股战战。

6 月，雅各宾派发动议会政变，成功夺权，将死对头吉伦特派议员抓了起来。守门人不肯放潘恩进议会大楼，他在楼门口的台阶上遇到了一位雅各宾派议员。他跟对方说，一位作家把法兰西共和国比作噬子的萨图恩①，这话一点不错。对方回敬他说："革命不能用玫瑰露造就。"

恐怖统治②开始了。雅各宾派抓农民，抢粮食，加速处决吉伦特派。10 月，雅各宾派宣布潘恩是卖国贼，他在法国待不下去了。回英国，等着他的是死刑；去美国，英国舰船早就守在英吉利海峡等他自投罗网。他再次拿起笔杆，争分夺秒地写作。"我觉得自己朝不保夕，"他后来说，"断头台刀起刀落，我的朋友越来越少，我想我也在劫难逃，不如工作。"

圣诞节刚过，厄运降临，潘恩被敲打酒店房门的声音惊醒。在去监狱的路上，他想方设法把珍贵的手稿交给了出版商。1794 年 2 月，

---

① 萨图恩（Saturn），罗马神话中的农神，因惧怕被篡权，吃掉了自己的孩子。——译者注
② 恐怖统治（Reign of Terror），又称"雅各宾派专政"。——译者注

手稿出版。当潘恩在肮脏不堪、虱虫遍地的牢房里苟延残喘的时候，他的新作成为轰动一时的畅销书，销量更胜以往。在君主制看似即将退出历史舞台的时候，潘恩又用崭新的宇宙科学抨击他心目中的另一个大暴政。无论是这个暴政，还是潘恩本人的声誉，都因为此书一蹶不振，再难复原。

• • •

早在伦敦的时候，潘恩就在思考，对宇宙的科学理解于宗教信仰而言意味着什么。"在我掌握了地球仪、天球仪和太阳系仪的使用方法，"他写道，"并且至少对所谓的自然哲学有了一般性的了解之后，我开始……直面那些佐证万事万物符合基督教体系的证据。"他坚信，光是改写政治是不够的。他总结说，无论是犹太教会、基督教会，还是土耳其教会，所有国家教会都只是人类的发明，"目的是恐吓和奴役人，垄断权力与利益"。人类还需要一场宗教革命。

美国开国元勋大刀阔斧地实施政教分离，旨在保护信仰自由，不让任何一种宗教享有凌驾于其他宗教之上的特权，这正是潘恩在《常识》中的提议，承袭了洛克和孟德斯鸠的思想。当潘恩在巴黎极尽口诛笔伐之能事时，法国革命者更为决绝。他们不但要求政教分离，还要彻底消灭宗教。

新政权已经占领了天主教会拥有的土地，废除了宗教秩序，许多牧师被流放甚至杀掉。1793 年秋天，罗伯斯庇尔带领雅各宾派，有组织地把法国所有的宗教象征和信仰抹去，代之以启蒙运动的世俗价值观。他们捣毁了教堂和墓地，教堂大钟回炉造枪。他们启用新的历法，每星期十天，每月三个星期，纪年的起点也由基督诞辰日改成了共和国成立之日。此外，他们还将巴黎圣母院改名叫公理殿（Temple of Reason）。

这正是潘恩所期待的宗教反思，但他担心，如果有组织宗教在没有任何替代物的情况下被摧毁，社会将陷入混乱。因此，他在最后一部主要著作《理性时代》（*The Age of Reason*）一书中试图想象一个无教会宗教，并且构建了一个新式的、更民主的精神框架，以防止人们陷入道德败坏和无神论。法国发生的事件"使这项工作变得极其必要"，他说，"否则在迷信、错误的政府体系和虚假神学的全面崩溃中，我们会丧失道德、人性与真实的神学。"

为此，他借鉴了多年前在伦敦听讲座时听到的想法。当时，牛顿科学著作的传播者经常用宇宙新知来证明或支持信奉基督教上帝的合理性，这种传统被称为物理神学（physico-theology）。[①] 例如，太阳系仪制造商詹姆斯·弗格森写道，天文学令我们相信"确实有一个至高无上的存在，它拥有智慧、力量、仁慈和监督力！……不虔诚的天文学家是疯子"。数学家本杰明·马丁认为，对天空的科学研究"创造了一个有着无穷智慧、完美而强大的存在"。

潘恩采纳了他们的说法。他照搬弗格森和马丁的做法，引领读者游历太阳系，强调宇宙的浩瀚壮美，说"宇宙中有数百万个世界堪比我们的世界，甚至比我们的世界更大，它们彼此之间相距数百万英里之遥"。他还认为，一位仁慈的造物主（"全能的讲师"）创造了众多行星，让人类可以观察它们的运动，发现自然规律。他说，我们想要证明一个全能上帝的存在，这些证据足矣。

---

① 这一传统形成于物理学家罗伯特·波义尔（Robert Boyle）资助的一系列探讨基督教与新科学关系的讲座。这个系列的第一部分由神学家理查德·本特利（Richard Bentley）于 1692 年主讲，题目为"从世界起源与构架的角度驳斥无神论"。牛顿亲笔写信祝本特利说，他在写《原理》的时候，曾经思考书中的这些原理是否支持基督教信仰，"发现我的这本书能有此功用，这比任何东西都更能令我欣喜"。

随后，他猛插一刀，称他所描述的宇宙本质恰恰证明，基督教信仰是荒谬的。他问：如果上帝创造的世界比星星还多，他为什么选择在地球留下一位独一无二的救世主？我们如何能相信"全能者仅仅因为他们说一男一女吃了个苹果，就放弃了几百万个同等依赖他的世界，专门到我们的世界来送死"呢？宇宙中存在无数个太阳系，这份新知非但没有巩固基督教，反而令基督教"顷刻间变得有点荒唐，在人们心中的分量也变得轻如鸿毛"。

潘恩用类似的论证批判神启观念，认为仁慈的上帝爱宇宙中所有理性生命，不会刻意择时择地，只在少数人面前现身，也不会只让那些碰巧掌握《圣经》所用语言的人听懂他的信息。相反，上帝会用一种人人都能体验和理解的方式说话，那就是宇宙本身的语言。"真实的神学……现称自然哲学，它涵盖整个科学领域，天文学在其中居于主位。"上帝之言不在《圣经》里，而在牛顿定律当中。

与潘恩之前的著作一样，《理性时代》中的思想不完全是潘恩的首创，其源头是伏尔泰、斯宾诺莎、大卫·休谟等启蒙思想家所激发的自然神论（deism）。[①] 自然神论者不信奉一个凡人模样、时常干预人类事务的上帝，而是认为造物主是一个神圣的钟表匠，他给世界上好发条便抽身离开，任凭这个"钟表"遵循物理定律运转。这种信仰并没有引起特别的争议。富兰克林、杰斐逊、麦迪逊、华盛顿等许多美国开国元勋，都被认为是自然神论者，但他们敬重教会，言语谨慎。而且，他们中仍有许多人认为，有组织宗教是控制群众必不可少的手段。只有潘恩一人，公然蔑视和攻击基督教。

1794 年出版的《理性时代》轰动一时，成为宗教史上颇具争议的一本书。这本书在法国没有引起太大波澜，英国政府虽百般压制，

---

① 有些历史学家认为，贵格会直言不讳、怀疑传统的教养也对潘恩有影响。

依旧浇不灭民众对这本书的热情。美国更是如此，到 1796 年的时候，这本书已经发行了十七个版本，不仅掀起了一波自然神论的高潮，也激起了基督教的奋力抵抗（教会出版了三十多本驳斥自然神论的宣传册，其中有一本，哈佛学生人手一册）和被称为"第二次大觉醒"（Second Great Awakening）的宗教复兴运动。

此番盛况，潘恩险些看不到了。1794 年 6 月，恐怖统治达到顶峰，成千上万的公民被关进监牢，每天被处决的人如流水般源源不断。"罗伯斯庇尔和他的委员会如此愤怒和多疑，似乎害怕留下一个活口，"潘恩回忆说，"几乎每晚都有十个、二十个、三十个、四十个、五十个或者更多人被带出牢房，他们清晨到一个装模作样的法庭受审，晚间就上断头台。"潘恩再次染上了伤寒。

"那时我觉得我命不久矣了，"潘恩说，"身边的人更是不抱什么希望。"然而，这场病令潘恩因祸得福。7 月 24 日，他被判死刑。至于后面的事情，有一个版本是这样说的。潘恩高烧不退，牢头同意让同牢房的三个比利时人打开牢门，通些凉风进来。后来，有人在牢门上写下数字"4"，这代表牢房里的四名犯人将在第二天被处决。写字的时候门是开着的，所以数字写在了门的内侧。到了晚上，三个比利时人恳求牢头把门关上。就这样，外面的人没看到门上的数字，四人逃过了一劫。

几天后，恐怖统治瓦解，这回轮到罗伯斯庇尔上断头台了。潘恩战胜了病魔（却落下了病根），于 11 月重获自由。他在法国又住了五年，这期间他遇到了未来的法兰西皇帝拿破仑·波拿巴。拿破仑对潘恩说，他睡觉时枕头底下放着一本《人的权利》。[①] 潘恩继续写《理性时代》的后两部分，阐述他在《圣经》中读到的荒谬、矛盾与败

[①] 潘恩在拿破仑变得更加独裁之后，大肆批评他，两人反目成仇。

德。1802 年，他再次横渡大西洋，在焕然一新的美国首都华盛顿定居下来。

潘恩遭到了意料之外的冷遇。他在美国不乏忠实的支持者，但保守派厌恶他激进的政治观点，许多人愤愤不平于他对乔治·华盛顿的出言不逊（他指责华盛顿背信弃义，在他被困卢森堡监狱时不闻不问）。但美国人之所以如此憎恶潘恩，主要还是由于《理性时代》，这本书令他从一名革命英雄变成了一个"无神论酒鬼""恶心的爬虫"和"半人半兽"。老朋友不再同他讲话。有一次，公共马车不让他上车，还有人朝他扔石头。一位地方官员不许他投票。1809 年，潘恩在纽约死去，他的葬礼上只有六个人。

"可怜的潘恩长眠于此，"旧时的童谣这样唱着，"无人笑来无人哭 / 他去哪儿了又过得怎么样 / 无人知晓也无人在意。"

• • •

几百年前，基督教等主要的有组织宗教，把上帝从宇宙中分离出来，用一个独立、抽象的造物主取代了古代天神，但人们仍然认为宇宙充满了神圣的能量，宇宙的运行靠这种能量驱动，柏拉图将其称为"灵魂"（*pneuma*）。学者们试图将宇宙构建为一个理性机器：14 世纪，但丁把宇宙描述为一个机械钟，它的齿轮由上帝之爱驱动；对于三百年后计算出行星椭圆轨道的开普勒来说，地球、太阳和众行星的有序运动是依靠它们辐射寰宇的灵魂；笛卡儿将人类的身体描绘成和宇宙一样的物理机器，但他认为，人类之所以与无目的的自动机不同，是因为人类有非物质的灵魂作为关键的补充。

对许多启蒙主义思想家来说，物质宇宙的具体运作或许可以用数学预测，但其力量和意义最终归于上帝。牛顿本人是一个虔诚的基督徒，他认为天空所呈现的美与规律，只能"归功于一个智慧而强大的存在，它统治人类，为人类指点迷津"。潘恩等人则希望，人类能够将理性的牛顿宇宙与自然神论的宗教奇迹结合起来。

然而事与愿违。潘恩的观点无疑戳穿了有组织宗教的许多虚假主张和论证，哲学家伯特兰·罗素在1934年说："正是潘恩这样的人，在面对迫害时令教义变得和缓，从而使我们的时代从中受益。"但是，自然神论没有取代基督教。我们今天捍卫《理性时代》，不是因为它是一部宗教典籍，而是因为它代表人类迈向无神论的重要一步。西方哲学家和科学家将宇宙重塑为一个自我调节的机器，由可预测的数学原理解释和指导；在这个过程中，他们已经不知不觉摆脱了对神的需要，宇宙的灵魂开始枯竭。

德国社会学家马克斯·韦伯称这一过程为"祛魅"（disenchantment），哲学家弗里德里希·尼采将其描述为上帝已死。启蒙运动之后，统治者的权力不是源于神的意志，而是由民意与理性决定。从潘恩的故事中，我们可以看出新的宇宙论是如何激发了民主与人权的思想。但故事还没完。人们将这个可预测物理系统的模型应用到从金钱到思想的所有领域，让一切都变得可以从数学上去理解。

大卫·休谟（有时被称为"伦理学的牛顿"）等哲学家表明，伦理框架不需要宗教教义也可以形成。现代自由市场经济学的创始人亚当·斯密称，牛顿的万有引力定律是"人类有史以来最伟大的发现"，他在1776年出版的《国富论》（*Wealth of Nations*）一书中，阐述了市场如何由无形的供求力量调节，堪称经济学领域的《原理》。[①]从18世纪起，心理学倡导者也开始效仿牛顿物理学，用数学工具研

---

① 例如，斯密认为，"一切商品的价格都围绕……自然价格上下波动"，政府不应干预市场，只有这样，商品和服务的价格才能回归到自然价格。

究心理现象，发表了数百条心理学"定律"。①

　　当然，上帝还没有死，但宇宙的权柄已交由他者。物理学成为新的最高统治者，天地万物，皆受其治。

---

① 这些心理学"定律"包括1834年发表的韦伯定律（量化人在给定刺激下对变化的感知）和1905年发表的桑代克定律。后者指出，在特定条件下带来满意效果的反应，更容易再次出现。现代心理学家对"定律"一词的使用更为谨慎，他们更倾向于使用"效应"或"原则"等不那么大张旗鼓的说法。

第八章

光

1781 年 3 月 13 日星期二，英国巴斯（Bath）一个名叫威廉·赫舍尔（William Herschel）的作曲家正站在自家花园里，透过自制的七英尺长的望远镜观星。临近午夜时分，他发现一道陌生的光穿过双子座。起初，他以为那是一颗没有彗尾的彗星，但渐渐地，他确定这个流浪灯塔其实是一颗新的行星。他以国王乔治三世的名字为它命名——"乔治之星"（Georgium Sidus），但天文学家最终定名"天王星"，取自希腊天神乌拉诺斯（Uranus）。

　　这是一个举足轻重的发现。天王星是自古以来人类发现的首颗远在木星和土星轨道之外的行星，它的发现立刻将已知太阳系的疆域扩大了一倍。然而，这只是 18 世纪末、19 世纪初天文大发现浪潮中的一朵小浪花。随着政治格局在革命中重塑，功能日益强大的望远镜使天文学家能够比以往看得更远、更清楚，他们的星空观也随之改变。过去，人们不断提高观测天体运动的精度，大多是出于航海需要。现在，天文学家开始观测和探索整个天空，赫舍尔和妹妹卡罗琳就站在这一转变的最前沿。

　　随着欧洲天文学家发现大量彗星和许多又小又暗的小行星，太阳系变得拥挤起来。1801 年，天文学家发现了谷神星，不久又发现了智神星、婚神星、灶神星等天体。赫舍尔发现了一些卫星，包括土星的卫星土卫一、土卫二，天王星的卫星天卫三、天卫四，他还首次识别了火星上起伏不平的冰盖。宇宙一下子变得如此辽阔，这给人类的宇宙观带来了深远的影响。过去，人们认为群星是固定在一个相对较近的穹顶或球体表面上的点，但随着可见宇宙不断扩张，天空中出现了更遥远的光点，将人类带进了令人眩晕的无限三维深空。

新出现的光点多种多样，令人叹为观止。例如，许多所谓的恒星其实是星组，由两颗或三颗彼此环绕的恒星组成，许多人推测，星组的周围一定有其他世界。与此同时，包括赫舍尔在内的天文学家记录了成千上万颗神秘、多彩、迥异于恒星的天体，也就是统称为星云的云团、星团、螺旋和斑点。虽然科学家依旧用希腊神话中的人物为天体起名字，但宇宙已不再是奇灵怪兽或者古老神祇的舞台，而是一个无边无际的天文花园，遍布着自然物质奇观，等着我们去采撷，去描绘。

不过，与所有最美好的花园一样，这个花园里也有禁忌。革命者在扫除旧权威、企盼新社会的同时，也在重新定义求知的方法和认知的边界。法国哲学家、实证主义（Positivism）颇有影响力的奠基人奥古斯特·孔德（Auguste Comte）弃绝道德和形而上学的观点，他于 19 世纪 30 年代宣称，将观察与理性进行牛顿式的结合才是通往真理的唯一途径。他耗费数年时间定义了每门科学的范畴和方法，说明了哪些类型的研究是合理的，哪些是不合理的。对于天文学，他的态度十分明确：作为地球上的观察者，我们可以看到遥远的恒星，却永远触碰不到它们，所以我们对群星的了解注定是有限的。"确定恒星的形状、距离、大小和运动，这种可能性是有的，"他在 1835 年写道，"但检测恒星的成分，我们永远做不到。"英国皇家天文学家乔治·比德尔·艾里（George Biddell Airy）在 1857 年重申孔德的观点，他告诫人们，猜测天体的外观或性质"于天文学而言并无适当的益处"。科学家或许可以观测恒星的运动，但永远也无法知晓恒星的成分和工作机制。

然而，罕有规则被打破到如此惊人的地步。短短两年后，也就是 1859 年，在德国南部海德堡大学的实验室里，两名研究人员一直工作到深夜。他们向窗外看去，顺着内卡河（Neckar）望向莱茵河，只见地平线在一道红光中亮如白昼，原来附近的曼海姆（Mannheim）港燃起了熊熊大火。正如一位编年史作家所说，他们在火焰中看到的东西"令他们大惊失色"，因为它们证明了孔德和艾里大错特错。海德堡二人组的发现为我们打开了一扇窗，让我们眼中的宇宙发生了戏剧性的变化，再次改变了我们与天空的关系。

· · ·

德国化学家罗伯特·本生（Robert Benson）最著名的成就是本生灯[1]，这种简洁的金属制品是当今全世界化学实验室的必备装置。教师常常拿着本生灯向学生们展示如何在煤气燃烧时调整氧气的混入量，从而获得无色高温火焰，但很少有人提到，火焰是如何帮助本生直达恒星的内部。

据说本生热情迷人，但浑身上下总沾着化学试剂。一位同事的妻子说过，她很想亲吻本生，但要求先把他洗干净再亲。本生对实验室安全一向漫不经心，他的英国同事亨利·罗斯科（Henry Roscoe）记得有一回，他徒手揭开滚烫的坩埚盖子，结果手指冒烟，空气中弥漫着一股"烤本生的味道"。

---

[1] 本生的主要贡献是改良了本生灯。——译者注

本生的职业生涯从研究致命的砷化合物开始。做实验的时候，他会戴上一个接着长玻璃管的面罩，以便呼吸外面的新鲜空气。19世纪30年代，他发现了一种能对付砷中毒的解药，在一次实验样本爆炸事故中，这种解药还救了他一命。后来还发生过几起实验室爆炸，他都幸运地活了下来。他还研究冰岛超热间歇泉的工作原理，发明了一种锌碳电池，可以利用新近发现的电解法从矿石中提纯金属。

镁正是其中的一种。镁燃烧产生的闪光令本生着迷，于是他把注意力转向光的化学性质。化学家和炼金士早就知道，不同的物质洒在火上会产生不同颜色的火焰，比如镁是白色，锂是玫瑰红，钾是淡紫色。这些颜色意味着什么呢？

1852年，本生搬到海德堡大学。这所大学的化学系最初设在一座古老的修道院里，实验台就放在回廊里，这种安排成为新知取代旧识的贴切象征。"死去的僧侣躺在我们脚下，我们将实验废弃的沉淀物倒在他们的墓碑上，"罗斯科回忆道，"那时没有煤气，也没有城镇供水。"1853年，海德堡接入了中央煤气管道。几年后，在一个新建的实验室里，本生研制出著名的本生灯。在透明、无烟尘的火焰里，本生更清楚地看到了不同元素燃烧时的颜色。他还用滤光片分离颜色，可是结果仍然令人费解，比如铜化合物燃烧产生蓝色火焰，但砷和铅的火焰也是蓝色的。对此，他的朋友、物理学家古斯塔夫·基尔霍夫（Gustav Kirchhoff）有了一个想法。

基尔霍夫在自己的领域同本生一样出色，但在许多方面，他与本生是截然相反的。他比精力旺盛的本生年轻十三岁，但在同事的描述里反而谦恭害羞。他对电在不同电路和材料中的行为很感兴趣，而且他像艾萨克·牛顿一样天赋异禀，擅长对复杂现象进行细致观察，然后推导出优雅的数学定律[①]。他建议本生效仿牛顿在1666年的做法，让光线穿过玻璃棱镜，然后再去观察，而不是直接用肉眼比较不同颜色的火焰。

1666 年，牛顿让阳光透过一个小孔或狭缝，再穿过棱镜，然后取得了一项著名的发现——阳光看似白色或透明，但其实是多彩的，同时发出人眼所见的祖母绿、靛蓝、深红、金黄等所有色光。（科学家现在知道不同颜色对应不同波长的光。）当阳光进入和离开棱镜时，不同色光会发生不同程度的弯折，形成一道彩虹。基尔霍夫说，用同样的方法也可以将火焰光分解成光谱，这样就有可能进行更精确的测量。

为此，两人制造了一种仪器，他们把它称作"分光镜"，也就是将一组透镜、一个棱镜和一个观察望远镜放在一个封闭的箱子里，用来研究钠、锂、锶、钙、钡等元素的"焰色反应"。他们发现了一个有趣的现象：对于任何一种元素，无论它燃烧时处于何种化学形态，温度多高，混在什么气体里面，它发出的光永远呈现出完全相同的模式。

其实，一些声名显赫的科学家早就开始用棱镜研究火焰光，并且已经确定了一些元素的特征色带（称作"谱线"），比如钠光谱中有一对亮黄色的谱线。但是，由于不同化合物含有多种元素，所以它们燃烧时产生的谱线往往复杂难解。幸运的是，基尔霍夫拥有发现规律的天赋，本生拥有火焰清亮、无杂光的本生灯和用电解法提纯样品的能力，所以二人注定成为率先悟出光谱含义的先锋人物。其实，每种元素都有自己独一无二的特征，而这个特征就藏在它发出的光线中。

有了这种客观的新方法，科学家可以不再依靠肉眼识别颜色，而且就算是色盲者，也可以准确测量火焰光的谱线间距，从而识别元

[①] 比如著名的基尔霍夫定律。——译者注

素。此外，这种方法灵敏度很高。本生和基尔霍夫进行了多次实验：一个人在实验室的角落里加热小块样品，同时挥动一把撑开的大伞，加快蒸汽在空气中的扩散速度；另一个人坐在对面的角落，透过分光镜进行观察。本生报告说，这种方法，特别是对钠和锂来说，虽然只研究空气中百万分之一的"盐"，但"在确定性和灵敏度方面超过了分析化学领域的其他任何方法"。

几年后，他们通过焰色反应发现了两种新元素。一种是在迪克海姆（Dürkheim）的矿泉水中发现的痕量元素，它的光谱含有两条天蓝色的发射线，故得名"铯"（caesium），取自拉丁语 *caesius*，在古时指天空上半部分的蓝色。另一种元素是在玫瑰色的锂云母中发现的铷，它的光谱含有一条暗红线。其他科学家很快采纳了这种新方法，元素周期表迎来了一次爆炸性扩张。

不过，好戏才刚刚开始。前面讲到，1859 年的那天晚上，本生和基尔霍夫透过实验室的窗户看到曼海姆港着火了。他们拿出分光镜进行观察，在至少 15 千米开外的火焰中，他们惊讶地看到了钡和锶的特征线。几天后，他们去郁郁葱葱的环城山丘远足，当漫步在海德堡大学里人称"哲学家小径"的山路上时，本生突发奇想：或许，他们透过分光镜不仅能看到莱茵河平原，还能看到整个宇宙。本生知道，这种想法已经越过了孔德和其他同辈实证主义者所宣称的科学边界，实在是太过惊世骇俗，仅是心存此念已是疯狂至极，但同时，他又觉得这个想法无懈可击。"如果我们能确定曼海姆大火中的物质，"他试探着对基尔霍夫说，"我们为什么不能对太阳做同样的事情呢？"

· · ·

让我们把时间轴再倒回六十年。1801 年夏天，在德国慕尼黑的一条小巷里，两座建筑物塌了，只有一人幸免于难，救援人员忙活了几个小时，才把这个幸运儿从废墟中拖出来。那是一个男孩，名叫约瑟夫，是一个十四岁的孤儿。对人类来说，此乃一大幸事，因为同约瑟夫一并重见天日的还有人类认识太阳的科学基础。五十年后，正是在约瑟夫工作的指引下，本生和基尔霍夫把目光投向了天空。

双亲去世后，约瑟夫·夫琅和费（Joseph Fraunhofer）投奔了一家玻璃作坊主，当起了学徒。据传记作家的记述，这位作坊主待他不怎么样，比如他想学习旧课本里的数学和光学知识，这位作坊主泼了他一头冷水，他的朋友也讥笑他在浪费大好光阴。岂料，经历了那次死里逃生之后，夫琅和费竟然时来运转了。他奇迹般获救的故事传到了巴伐利亚王子（后来继承了王位）马克西米利安·约瑟夫（Maximilian Joseph）的耳朵里，王子慷慨地赐予他十八枚金币。他用这笔钱摆脱了学徒生涯，另立门户开办了自己的玻璃作坊。他继续自学光学，二十岁时加入了一家天文和测量仪器制造公司，着手研发天文学家梦寐以求的一样宝贝——所谓的"消色差"透镜。

望远镜至少在 1608 年就出现了，当时荷兰的一家玻璃制造商想到用一对透镜"令远处的事物看起来像在近处一样便于观察"，还打算为这个创意申请专利。消息很快传开了，意大利的伽利略自制了一台望远镜，并于 1609 年将它对准天空。1611 年，约翰内斯·开普勒在布拉格造出一台性能更优异的望远镜。17 世纪 50 年代，荷兰天文学家克里斯蒂安·惠更斯用按照开普勒四米设计方案制造的望远镜发现了土卫六，并且勾画出猎户座星云。

然而，在透镜变得更加强大的同时，成像却越来越扭曲，颜色边缘模糊不清。17 世纪 60 年代，牛顿意识到，这是因为透镜也像棱镜一样，以不同的折射率折射不同色光。为了解决这个问题，他研制了一台"反射望远镜"，用镜面代替透镜，以相同的角度反射所有色光，从而避免成像扭曲，但当时可用的锡铜合金镜面用不了多久就会发乌（这个问题在 19 世纪 50 年代得以解决，在两层玻璃之间加入一层银薄膜可以使镜面更加耐用）。19 世纪中期，光学仪器商开始专注于制造零失真透镜，他们将不同种类的玻璃黏合起来，制成多层透镜，这样的透镜能够以相同的折射率折射所有色光。

造出足够纯净的玻璃样品并精确打磨不是一件容易的事，但夫琅和费是拔尖儿的玻璃匠，他还为显微镜和一种他称为"量日仪"（heliometer）的新型仪器制造透镜（后者用于精确测量天体位置，1838 年被用于测量恒星视差，这是有史以来人类第一次估算恒星间的距离）。为了设计出完美的透镜，他需要精确测定不同种类的玻璃对不同色光的折射率。于是，他将自制的玻璃样品做成棱镜，然后透过一个小望远镜观察棱镜产生的光谱。1814 年，在绘制一束狭窄的阳光形成的颜色路径时，他注意到了一些奇怪的现象。

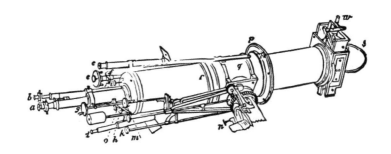

量日仪

牛顿说，棱镜将阳光化作一条连续的色带，但夫琅和费仔细观察了太阳光谱，发现牛顿的说法不对。他写道："我用望远镜看到了几乎无数条或粗或细的竖线。"这些神秘的谱线比光谱的其余部分暗淡，有的甚至"接近纯黑"，看起来仿佛那里的颜色被抠掉了一样。

他最终记录下 574 条暗线，现称"夫琅和费线"。①

除了太阳，夫琅和费还研究了月球、行星和一些恒星的光谱。他总结说，金星反射的光和太阳发出的光是一样的，但不同的恒星光谱有不同的图案。例如，天狼星光谱有三条太阳光谱中没有的暗线，一条位于光谱的绿色部分，两条位于蓝色部分。看起来，不同类型的天体缺失不同的色光。这是为什么呢？

1823 年，这位玻璃匠学徒终于成为正规军。夫琅和费被任命为物理学教授，并成为皇家巴伐利亚科学院院士，第二年他荣升贵族，其姓氏前面被冠以"冯"的头衔。1826 年，年仅三十九岁的夫琅和费死于肺结核。他没来得及为他所发现的这些谱线做出解释，但他的发现为后来人更上一层楼奠定了基础。他死后葬在了慕尼黑，墓碑上的拉丁文 *"Approximavit sidera"* 意为"他拉近了群星"。

• • •

现在，本生和基尔霍夫面临一个挑战——找到他们所发现的明亮的发射线与暗黑的夫琅和费线之间的关系。其他研究人员（包括威廉·赫舍尔的儿子约翰）已经注意到，两者中有些谱线的位置似乎是重合的。例如，太阳光谱中两条显著暗线的位置与钠燃烧产生的两条亮黄色谱线的位置是相同的。

1859 年，基尔霍夫进行了一项重要的实验。为了核实这两条夫琅和费线是否真的与明亮的钠线匹配，他让阳光穿过一片食盐（氯化

① 1802 年，英国化学家威廉·海德·沃拉斯顿（William Hyde Wollaston）发现了太阳光谱中的七条暗线，但他没有深究。夫琅和费在报告自己的观察结果时，似乎并不知道沃拉斯顿的发现。他不像沃拉斯顿那样浅尝辄止，而是用纯度极高的玻璃样品和精确的测量仪器将几百条谱线一一记录下来。

钠）火焰，从而把太阳光谱和纳光谱叠加起来，然后用分光镜分析叠加后的光谱。他本以为食盐燃烧发出的亮光会填补太阳光谱中的暗隙，但结果出乎意料。明亮的发射线不仅没有填补缝隙，反而彻底消失了，这使那两条夫琅和费线黑上加黑。

当他在阳光较弱时重复这项实验时，明亮的钠线又回来了。基尔霍夫很快就搞清楚了状况。牛顿认为光是由微粒或粒子组成的，而基尔霍夫把光看作一种波，他知道类似的波也能传递热量。[①] 基于能量总是从较热物体流向较冷物体这一原理，他从理论上证明，如果一种气体比周围环境更热，它的原子就会发出某种形式的辐射；如果它的温度低于周围环境，它会吸收相同类型的辐射，从而产生暗线而不是亮线。这反过来可以解释夫琅和费线的形成原因。基尔霍夫意识到，太阳的外层一定比它发光的核心要冷，所以当光穿过较冷的球层射向地球的时候，某些色光（即具有某些波长的光）被吸收了。太阳光谱的暗线揭示了太阳大气中存在不同元素，这与我们在实验室中用亮线识别元素是一个道理。一对黄线的缺失表明，太阳较冷的球层含有钠。

基尔霍夫和本生意识到，他们可以继续探测太阳光谱。于是，他们开展了一系列疯狂的实验，本生在 1859 年 11 月将其描述为"不让我们睡觉"的工作。他们把能想到的一切都放进本生灯里燃烧，寻找与其他夫琅和费线匹配的颜色，并且很快就识别出了钙、铬、镁、镍、锌等元素。[②]

---

① 1800 年，威廉·赫舍尔发现，放在光谱最红端的温度计比放在可见光波段的温度计升温快，这种热辐射现称"红外线"。

② 在 1888 年出版的回忆录中，基尔霍夫提到在太阳中寻找金元素的一件趣事。他的银行经理说："如果没办法从天上拿下来，太阳上就算有金子关我什么事！"不久，基尔霍夫的发现为他赢得了一枚奖章和以金币形式交付的奖金。他把金币交给银行经理时忍不住说："你看，我把太阳上的金子拿下来了。"

1860 年，罗斯科到海德堡拜访二人。"在那所古旧的物理研究所的后间，我透过基尔霍夫妙手制作的精益的分光镜看了过去，"他说，"我永远无法忘记那一刻带给我的惊喜。"在来自 1.46 亿千米外的天光里，他看到了再熟悉不过的铁元素的特征，这令他目瞪口呆。"地球上的铁也存在于太阳大气中，这种认识令我无法动弹。"

其他研究夫琅和费线的科学家也已经接近其中一些发现，但基尔霍夫是第一个准确解释发射线与吸收线之间的关系并提出利用它们研究太阳成分的人。直到 20 世纪 20 年代，科学家才发展出一种原子结构，可以解释每种特征谱线背后的具体机制。尽管如此，我们的星空观再也不同于以往。纵观历史，太阳曾是一团迷人而神秘的天光，后来牛顿解释了它的运动，再后来基尔霍夫和本生将它变成了一个可理解的物质实体——它是一个发光的气体球，表面温度低于内部，它的行为与其他发热物体没有区别，它的成分不外乎是我们在地球上发现的元素。

• • •

本生和基尔霍夫的发现很快传遍了欧洲。在英国，包括罗斯科在内的科学家举行公开讲座，阐释利用光谱探测行星和恒星物理成分的革命性想法。"就算我们到太阳上去，把它的一部分拿回实验室里分析，"英国天文学家沃伦·德拉鲁（Warren de la Rue）在 1861 年伦敦化学学会的一次讲座上说，"我们的检测也无法做到比这种新的光谱分析法更准确。"在被新发现迷倒的众人中间，有一位业余天文学家，他叫威廉·哈金斯（William Huggins）。他是如此热爱天文学，甚至在自家的后花园建了一座天文台。

哈金斯生在一个富裕的丝绸商家庭，童年得过一场天花，痊愈后一直体弱多病，所以基本上是在家里接受教育。他很早就显露出科学天分（据故事里讲，他六岁造了一台"电机"，激动地满屋子奔跑，大喊"我被电击了！"），十几岁时购进第一台望远镜，他有时在伦敦市中心的家族商铺透过天窗观星，有时爬到房顶站在冒着烟的烟囱中间仰望天空。他梦想去剑桥大学念书，但由于父亲的健康状况不佳，他只好留在伦敦照看家业。1854 年，二十九岁的哈金斯卖掉商铺，和父母搬到了向南五英里、空气相对清爽的塔尔斯山（Tulse Hill）。

在那儿，哈金斯建起一座天文台。它立于铁柱之上，通过一条木道与主楼天花板相连，最上面冠以一个 12 英尺的旋转穹顶，从这里看过去天空清澈无比。他买了一台 10 英尺长、8 英寸口径的二手望远镜观测行星，勾画木星的云层、旋涡、斑点等各种各样的现象，可他很快就不满足于这样的常规观测，渴望找到更好的方法了解星空。①

1862 年 1 月，哈金斯找到了新方法。他在伦敦医药学会的一个晚间会议，听伦敦大学的化学家艾伦·米勒（Allen Miller）讲授基尔霍夫和本生的研究成果，即如何在实验室中利用火焰光谱分析物质。哈金斯后来在一本激动人心的回忆录中说，听闻"基尔霍夫的伟大发现"犹如"在干涸龟裂的土地上遇到一股清泉"。他甘愿倾毕生之力，用这种新方法改造天文学。他说，这令"我觉得我现在有能力揭开一层从未有人揭开过的面纱，就像有人将一把钥匙塞进我的手里，让我打开一扇看似永远对人类关闭的大门。面纱和大门的背后，隐藏

---

① 他后来写道：天文台建成不久，他对"日复一日的常规天文工作感到有些不满意，并且模糊地在脑海中思索星空研究是否可以有新的方向或者新的方法"。

着有关天体真实性质的未解之谜。"[①]

哈金斯和米勒是邻居，当晚他们一起走路回家。路上，哈金斯邀请米勒同他一道把基尔霍夫的方法应用到恒星研究上。随后，他给自家的天文台配备了化学实验设备，其中包括"释放着有害气体"的巨型电池，一盘大型感应线圈，还有一些堆满了本生灯、化学品和真空管的架子。

哈金斯和米勒开始比较恒星光谱中的暗线和地球上不同元素的亮线，后者由感应线圈产生的巨大火花点燃。"地球氢元素燃烧产生的特征线与恒星氢元素产生的辐射是一致的，而对于天狼星和织女星，由于氢被吸收了，所以地球氢元素燃烧产生的特征线落在了光谱的暗线部分，"哈金斯回忆说，"我们从矿里炼出来的铁，无论亮线还是暗线，都跟远在天边的恒星中的铁元素匹配得严丝合缝。"

这是一项艰苦的工作。恒星发出的光极其微弱，即使是织女星这样的亮星，到达地球的光仅是太阳光的五百亿分之一。哈金斯和米勒必须重新制造合适的分光镜：一是要留出一道仅 1/300 英寸的狭缝（发条机构缓慢地带动笨重的望远镜，使这道狭缝整晚始终与目标恒星完美地排成一线）；二是要精确设计棱镜，让它在分解星光时不浪费一点星光。即使在那时，除非夜空极为晴朗，否则他们根本看不到任何谱线。为了与不同元素的谱线比较，他们不得不反复直接观察明亮的发射线（比如镁燃烧时短暂而灼眼的闪光）和微弱难辨的恒星谱

---

① 人们经常引用哈金斯的这番话，因为它似乎总结了天文学家对天文学即将焕然一新的憧憬之情。历史学家芭芭拉·贝克尔（Barbara Becker）质疑哈金斯是否真的如此有先见之明。她认为哈金斯的工作起步缓慢，他其实是在几十年后光谱学的潜力被证明之后才写下这番话。然而，当时罗斯科、德拉鲁等人当然也在领会新方法的意义，而哈金斯本人只是在一年内发表了他关于恒星光谱学的第一篇论文，之后就再没理会了。

线，这将他们的视力推到了极限。

美国、德国和意大利的天文学家也在研究恒星谱线，但哈金斯和米勒很快成为领跑者。1864 年，他们发表论文，描述了 50 颗亮星的光谱，其中包括淡红色的毕宿五、微微泛着橙光的参宿四[①]和亮白色的天狼星。他们报告说，恒星光谱与太阳光谱一样丰富多彩，而且许多谱线与氢、钠、镁、铁等地球元素的谱线吻合。虽然不同恒星的光谱存在一些差异，但总的信息是明确的——构成地球物质的元素不仅存在于太阳系，还遍布了整个宇宙。

金牛座与毕宿五　　　　　　　　猎户座与参宿四、参宿七

除了在化学成分上的相似性，两人还指出，他们在恒星中看到的元素是"一些与地球生物的构成有着最密切关系的元素"。潘恩等作家之前就怀疑其他恒星是否支持地球这样的生命世界，哈金斯和米勒

---

① 参宿四（Betelgeuse），又称猎户座 α 星。——译者注

称，这里能得出一个戏剧性的结论：他们观察的每颗恒星都"与我们的太阳类似，作为一个多世界系统的中心，支撑着系统，为系统供应能量，并且将其中一些世界改造成生物栖息地"，而他们的研究结果是这一结论的首个科学证据。

论文发表后，米勒回到了他最初的课题，留下哈金斯一人继续研究恒星光谱。哈金斯将注意力转向那些被称为"星云"的神秘天体。这些弥漫在太空中的小星云、斑块和螺旋看起来与点状恒星大相径庭。在过去一百年里，天文学家一直对它们很好奇，认为它们可能来自太阳系诞生时所处的"发光流体"区域，也可能来自远得难以想象的星系或者说"岛宇宙"。哈金斯首先瞄准了北天星座天龙座（Draco）中一个蓝绿色的圆盘——猫眼星云（Cat's Eye Nebula）。他后来回忆说，当他看向分光镜时，一种悬念与敬畏之感油然而生，"我是在探索一个创世秘境啊！"

猫眼星云属于行星状星云，这是一类无法解释的圆形星云。最新、最强大的望远镜揭示了许多星云实际上是由恒星组成的星团。据此推断，猫眼星云很可能是一个遥远的星系，因此哈金斯期待从叠加的星光中看到密密麻麻的暗线。然而意外的是，根本没有光谱，只有一条亮线。他起初怀疑是仪器故障，而后他意识到，与他用这套仪器观测的其他地外天体不同，这团星云就像实验室里燃烧的气体一样，产生的是发射线。

很快，他又发现了两条微弱的亮线，而且在其他行星状星云发出的光中，他也看到了三条亮线。[①] 他总结说，这些星云不是恒星的集

----

① 这些行星状星云中明亮的蓝绿线与任何已知的地球元素都不匹配，因此哈金斯推测这种谱线可能属于一种"未知元素"，后来把它称为"星云素"（nebulium）。1927 年，科学家证明，所谓的星云素并不是新元素，而是一种形态奇特的氧。

合，而是巨大的发光气体云。①不过，并非所有的星云都是一样的。在其他类型的星云中，包括几个旋涡状星云，哈金斯确实看到了微弱的光谱，后来有人证实，这些天体与银河系一样都是星系。经过几十年的困惑与猜测，人类终于用分光镜区分了各种各样的"神奇天体"。

就这样，哈金斯从塔尔斯山的花园起步，奔赴一个又一个科学前沿。1866 年 5 月，他接到一位爱尔兰记者的消息，说北冕座正在发生怪事，于是他第一次用光谱法观测一种新型的爆炸恒星——新星（nova）。夜幕刚刚降临，心存疑虑的哈金斯就开始扫描天空，"令我欣喜若狂的是，一颗明亮夺目的新恒星出现了"。在接下来的几天里，星光逐渐暗淡下来，但好在哈金斯在它暗下去之前已经发现它的光谱中包含暗线和亮线。他得出结论：在某种"巨大的震荡"中，一颗原本暗淡的恒星淹没于一团氢燃烧②的火海。哈金斯的发现激发了大众的想象，有人甚至"在一座大教堂的讲坛上布道……说天文学家看到一个燃烧的遥远世界在浓烟和灰烬中熄灭了"。

哈金斯还分析了一颗彗星的光谱，他在其中探测到了碳。他开创性地运用最新发现的多普勒效应（光源接近我们时变蓝，远离我们时变红），根据恒星谱线的位移推算恒星的运动。③他的推算虽然错得离谱，但作为首次尝试还是勇气可嘉的。

哈金斯在努力工作的同时，还要照顾年迈的母亲。1868 年 9 月，

---

① 现在认为，行星状星云是一些向太空喷射发光电离气体的垂死恒星。

② 事实上，恒星中的氢气不会燃烧，而是发生核聚变，但在天文学中常用"燃烧"一词指代恒星内部的核聚变。——译者注

③ 奥地利物理学家克里斯蒂安·多普勒（Christian Doppler）于 1842 年提出，对于一颗正在移动的恒星，星光的波长会随着它靠近我们而变短（因为每个波需要走的距离都变小了，所以在抵达地球时相邻两波之间的距离会拉近），反之则变长。哈金斯写信请物理学家詹姆斯·克拉克·麦克斯韦（James Clerk Maxwell）对这种现象进行数学分析，他之后用麦克斯韦的数学分析估算了天狼星等恒星的运动。

母亲去世，丧母之痛令他错失良机，没能看到日冕的红色火焰发出的谱线，而竞争对手、天文学家诺曼·洛克耶（Norman Lockyer）在日冕谱线中发现了氦元素。除此之外，哈金斯还错过了拿破仑本人的巴黎之邀。再后来，他就只剩下一条名叫开普勒的狗作伴。[1]但不管怎样，他的生活即将再次改变。在爱尔兰，一个同样热爱星星的女孩长大了。

· · ·

玛格丽特·默里（Margaret Murray）出生于都柏林的律师之家，住在海边一座格鲁吉亚式的豪华别墅里。母亲在她九岁那年去世了，据记载，她开始跟祖父学习天文学知识。很快，她借助一台小望远镜画出了星座图和太阳黑子分布图，还自学了摄影这项新技术。1867年，十九岁的玛格丽特在杂志上读到一篇介绍哈金斯工作的文章，她被深深迷住了。[2]她遵循文章中的说明，自制了一台分光镜并且观测到了太阳的夫琅和费线。

我们不清楚玛格丽特和威廉[3]是怎么认识的，他们有可能是通过威廉的乐器制造商霍华德·格拉布（Howard Grubb）介绍结识彼此

---

[1] 开普勒貌似可以通过吠叫回答简单的数学问题［几年前，一匹叫"聪明的汉斯"（Clever Hans）的德国马因类似的把戏而出名］，并且对肉铺感到恐惧，它的父亲和祖父也有同样的恐惧。哈金斯把这个现象告诉了查尔斯·达尔文，达尔文对这个"遗传性反感"的显性案例非常感兴趣，甚至在 1873 年的《自然》杂志上发表专文讨论。

[2] 历史学家芭芭拉·贝克尔认为，这篇文章可能是《一个燃烧世界的大气的真实故事》（*A true story of the atmosphere of a world on fire*），作者是英国皇家天文学会主席查尔斯·普里查德（Charles Pritchard），1867 年发表在《善言》（*Good Words*）杂志上。

[3] 即威廉·哈金斯。——译者注

的，因为当时格拉布恰好也在都柏林。1875 年，五十一岁的威廉和二十七岁的玛格丽特喜结连理。玛格丽特不着痕迹地引导威廉远离他原本感兴趣的通灵术，劝说他做出时尚选择，鼓励他蓄长发、午后穿天鹅绒外套。同时，她也投入威廉的天文学研究，二人共同开启了科学史上夫妻联袂大获成功的一段佳话。

从 1876 年起，威廉简要的手写笔记开始被玛格丽特详细的实验报告取代。多年来，威廉一直手工绘制光谱图，而他的竞争对手已经开始拍摄光谱。这群人里最有名的是美国纽约州富有的天文学家亨利和安娜·德雷珀（Henry and Anna Draper）夫妇，他们在 1872 年拍摄了织女星的首张光谱图。[①] 玛格丽特把她的摄影技能带到了威廉的天文台。她搬到塔尔斯山后，她和威廉成为第一批使用刚刚发明的干片法[②]的天文学家。有了干片法，再加上英国皇家学会捐赠的一对功能强大的新式望远镜（折射式和反射式各一台），他们很快又夺回了天体光谱研究的头把交椅。

威廉负责冲洗胶片，而大部分的观察工作则由年纪较轻、手脚麻利、目光敏锐的玛格丽特承担。她说，长时间站在梯子上对体力要求很高，需要眼明手快，更不必说还要有"天然橡胶般的万向关节和脊椎"。壮丽的天空景观弥补了身体的疲累，"就在距世界最大城市和最混乱的地方五英里之内的地方，壮美缤纷的天空奇观静静地在头顶旋转，任谁都无法无动于衷"。但她有时会想，如果威廉不是天文学家，是个画家就好了。"我想，他要是当一个风景画家会更开心，要说我嘛——啊，我蛮有艺术天分的，"她沉思着说，"没人晓得科学是

① 亨利和安娜于 1867 年结婚。婚后第二天，他们在后来所说的"婚礼旅行"中选中了一块玻璃，作为一台 28 英寸反射望远镜的镜面。这台望远镜耗时五年建成，恰好来得及在 1872 年 8 月拍到织女星的光谱。

② 即在玻璃板上涂一层感光明胶乳剂。

多么耗费心力，我们睁大疲惫的双眼，寻觅时隐时现的光斑……还能开心得好似徜徉在蓝天碧野当中，这需要信念。"

他们一起拍摄天王星、土星、火星等行星的光谱，还拍摄了恒星光谱，从熟悉的天狼星和织女星，到不同寻常的罕见恒星，比如新发现的沃尔夫－拉叶星（Wolf-Rayet star），这类恒星的光谱中含有高耸的发射线而不是暗线。他们继续探索星云的本质，花费数年时间尝试拍摄日冕光谱，但没有成功。他们还运用摄影术观测光谱中人眼不可见的紫外波段。

荣誉和奖项接连不断。威廉被任命为英国皇家学会主席，维多利亚女王亲自为他封爵，夫妇二人还在塔尔斯山宅邸接待了许多贵宾。其中一位是巴西皇帝，身材高大，留着络腮胡子，是一位科学狂热者，拥有自己的天文台，夫妇二人对他颇有好感。相比之下，另外一位来宾居然在听完威廉有关双星（double star）的解释后说："是的，这非常有趣，但最让我困惑的是，你们天文学家是如何发现所有这些星星的名字的。"

威廉和玛格丽特赶上了一股非同小可的科技狂潮，维多利亚时期的技术发展和科学发现动辄打碎几十年前人类最疯狂的梦想。基督教基要派在英国原本有抬头之势，这在一定程度上要归咎于法国大革命和拿破仑战争造成的恐怖局面，人们将潘恩等作家的怀疑主义和理性主义视为煽动革命与战争的罪魁祸首。但基督教基要派的复兴并不长久，科学进步最终完成了启蒙运动思想家开启的事业，用实证方法摧毁了《圣经》作为客观知识来源的权威性。

除了天文学家的惊人成就，地质学家还发现，地球历史比《圣经》所说的几千年要古老得多。拉萨姆在亚述巴尼拔图书馆发现的泥板显示，诸如大洪水等《圣经》所记载的文化元素，在《圣经》之前的几百年已经出现在其他文化中。查尔斯·达尔文于 1859 年发表的自然选择和进化论，则对包括人类在内的所有物种的起源做出了极其有力的解释。

对于孔德的实证主义追随者来说（孔德的思想于 1865 年以英语发表），科学事实就在那里等着我们去发现，而且科学事实蕴含的知识是绝对的。也许我们永远不可能看透宇宙，但当我们带着科学工具，小心翼翼地踏进未知领域时，我们可以更加接近真相。威廉在作为英国皇家学会主席的一篇致辞中写道："每一次发现都令世界的景象变得更加辉煌，令宇宙的奇迹更加神妙，大自然中我们尚未触及的奇观异景，依然是后辈人取之不尽的遗产。"

1899 年，威廉和玛格丽特的共同事业接近尾声，他们出版了一本由玛格丽特亲手绘制插图的恒星光谱图表集①，《泰晤士报》称其为"有史以来最伟大的天文学书籍之一"。这本图表集巩固了夫妇二人作为天体物理学（astrophysics）这门新科学的奠基人地位，告诉人们宇宙并非一成不变，而是在不断演化。他们拍摄了从新星到星云等各种天体的光谱，还讨论了恒星在其燃烧的一生中如何演化，包括年轻的白热恒星（如天狼星和织女星）和淡红褪色的参宿四。他们甚至推测，在衰老恒星爆炸后的残骸中，可能诞生了一代又一代的恒星。这是史诗般恢宏的景象，而理解所有这一切的关键竟然暗藏在星光里。

· · ·

1908 年，八十四岁的威廉通知英国皇家学会，说他想归还学会赠给他的两台望远镜，因为他再也不能充分利用它们了。最后，这两台望远镜被运到剑桥大学刚刚开设的天体物理系。都柏林乐器制造商

---

① 即《具代表性恒星光谱图表集》（*Atlas of Representative Stellar Spectra*）。——译者注

霍华德·格拉布前往塔尔斯山，监督望远镜的拆除。他到达后发现，拆除工作热火朝天，天文台的地板上到处散落着望远镜的零部件。

在一片狼藉中，威廉裹着一件大披风，静静地坐在一个包装箱上，玛格丽特奔前跑后，忙着监视工人们的一举一动。当那台折射望远镜的 15 英寸透镜被安全地放进箱子里时，格拉布向玛格丽特示意。"她牵着威廉爵士的手，带他到房间的另一头，最后看一眼他们的老朋友。那块物镜不辱使命，多年来将遥远的光线聚焦成像。"格拉布说，"在我合上箱盖之前，他们悲伤地久久凝视着它。"

威廉和玛格丽特共同开创的天体物理学撼动了人类文化的根基，它迅速用一套新故事取代了传颂几千年的天空神话。昴星团不是孤儿、姐妹、猎狗或者天上的神牛，而是由许多年轻而灼热的气体球聚拢而成的星团，这些气体球在穿越宇宙尘埃云时将氢"燃烧"成氦。神牛火红的眼睛——毕宿五——已经变成一颗巨星，锻造出碳、氧和氮，而这些元素有朝一日都会被弹射到太空深处。集明亮的晨星、昏星、爱神、雨神于一身的金星，实际上是一块地球大小的岩石，它的云层下面是火山和山脉，过去或许曾是一片浅海的地方，现已被失控的温室效应烧焦，表面炽热得足以把铅融化。

光谱学揭示，从某种意义上说，柏拉图是对的——我们确实来自群星。天文学家现在知道，从碳到铀，构成我们这个世界的所有重元素，都是在亿万年前的恒星内部"煮"出来的，后来在超新星（supernova）爆发中被炸进了太空。我们体内的几乎每个原子都曾经是恒星的一部分。我们运用光谱学确定了恒星的生命周期，发现了古代天文学家无法想象的神奇天体：超新星形成于某些恒星的灾难性爆发；中子星犹如一个巨原子核，其直径只有几千米[①]，密度却大到一

---

① 典型中子星的直径为 20 千米。——译者注

茶匙中子星就重达十亿吨；黑洞比中子星还要致密，其引力之大，甚至连光都无法逃逸。

测量星光的多普勒频移，这种由哈金斯首次尝试的新方法甚至为我们获知宇宙的起源和命运提供了线索。通过这种方法，我们知道，在所有方向上遥远的星系都在加速远离我们。换句话说，宇宙正在膨胀。以此为基础往前推算，我们便可得出大爆炸理论：在138亿年前，一个无限小的致密的点爆炸了，宇宙形成并不断生长。就这样，我们形成了一个科学的创世故事，这是人类首次基于技术和观测，而非经验和神话来解释宇宙。

伽利略将望远镜对准星空，在人类历史上首次将难以想象的多彩宇宙带进了人类的视野，世人奉他为科学英雄。自那以后，人们细致地观察众位行星伴侣，得知它们跟地球一样都是物质实体。人们精确记录行星的运行轨迹，为后来开普勒和牛顿用数学描述它们的运动规律创造了条件。但我认为，从夫琅和费到哈金斯的光谱学发展历程同样具有革命性，因为光谱学让天文学家不再仅仅记录天体的外观和运动，而是走得更深、更远。诸位光谱学先驱证明了孔德是错的——我们无须触碰遥远的天体，也无须手握它们的碎片，就能研究它们的成分和工作原理。光谱学把整个宇宙带到了我们面前，让我们可以读懂隐藏在星光中的秘密。

正如夫琅和费的墓志铭所言，光谱学先驱们拉近了群星，但讽刺的是，他们的工作也令人类体验和了解星空的方式出现了一道深刻的裂痕。如今，望远镜的功能强大到难以置信，不仅能分析可见光，还能分析电磁光谱的每个波段。为了避免地球大气层扭曲星光，我们把精密复杂的仪器安装到山顶或者发射到太空，不论是探究火星或月球上是否有水，还是观测宇宙第一批星系的结构，人类可以说是极尽太空探索之能事。射电望远镜能够接收高频辐射，从而探测到恐怖的类星体（伽马射线暴）。对波长较长的红外线敏感的天文探测器可以穿透尘埃云，揭示新生的恒星。

但是，再没有人真正"看到"它们。人们一度仰望天空，如今却低下头眯起眼睛观察小小的光斑，玛格丽特·哈金斯对这种转变感到遗憾。今天的天文学更加过分——电子探测器可以拣选来自太空的光子，揭示它们所包含的天体秘密，并将这些信息转换成数字数据，交由地球上最强大的计算机，用不可思议的复杂方程进行运算。2016年，瓦匠出身的天文学家加里·法尔兹（Gary Fildes）在他的畅销书《一个天文学家的故事》（*A Astronomer's Tale*）中叙述了他访问智利甚大望远镜的情形。甚大望远镜包括四个直径 8.2 米的反射镜，能够收集可见光和红外辐射，还能分辨天空中相隔不到百万分之一度的两点。就在当今恒星研究的前沿，科学家们坐在控制室里，紧盯着屏幕，这幅景象令法尔兹感到震惊，"他们看起来已经好几天没有看过真正的星空了"。

当科学家第一次用分光镜将光分解时，他们把颜色转换成了数字。这标志人类从主观、定性的宇宙观向客观、数学的宇宙观又迈近了一步，同时也从基于个人经验的内心宇宙到基于运算的外部宇宙又迈近了一步。随着电子探测器的发展，我们的视觉，也就是宇宙在我们眼中的模样，已经被完全抹去。从这个意义上说，现代天文学与以往所有的宇宙探索和理解都有着本质区别，因为我们无须把视线投向天空。宇宙是什么？宇宙是如何形成的？宇宙与生命、与你我有什么关系？现在，回答这些问题的是仪器，不是我们的眼睛。

然而，这种转变并非一帆风顺。19—20 世纪之交，在科学家努力将个人经验从我们对宇宙的认知中剔除的同时，一群改革派艺术家正竭尽全力维持个人经验的核心地位。

第九章

艺术

有这样一部剧，评论家说它是对戏剧艺术的嘲弄，有人认为它恣意荒谬，还有人看完之后稀里糊涂，完全不知道它在演什么。《战胜太阳》（*Victory Over the Sun*）于 1913 年 12 月 3 日和 4 日两晚在圣彼得堡的露娜公园剧院上演，票价高达九卢布。在丑闻传言的推波助澜之下，演出票一天售罄。对那些挤破头买票的人来说，他们的钱没有白花。

晚上九点，大幕呼啦一下被扯开，从一架老旧钢琴里迸发出刺耳的音调，伴之以奇装异服、匪夷所思的抽象形象和一派胡言乱语。这部剧的作曲是米哈伊尔·马秋申（Mikhail Matyushin），作词是阿列克谢·克鲁乔内赫（Aleksei Kruchyonykh），布景和服装设计是卡济米尔·马列维奇（Kazimir Malevich）。三位年轻的主创都是俄国前卫艺术运动立体未来主义（Cubo-Futurism）的先锋人物，《战胜太阳》是世界上第一部立体未来主义歌剧。

演员主要是学生志愿者，他们只排练两次就正式登台了。角色包括两位未来派强人、一位时间旅行者、一个恶意者和一个名叫"尼禄和卡利古拉二合一"的烦躁的传统主义者。他们穿着由硬纸壳和电线制成的巨型几何图案服装，在胡乱窜动的聚光灯下移动。他们从头到尾都在以一种奇特的语言风格，说着不合逻辑的台词，音节之间还要故意停顿，以凸显超出正常范围的声音和情感力度，这被克鲁乔内赫称作"通感语言"（zaum）。在布景上，马列维奇摈弃了所有正常意义的插图和装饰，代之以独创的黑白几何板（他没钱买彩色颜料），同时利用透视法给观众带来纵深感。

整部剧几乎毫无情节可言。第一幕，未来派强人奋力捕捉太阳，抓到后把太阳关进了一个混凝土箱子。可怕的暴行比比皆是，比如恶意者在攻击自己之前平静地枪杀了时间旅行者，再比如一具尸体拽着自己的头发往前爬。第一幕的最后一场是一个在电话里说话的人。他说："什么？他们抓住了太阳？谢谢。"

第二幕跳转到一个没有太阳的遥远未来，一个传统人类价值观已被摧毁的崭新现实。在这片丧失了记忆、梦想与情感的"通明"之地，人类的痕迹被擦得一干二净，"你变成一面干净的镜子，或者一个鱼缸——在清澈的洞穴里，无忧无虑的金鱼像感恩节火鸡那样，没心没肺地摇着尾巴"。四条腿驮着一个人类头骨跑来跑去。一个困惑的胖子问"日落在哪儿"，好给手表对时，但没有成功。然后，一架飞机冲进舞台。

无论是在沙皇俄国，还是在世界其他地方，从没有人看到过这样的作品。但疯有疯道。三位主创故意破坏规范，激怒建制，但他们的真实目标更加大胆。他们在向启蒙思想的支柱——理性——宣战。艺术史学家夏洛特·道格拉斯（Charlotte Douglas）详细研究过这部歌剧，她认为，主创们连珠炮一样的荒谬，意在超越我们司空见惯的理性世界，逼迫困惑的观众丢掉逻辑，任由直觉和情感左右自己的理解。"这样做是试图让所有人，"道格拉斯说，"甚至是他们自己，都在震惊中进入一种新的意识状态。"

人类在理性和科学上取得了非凡成就，但马列维奇和他的朋友们却拒绝承认一个中心假设：现实等同于我们观察到的物质世界，所有物体和力都由符合逻辑的数学公式和定律支配。"我们把太阳连根拔起，"胜利者将那团炽热的火球撕下天空后唱道，"这些根须很是肥厚，闻着有算术的味道。"道格拉斯说，胜利者攻击太阳，指责它是"现实幻觉……的创造者和可见性的象征，它是阿波罗，理性与思维之神，逻辑之光"。换句话说，是太阳之光欺骗了我们，让我们相信所见皆真实。因此，人类要进步，必须摧毁太阳。

《战胜太阳》的首演版本早已声名狼藉，但不同的再创作版本定期在世界各地上演。对于这些新版本，观众莫衷一是。一位评论家称，1999 年伦敦巴比肯中心的版本"可笑地浪费了每个人的时间"。但对设计师马列维奇来说，这部"反歌剧"只是现实本质大探索的第一步。这场大探索带着他深入秘境——从遥不可及的浩瀚群星，到"人类头骨的无限空间"，这是一个另类的宇宙，它拥有多个纬度，充满着不可见的振动。

本章将要讲述马列维奇和其他革命者如何在 20 世纪初改变了西方艺术。当时，探索物质本质的科学家开始怀疑：宇宙真的像人类自文艺复兴以降所构建的那样坚实、可预测吗？与此同时，画家和诗人也举起反叛的大旗，反对可见表象的幻觉，挑战逻辑和理性的主导地位。他们先是打破了长久以来的艺术惯例，并且最终试图再造宇宙。

· · ·

人类的宇宙观一直影响着艺术，这清楚地反映在天空形象的演变上。古人描绘的天空充斥着神话生物和神明，而文艺复兴后的画家用光点代替了天体。这种做法与天文学家不谋而合，但宇宙学与艺术之间的纠葛远不止于呈现星空的方式。宇宙的本质，或者说我们所在的空间到底是什么呢？历史上，人类的看法不断变化，这不可避免地影响了艺术家表现现实的方式。

如前文所说，在旧石器时代的洞穴遗址，在洞顶上奔跑的动物形象可能代表一个融合了人与自然、天与地的宇宙。中世纪的欧洲艺术也代表一种独特的世界观，这反映在基督教的各种符号和主题中，当然也体现在物体和场景的基本构图上。跟同一时期的地图一样（画家通常不区分两者），中世纪画家没有尝试将物体画成三维的，也没有尝试从统一的观察点作画，所以画中的物体经常是游离而非置于风景之中，发生在不同时间的事件被画在一起，重要的人物和特征被画得很大。一位评论家说，这反映了一种"没有将现实与物质世界等同起来"的文化。中世纪画家想要表达的"真实"或者说现实，并不是其本来的面目，而是他们对场景的整体体验和认识。

当艺术家开始运用数学规则构图时，一切都变了。在 1413 年的佛罗伦萨，一位名叫菲利波·布鲁内莱斯基（Filippo Brunelleschi）的建筑师提出了线性透视法，这是人类艺术史上的一次重大突破。应用此法，画家以一条地平线和一个消失点为基底描摹物体，从而创造出纵深感，还可以展现特定视角下的场景。1435 年，有人将线性透视法改造成一套可行的体系，于是，透视法传遍欧洲，很快成为公认的唯一正确的绘画方法。从达·芬奇和拉斐尔的文艺复兴杰作到透纳的表现主义风景画，线性透视法主导了西方艺术五百年。

有趣的是，线性透视法的出现时间与地图绘制者采用经纬线的时间基本重合。1406 年，也就是线性透视法出现的前几年，在佛罗伦萨，有人将托勒密的《地理》译成了拉丁文。在这部著作中，托勒密用经纬线将地球和天空画成网络。历史学家争论这两件事是否有直接联系，因为托勒密的几何投影法与布鲁内莱斯基的线性透视法非常相似。同时，在一个越发注重测量的社会中，意大利画家已经在尝试透视法，他们绘制的建筑平面图也越来越精确。不管两者是否有关联，地图和艺术的革命都是同一场宇宙学大变革的结果，中世纪所奉行的可塑的、不连续的空间，化为文艺复兴时期的统一逻辑网格。从此，在天文学家、地图绘制者和艺术家看来，探索现实的基础都是测量和复制这个可见的外部世界。

在后来几百年的艺术创作中，这种范式可谓根深蒂固。然而到了19世纪，现实主义画家放弃了理想化的创作，开始表现不完美的真人真事。与此同时，浪漫主义画家热衷于表现他们对一个场景的体验，而不是客观再现场景的样貌。这其中的原因错综复杂。在一个世俗化、工业化、城市化加剧的社会里，画家正在远离《圣经》和古典主义主题，转而关注周遭的现代生活。历史学家说，摄影术的发明突然间使人们能够根据需要创造精确的图像，这迫使画家另谋出路。无论如何，这两个画派都舍弃了精确的数学构图，侧重于表现人类视觉的混乱。

接下来是印象主义。19世纪60年代，印象派向艺术家信守几百年的幻觉宣战，主张画布并不是通向外部世界的诚信之窗。莫奈等画家捕捉转瞬即逝的主观印象，并且用自由的笔触将它们表现出来。之后，又出现了后印象主义，比如文森特·凡·高的扭曲图案、保罗·高更的夸张轮廓以及乔治·修拉（Georges Seurat）笔下的圆点。扭曲的形状、明快的色彩、厚重的颜料，透露出后印象派对现实主义更加强烈的憎恶。

19世纪末，法国画家保罗·塞尚将透视法踩在脚下，他的绘画不分前景和背景，而且融合了多个透视点。1907年，在巴黎工作的巴勃罗·毕加索创作了一幅八英尺见方的油画，取名《阿维尼翁的少女》（Les Demoiselles d'Avignon）。画中有五个身缠蓝色和白色窗帘的裸女，其中两人用黑色的大眼睛瞪着观看者，另外三个人藏在非洲风格的面具后面。

《阿维尼翁的少女》

这是一幅惊人之作，即使是毕加索最亲密的朋友都感到不可思议，部分原因在于它羞耻的内容和对西方美学理想的弃绝，但最主要的原因还是他放弃了三维现实的所有幻觉。画中的女人不写实，也不遵循透视法近大远小的原则，而是融合了所有夸张的角度，呈现为扁平、锯齿状的薄片。毕加索与其他志同道合的画家变本加厉，比如混淆观察点，将表面分割成不连续的几何面——这就是立体主义（Cubism）。他们不仅在寻求崭新的颜料布局方式，也在重新想象空间的本质。

人们通常将立体主义的诞生描述为艺术思想的自然演变，认为毕加索发展了塞尚的技法，又融合了西方画家不久前在非洲和伊比利亚传统艺术中发现的简单几何形状。两者无疑都是至关重要的影响，但其实还有一个因素。19 世纪 90 年代以来，科技迅猛发展，人类的现实观大受冲击。面对一个迥然不同的新宇宙，毕加索这样的画家怎么会无动于衷？

几十年前，苏格兰物理学家詹姆斯·克拉克·麦克斯韦证明了电场和磁场都以电磁辐射的形式在空间传播，并且得出"光是电磁波"的结论。可是后来，科学家又发现了其他类型的电磁辐射，威力近乎魔法。1894 年，工程师开始使用新发现的无线电波传送不可见的信息。1895 年，物理学家发现了 X 射线，那是一种能够穿透固体的射线，人们可以借助它揭示被遮挡住的特征（比如肌肉下面的骨骼）。1897 年，人们发现，几千年来被认作是物质的基本单元、不可分割的原子，竟然有更细微的结构——电子被发现了。1898 年，人们又发现了放射性，即某些元素发出不可见的辐射、释放能量并改变化学组成的现象。

同时出现的还有两个已经基本淡出人们记忆的"科学"概念。在现代艺术横空出世之际，这两个概念曾经激发了艺术家们无穷的想象力。其中一个概念是"以太"（ether）。科学家一度认为，以太是一种类似果冻或蒸汽的精致流体，充满了整个宇宙，从亚原子粒子到太空深处，以太无处不在。19 世纪 80 年代，有人进行了一项重要实验[1]，但依然没有探测到地球周围存在以太的迹象，可是科学家实在没有别的办法解释电磁波如何能在真空中传播，所以直到第一次世界大战之前，以太的概念都十分盛行。电子的发现者、物理学家 J. J. 汤姆森（J. J. Thomson）在 1909 年坚持说，以太"对我们来说就像我们呼吸的空气一样重要"，其他人甚至声称，以太才是物质的本源，原子只

---

[1]　即著名的迈克尔逊 - 莫雷实验。——译者注

是以太海洋里的漩涡而已。

另一个让人兴奋不已的概念是空间的隐藏维度。自古希腊人制定了几何规则以来，从来没有人严肃地质疑过"三维空间"这一常识。但在 19 世纪，数学家证明了用不同规则构建其他类型的几何是完全可能的。19 世纪 80 年代，法国数学家亨利·庞加莱（Henri Poincaré）开始推广这个观点，他认为现实在表象上的三维性可能不存在于宇宙本身，而是存在于我们对它的感知方式。正如柏拉图在几千年前所阐明的，也许我们所感知的宇宙，只是真实存在的残影。

艺术史学家琳达·达尔林普尔·亨德森（Linda Dalrymple Henderson）研究了现代艺术与科学的联系。她说，这些发现合力对传统现实观发动了一次全面攻击。物质不再是稳定不变的，空间不再是空无一物，而是充满了看不见的光线和波，可见与不可见、物质与能量、有形与无形，这些久已存在的界线被打破了。而至关重要的是，艺术家提出了一个宏大的问题：我们的感官，特别是眼睛所感知的世界是真实可靠的吗？亨德森说："人眼无法触及的无形领域是存在的，这不再是神秘主义或哲学臆想。"科学已经证明了这一点。

20 世纪初，庞加莱等数学家提出，我们可以通过同时想象物体的不同角度来表现第四个维度。毕加索和其他立体主义画家对这个想法大加赞赏，毕加索的朋友、诗人纪尧姆·阿波里奈（Guillaume Apollinaire）后来说这个想法是"现代画室语言"的一部分。其他画家，比如意大利未来主义（Futurism）先驱翁贝托·波丘尼（Umberto Boccioni），则从以太中获得灵感。未来主义是一个由立体主义发展而来的艺术运动，推崇现代机器的能量、暴力与力量。波丘尼对揭示物质本质的科学发现非常着迷，他在 1911 年写道："固体只是大气凝聚的产物。"他最著名的作品是 1912 年创作的《物质》（Materia），画的是他的母亲。画中，他的母亲溶为起伏的色彩和形状。亨德森说，这幅画将物体与环境融为一体，波丘尼通过这种前所未有的深度融合，旨在表现物质形成于以太并溶于以太的过程。

虽然毕加索和波丘尼的画法不同，但他们都接受了一种新的现实范式，即物质和空间可以相互转化，而且我们看到和接触到的三维物体并非如我们所见。正是他们的开创性绘画，促使马列维奇和他的朋友们创作了毁灭过去的歌剧《战胜太阳》。然而，在马列维奇这伙人之前，还有这样一位俄国画家——他痴迷于一个充满振动和波的宇宙，在探索这种新宇宙的过程中，他把立体主义和未来主义远远抛在了后面。

• • •

瓦西里·康定斯基（Wassily Kandinsky）是那种天生就能超越表象的人。"万事万物都在向我展示它们的面容、它们的内心，还有它们神秘的灵魂，"他曾写道，"诗人不仅歌颂繁星朗月、绿树红花，他们也歌颂烟灰缸里的一枚雪茄烟蒂，街道水坑里耐心仰视你的一粒白色的裤子纽扣，一只用强壮的下颚咬着一块柔顺的树皮穿过草丛的蚂蚁。"

康定斯基

康定斯基生于 1866 年，在今乌克兰敖德萨（Odessa）的一个上流社会家庭长大，父亲是西伯利亚的茶商，他的一位曾外祖母是蒙古公主。他痴迷于色彩，年轻时想象色彩是有生命的。1889 年，他以人种志学者的身份前往位于沃洛格达（Vologda）北部的偏远林区。那里时有萨满出没，人们仍然认为树是有灵魂的，当地的民间艺术令他感到震撼。他在日记中写道，身着传统服装的农民"就像颜色鲜亮、长着腿、会走路的活画"，他们的雕刻木屋装饰得琳琅满目，令人感觉置身在画中。

康定斯基毕业于莫斯科大学法律和经济学专业，1896年获得教授职位，职业前景一片光明，可他偏偏被另一个世界深深吸引。那年，他在莫斯科参观一个画展，平生第一次见识到莫奈的作品，其中包括《干草堆》（*Haystacks*）系列中的一幅。"展品目录告诉我，这画的是个草堆，"康定斯基后来回忆说，"但我看不出来。"起初，他因为莫奈画得不够清楚而感到痛心，但后来"我惊奇而又困惑地注意到，这幅画既让我难受，又在我的记忆中留下了不可磨灭的印象"。自此，他放弃了学术道路，登上列车，前往慕尼黑学习艺术。

康定斯基身材高大，衣着考究，戴着夹鼻眼镜，气宇轩昂，用一位历史学家的话说，他"俯视着宇宙"。他迅速掌握了各种艺术风格，从现实主义和印象主义，到更为大胆的表现主义（Expressionism）和野兽主义（Fauvism）。他笔下的场景扁平了许多，人物形象也基本无法辨认，可他还是不满意。他在理查德·瓦格纳（Richard Wagner）的歌剧《罗恩格林》（*Lohengrin*）中，看到缤纷的色彩在他眼前起舞；黄昏时分，他看到夕阳将莫斯科熔化成一个"如同狂野的大号般震颤世人心魂"的圆点。而此情此景，在他当时的作品中不见丝毫。他后来回忆说，大概是在1905年的一天傍晚，他走进工作室，看到墙边斜倚着一幅令人费解却"美到难以形容"的作品，它内里的光辉正是他梦寐以求的东西。他后来才发现，那是他自己的作品，不过转了九十度而已。"这回我明白了，具象破坏了我的作品。"

1909年，康定斯基在巴伐利亚南部的穆尔瑙（Murnau）定居，从此踏上了一条转型之路，并且最终成为现代艺术史上的一位伟大人物。当时，立体主义、表现主义画家正在与现实主义画家（他们视艺术为通向外部世界的窗户）渐行渐远，但正如美国艺术史学家唐纳德·库斯皮特（Donald Kuspit）所言，如果说立体主义和表现主义把这扇窗敲出了一道裂纹，那么康定斯基则将它彻底打碎。他是最早与视觉世界断绝关系的现代西方艺术家之一。

在接下来的几年，康定斯基开始创作一系列作品，题目通常都与音乐相关，比如《即兴演奏》（*Improvisations*）和《作曲》（*Compositions*）。这个系列的一些作品还隐约透着实物的影子，但其余的都是狂放不羁、自由挥洒之作，充斥着纵情翻滚、五颜六色的奇形怪状。几十年来，历史学家认为康定斯基的第一幅（或许也是现代西方艺术的第一幅）百分之百的非具象作品是 1910 年的一幅无题画，现称《第一幅抽象水彩画》（*First Abstract Watercolour*）。学者现在认为这幅画是康定斯基 1913 年的作品，但无论如何，库斯皮特等专家在这幅画中看到了康定斯基这一时期思想的巅峰。

这是一幅迷人的作品，既有尖锐的深色线条，也有大片的水彩晕染，既有浓烈的紫色，也有隐隐的绿色，所有颜色和形状看似被毫无章法地抛于画布之上，一眼看去，你不知道该看什么，也不知道该想什么，地点、时间、方向、尺度、因果，什么都没有。人们早已习惯将所见之物分门别类，然而跟《战胜太阳》一样，这幅画谢绝一切逻辑性解释。库斯皮特说，这幅画是"艺术迈向未知世界的一次飞跃"。严格地说，这幅画一点也不抽象，因为它不是从任何真人或实物衍生而来，康定斯基所展现的是一种全新的东西。

在这条路上，康定斯基还有同行者。捷克画家弗朗齐歇克·库普卡（Frantisek Kupka）、荷兰艺术家彼特·蒙德里安（Piet Mondrian）等人也开始创作非具象艺术。跟立体主义画家一样，他们也受到了科学宇宙观的影响。最令康定斯基震惊的是，科学家发现，作为物质基本结构的原子并非不可改变、不可分割。"在我的灵魂里，原子崩塌等同于整个世界崩塌，"他在 1913 年写道，"一切都变得缥缈不定，就算一块石头在我眼前溶解于稀薄的空气中，我也不会感到惊讶。"

康定斯基还被以太迷住了。波丘尼曾经试图把以太当作一种物质来描绘，但正如亨德森所说，"一种新型艺术传播"的潜力令康定斯基兴奋不已。不久前无线电报的发明使人们可以利用空气传播看不见的信息。英国物理学家威廉·克鲁克斯（William Crookes）和奥利弗·洛奇（Oliver Lodge），还有法国天文学家卡米耶·弗拉马里翁（Camille Flammarion）等德高望重的科学家预测，思想或许可以靠以太的振动传播。

这类想法自然而然激发了画家和作家的创作灵感。1905 年，英国哲学家和诗人爱德华·卡彭特（Edward Carpenter）说，大自然是"一个连接智慧与情感的无穷无尽的网络和通道"。1912 年，作家埃兹拉·庞德（Ezra Pound）称，诗歌"守望着新的情感、新的振动"，示意他们应该"以新的波长"写作。许多画家从广受欢迎的神智学会（Theosophical Society）了解到利用以太实现心灵感应的可能。神智学会于 1875 年在纽约创立，创始人之一是俄国移民海伦娜·布拉瓦茨基（Helena Blavatsky），她借鉴古代哲学和东方宗教，认为宇宙起源于一位神圣的造物主，并且将以太解释为一种"世界灵魂"。20 世纪初，神智学家安妮·贝赞特（Annie Besant）和查尔斯·利德比特（Charles Leadbeater）、德国的鲁道夫·施泰纳（Rudolf Steiner）认为，振动的以太光环围绕着我们，代表着我们的思想和情感状态。

1909 年，康定斯基加入神智学会（库普卡和蒙德里安也是成员）。他参加了施泰纳在德国的讲座，并且收罗了不少神智学书籍，比如贝赞特和利德比特 1901 年的著作《思想之形》（*Thought Forms*），书中的插图展现了精神状态的假想外观——彩云、圆锥、触角、星暴——与"一场街头事故""跟一个朋友会面"等情境之间的联系。康定斯基在自己的一些作品中使用了相似的形状，但他所描绘的不仅仅是思想。

他认为宇宙万般，无论是"一场雷雨、J. S. 巴赫、恐惧、一次天文事件"，都有他称为"内音"的灵魂或者说生命力。他希望自己的作品不是描摹事物的表象，而是直接传递内音，从而令事物在观看者的灵魂中引起共鸣，就像一根振动的琴弦引诱另一根弦发出共鸣的音调，或是一根电线杆将信息传送到大海对面的发射器。最终，他形成了自己的一套话语，剖析出颜色和形状的情感效果，比如黄色具有攻击性，蓝色是平静的。他确信自己正在揭示"宇宙法则"。

从康定斯基 1912 年《论艺术的精神》（*On the Spiritual in Art*）一书中，我们可以清楚地看到，他将这份努力视为一次拯救人类的使命。他警告说"唯物主义思想的噩梦……拿宇宙开了一个邪恶而虚妄的玩笑"。科学最初只是探索客观物质世界的一种方式，但随着宗教的衰落和实证主义的兴起，科学的力量已经扩展到整个存在，外部现实是唯一的现实，客观的科学知识成了唯一的知识。他引用了德国著名病理学家鲁道夫·菲尔绍（Rudolf Virchow）的一句话：我解剖过几千具尸体，但从未见过一个灵魂。"在这个物质被神化的时代，"康定斯基抱怨道，"人们只承认物质，即'眼睛'所能看到的东西，灵魂理所当然被抛弃。"但他坚持认为，灵魂"只能通过情感来识别"。

在康定斯基和许多同行的眼里，灵魂被放逐后，只剩下一个枯燥的数学宇宙，他们无法接受这样的宇宙。"世界发出声响，"他写道，"宇宙充满具有灵性情感的生物，死物质亦是活灵魂。"他试图把实物从艺术中移除出去，从而证明宇宙中除了这个可测量的物质世界，还有别的东西。最终，他想要扭转人们的现实观，改变活着的意义，彰显存在的真实本质不在于外部世界，而在于人们对它的体验。"艺术不是现实的替代品，它就是现实，"库斯皮特说，"康定斯基是第一个明确表达这种观点的人。"

抽象艺术的诞生是西方艺术的一个关键时刻。现在让我们再回到俄国。未来立体主义艺术家马列维奇在完成《战胜太阳》之后，又有了新动作。在接下来的几年里，他也在奋力描绘宇宙的真实本质，而跟他的作品比起来，康定斯基的作品可谓平淡无奇。

• • •

与康定斯基不同的是，卡济米尔·马列维奇从小远离文化中心，没有条件接受良好的教育，五个兄弟姐妹都夭折了，他能活下来实属老天眷顾。1878 年，马列维奇出生在乌克兰，双亲讲波兰语，父亲在甜菜厂工作，带着一家人从一个村庄搬到另一个村庄。后来，年轻的马列维奇来到莫斯科上艺术学校（虽然一开始没有被录取）。1905年，也就是康定斯基思考那幅躺着放的画为何如此美丽的那年，面对一场席卷俄国的暴力起义，马列维奇加入了示威者的行列。短短十二年后，沙皇被推翻了。

1907 年，马列维奇已经成为俄国先锋艺术的核心人物。他的作品受到了立体主义和未来主义的影响，但他认为，这两个艺术流派在打破旧例上不够彻底。1913 年的《战胜太阳》是他的第一份重要声明。1914 年 2 月，他去参加莫斯科理工博物馆的辩论，他和他的朋友、画家阿列克谢·莫尔古诺夫（Aleksei Morgunov）把木勺别在了翻领上。马列维奇在发言中公开"拒绝理性"，莫尔古诺夫侮辱另一位发言者，说对方"是个惹人厌恶的傻帽儿"。为了避免双方大打出手，主持人迅速结束了这场辩论。

马列维奇后来解释说，他不但要摧毁艺术传统，还要将现代思想的大厦夷为平地。理性注重逻辑和因果，而他认为理性与其说是追求真理，还不如说是被狭隘思想和文化习俗裹挟着前行，毕竟从历史上看，靠理性得来的定律无一长久，它们不断被新的定律所取代。墨守成规令人们把潜在的新思想拒之门外，阻碍人们真正了解世界。"理性把艺术关在一个四方盒子里，"他写道，"趁现在，赶紧跑。"

但怎样攻击理性呢？那只能用荒谬和不合逻辑来打破惯例，攻击禁忌。在木勺宣言之后，马列维奇发展了一种他称之为"非逻辑主义"（Alogism）的艺术风格。他创作文理不通的诗歌，在绘画中杂乱无章地排列形象和物体，俄罗斯艺术史学家亚历山德拉·沙茨基赫（Aleksandra Shatskikh）称他的这种画法为"碰撞式摘录"。他这段时期的巅峰之作是《奶牛与小提琴》（*Cow and Violin*），创作于 1915 年初，画在一块旧的书架搁板上。沙茨基赫说，在当时，任何一位观看者"都会得出一个结论，那就是他的理性是无法理解的"。

但是，马列维奇的画作出现了一些奇怪的变化。他在 1914 年3 月的一封信中说："平面自我显露。"他的创作基础是对常见物体（或代表物体的标记或符号）进行非理性排列，但后来，平面形状和色块开始侵入。沙茨基赫说，"奇妙的几何图形从深渊中浮现"，成为马列维奇杂乱指代这个可见世界的主要手段。那年，马列维奇创作了一幅拼贴画，从一堆白色、黑色、蓝色和粉色的长方形和三角形中，露出一幅残缺的《蒙娜丽莎》。他把这幅画描述为"偏食"。

1915 年春天，偏食变成了全食。[①] 当时，马列维奇正在一块杂色

---

① 跟康定斯基一样，马列维奇试图追溯他的突破从何而来。他立即把一份《黑方块》素描稿发给了马秋申，当时马秋申正准备再版《战胜太阳》的原始设计图和原稿。马列维奇在信中谎称这幅画是为 1913 年的《战胜太阳》而作，只是当时被忽略了。事实上，历史学家被愚弄了几十年，现在一致认为《黑方块》创作于1915 年 6 月。

的几何画布上作画，突然，他停下笔，冲过去往画布上涂抹颜料。沙茨基赫研究了马列维奇的职业生涯，他得出结论说，马列维奇当时被一个突如其来的灵感或者说"狂喜的光明"占据了。马列维奇回忆说，当他涂抹颜料的时候，他看到"一道道炽热的闪电"劈过画布。更重要的是，他的指纹在颜料中清晰可见。沙茨基赫说，他涂抹得飞快，"比他用笔画"还要快。最后，在白色的背景中……只有一个巨大的、神秘的、空洞的黑方块。

马列维奇的一个学生回忆说，马列维奇为《黑方块》（*Black Square*）的意义倾倒，"整整一周不吃不喝，不眠不休"。他不是放弃了可见的表象，而是放弃了一切。他把《黑方块》称为"形的原点"（Zero of Form）。尽管现代艺术接连出现实验与创新，但人们从未见过如此出格的作品。一位评论家称这幅画是"一次极端的艺术与哲学行为"。马列维奇说，他"在自己身上感受到了黑夜，在这片黑夜当中，他看到了新事物"。

1915 年 12 月，《黑方块》在彼得格勒[①]首次参展。展览的主题是"最后的未来主义绘画展 0.10"，现被视为 20 世纪最重要的艺术事件之一。《黑方块》高挂于展厅一角，若是在东正教基督徒的家中，这个位置通常摆放着宗教偶像。一位愤怒的评论家讽刺地评论道："毫无疑问，这正是未来主义先生们拿来取代圣母玛利亚和黄铜维纳斯的'偶像'。"批评家说，他们在《黑方块》中只看到了"虚无与破坏"。无论如何，黑方块的确变成了一个偶像，一个震撼人心的现代艺术形象。

---

① 圣彼得堡于 1914 年更名为彼得格勒（Petrograd），1924 年改名为列宁格勒（Leningrad），最终于 1991 年又改回圣彼得堡。

《黑方块》

　　非逻辑主义是对旧例的攻击，而现在，马列维奇准备创立一个全新的艺术流派，他称其为"至上主义"（Suprematism）。他在白色背景上画出鲜明的彩色形状，比如一个坚毅的黑色十字架，一个欢快的黄色梯形，一个神气活现的红方块冲出白色背景，一些排列复杂的彩条和彩色长方形看似摆脱重力，冲向太空。最后，他抛弃了物质表象，力图创造一种新的现实——《战胜太阳》所呈现的超验未来。他把空白的背景形容为"白色的深渊"，不是通过在画布上留白实现，而是涂满了白色颜料，以创造出一种深不可测、令人矛盾的纵深感。马列维奇的同辈至上主义者埃尔·利西茨基（El Lissitzky）认为，这种纵深感不是用线性透视法营造出来的符合逻辑的三维空间，而是"非理性空间的终极幻觉"；它既是平面的，又是无限的。与此同时，马列维奇的形状还蕴含着矛盾和能量，它们似乎在一种宇宙均衡中保持和谐。他想知道，"在世界上，在太空中，是否有这样的东西……在我看来是有的，但我们不知道它们的存在"。1916年4月，他提到了《第51号至上主义作品》（*Supremus No. 51*，已失传）的创作过程。他说："敬畏感将我淹没，我感到了宇宙的触摸。"像康定斯基一样，马列维奇觉得他正在揭示普遍的、业已存在的形与法则。

沙茨基赫把马列维奇的顿悟归功于直觉，称这是一次单枪匹马的"飞跃"，但亨德森认为，马列维奇跟他的同辈人没什么不同，他也是在回应那些有关宇宙本质的新观点，特别是空间中可能存在的第四个维度。立体主义画家通过糅合不同的角度将第四维形象化，但其实还有一种方法也可以体现第四维，那就是截面或切片。1913年，美国建筑师克劳德·布拉格登（Claude Bragdon）在畅销书《高维空间入门》（*A Primer of Higher Space*）中，用一些图表展示了一些方法，可以把从各种角度穿过平面的立方体表现为不同的二维形状。他提出，我们可以用同样的方法，将三维物体想象为四维形状的截面或切片。

这已经超出了几何学的范畴。包括布拉格登在内的许多作家都给第四维赋予了哲学或精神意义，认为只有将四维空间形象化，我们才能感知现实的真实本质。布拉格登发表了一篇寓言，说有一个种族，把自己看成是二维截面，而不知道自己其实是更高维的、立体的存在。"新的地平线就此开启，"另一位声名大噪的作家查尔斯·欣顿（Charles Hinton）写道，"空间并非我们最初所想的那样有限。"

亨德森认为，马列维奇的至上主义多边形至少在一定程度上受到了欣顿和布拉格登等作家，还有俄罗斯数学家、神秘主义者彼得·乌斯宾斯基（Peter Ouspensky）的启发。乌斯宾斯基呼吁画家把大众与更高的维度联通起来："画家……必须有能力让别人看到只有他能看见的东西。"这可以解释马列维奇给他的画所起的一些名字，比如他给那个不屈不挠的红方块取名《二维农妇的绘画现实主义》(*Painterly Realism of a Peasant Woman in Two Dimensions*)。还有一幅作品，画着许多重叠在一起的图形，他取名为《一个足球运动员的绘画现实主义：第四维中的色块》(*Painterly Realism of a Football Player: Colour Masses in the Fourth Dimension*)。

正如托马斯·潘恩在巴黎等待被捕时急于完成《理性时代》一样，马列维奇加速创作，不顾一切地传播他对高维现实的憧憬。1914年8月，俄国参加了第一次世界大战，最终损失惨重，一百多万名战士在东线阵亡。将近不惑之年的马列维奇知道，他随时都有可能被征召入伍。"当我这一身骨头倒在地上的时候，"他说，"我不想顷刻化为乌有。"

1916年7月，马列维奇告别画布，应征入伍，他被派往克里维奇（Krivichi）和斯摩棱斯克（Smolensk）。他久久盼望的人民革命终于来了。1917年2月，尼古拉斯二世（Nicholas II）被迫退位。10月，弗拉基米尔·列宁的布尔什维克党夺取政权。然而，摆脱了世界大战的俄国，又掉进了内战的深渊，几百万人在内战中丧生。马列维奇急切地加入了新政权，他的作品在这一时期发生了变化。1917年底，他展示了一些画着色块的画布，色彩从一侧的生动明快，渐渐向另一侧过渡为空白虚无。马列维奇说，这是因为色块运动速度惊人，以至于它们溶解在了空间里。然后，他开始画一些几乎无法分辨、溶于无限白色深渊的白色形状。他说："宇宙即溶解。"他甚至将心心念念的高维现实抛在脑后。

1918年中，马列维奇创作了他的第二幅名画《白底上的白方块》(*White on White*)。在不合理的白色空间里，只有一个向上飞升的白方块。后来的发展是不可避免的。1920年3月，马列维奇的首场个人画展在莫斯科举行，画展的尽头正是这幅《白底上的白方块》和一屋子令人毛骨悚然的白画布。就这样，有关内容与差别的最后一丝痕迹也被抹去了。现当代艺术中有许多空白或单色作品［罗伯特·雷曼（Robert Ryman）的一幅全白色作品在 2015 年以 2 000 万美元的价格售出］，但马列维奇是第一个这样画的人。

看到这样的作品，评论家们目瞪口呆，不知该作何评价，他们甚至在评论中根本没有提及那一屋子的白画布。马列维奇的朋友们认为这场画展是个笑话，但马列维奇不肯罢休。在随后一场画展中，他在一块空白画布上画了一个等式——"0 ＝一切"，然后说他画完了。沙茨基赫说，马列维奇试图传达超验（transcendence）的精神状态，也就是当所有的割离与差异彻底溶解时，你会感到神秘主义所宣扬的那种与宇宙融为一体的狂喜。

1917 年 11 月，马列维奇写道："又到了夏天，我待在我的房间里，坐在画架旁，我的彩色头脑中挂着刺刀，我思索着空间中那个宏伟的我，毕竟里面只有我一个人。我看到了空间中的自己，藏在彩色的点和线条中，跟随它们向深渊移动……我宣布我自己是空间的主席。"还有一次，他把整个宇宙——"流星、太阳、彗星和行星无休止地奔腾于其中"——与人类的头骨画上等号。你可以说，他是在脑海中穿梭宇宙，并且试图通过艺术表现他所发掘的这个无边无际、无法测量的非理性空间。"如果所有画家都能看到这些天空路径的十字路口，如果他们能理解这些巨大的跑道，知道我们的身体与天空中的云朵交织在一起，"他说，"他们就不会去画菊花了。"

就是这样一句话，抹去了几百年来科学在客观与主观、外部宇宙与我们内心之间细致勾勒出来的界线。在某种意义上，他回到了萨满的神秘精神状态。"我是一切的开始，"他说，"因为世界是在我的意识中被创造出来的。"康定斯基在他周围的一切事物中看到了生命或者说精神，而在马列维奇看来，现实的本真根本就不存在，整个宇宙都在我们的内心。

• • •

登上至上主义的巅峰之后，马列维奇就不再对理性发动"木勺式"攻击了，但后来，其他艺术家继续打破人类社会的规则与范例，开创了一番新天地。其中一位是马塞尔·杜尚，他不厌其烦地攻击科学宇宙观，并且说他想"把物理定律拉伸到极限"。1914 年，他把三根 1 米长的线扔到画布上，然后沿着三根线落在画布上的形状切割出三根木条，从而创造了"一个基于偶然性的、新的度量标准"。[①]1921 年，他把头发剃成一颗彗星的形状，在巴黎街头跑出一条不规则的轨迹。

杜尚的作品激发了 20 世纪的一场重要的艺术运动——拥抱非理性和荒谬的超现实主义（Surrealism）。超现实主义创始人之一、诗人安德烈·布勒东（André Breton）在 1924 年抱怨说，实证主义扼杀了智力与道德的进步，"经验……在笼子里来回踱步，把它从笼子里放出来，这件事变得越来越困难"。超现实主义者的目标是利用潜意识和偶然性来释放想象力，挣脱理性思维和惯例的束缚。

但即便如此，他们还是忍不住对科学的最新发现做出反应。作为第一部超现实主义文学作品，布勒东与人合著的《磁场》（*Les Champs magnétiques*）一书非同小可。这本书意在捕捉潜意识中梦幻般、未经过滤的声音，里面充斥着怪诞的场景和冲突的形象。其中一段这样写道，"聪明人"去一个遥远的地方，"在血迹斑斑、卵石遍布的海滩上，你可以听到星星温柔的低语"，聪明人在那儿发现了"一些被埋葬的太阳"。这个章节取名"日食"，正是写于英国天文学家前

---

① 这件作品名为《三个标准的终止》（*Three Standard Stoppages*）。——译者注

往巴西索布拉尔（Sobral）和西非普林西比（Príncipe）岛观测 1919 年 5 月 29 日的日食之际。这批天文学家的任务是测量日食期间星光的偏折，首席科学家阿瑟·埃丁顿（Arthur Eddington）说他们要"给光称重"，怪不得超现实主义者布勒东被迷住了。现在，轮到科学家们离开常识的舒适区，进入他们难以想象的陌生领域。

在经典物理学描述的宇宙中，物体存在于其中，所有事件都发生在一个固定的、绝对的时空网格中。这种方法非常成功地描述了地球上的日常事件，以至到 19 世纪末，一些物理学家认为，物理学已经走到尽头，再没什么好研究的了。后来，在伯尔尼瑞士专利局工作的阿尔伯特·爱因斯坦问自己：如果你在这样一个宇宙中以光速运动，会发生什么？他的答案是，对于这样一个观察者来说，与他同向行进的光线看起来是静止的。然而，根据坚如磐石的麦克斯韦方程组，这种情况是不可能的，因为光总是以相同的速度传播。

于是，爱因斯坦假设，不管观察者的运动速度有多快，对所有人而言，光速都必然保持恒定。他由此得出了一个令人难以置信的结论——空间和时间会根据你的视角变化。1905 年，爱因斯坦发表了狭义相对论。对于速度达到光速一定百分比的运动物体，爱因斯坦的数学运算描述了一个奇怪的领域，在那里，不同观察者眼中的时间以不同的速度流动，而且空间是可以膨胀和收缩的。爱因斯坦的方程意味着：空间和时间不是分离的，而是交织在一起；第四维不是空间，而是时间；根据著名的 $E = mc^2$，质量和能量可以相互转化。

后来，爱因斯坦进一步延伸了他的想法，将引力纳入其中并得出结论：引力相当于加速度，太阳这样的大质量天体会把天体拉向它们，因为大质量天体扭曲了时空。1915 年 11 月，爱因斯坦提出了激进的广义相对论，但起初只在很小的专家圈子里流传。巨大的考验来自日食观测者。

爱因斯坦预言，由于太阳使其周围的空间弯曲，任何经过它的光线都会被弯折，不再保持一条直线。若果真如此，那么当太阳出现在遥远恒星所在的同一片天空时，遥远恒星的位置应该发生轻微的偏移，因为它们发出的光会偏离原始轨迹。近日恒星通常是不可见的，但在日食期间，当太阳光被遮住时，我们便可以测量这些恒星的位置。1919 年 11 月，埃丁顿在伦敦宣布了观测结果——数据是模棱两可的。这没关系，第二天《泰晤士报》的头条赫然写着"科学革命：颠覆牛顿思想的宇宙新论"。

爱因斯坦将物理学带进了一个新时代。以太和空间的第四维（至少 19 世纪时人们是这样认为的），连同绝对时间和绝对空间，一并退出历史舞台。从此以后，宇宙变成了相对的。物理学家第一次发现，原来没有唯一的真理，我们所感知的宇宙在很大程度上取决于我们如何去观察它。

新发现接连不断。相对论可以解释浩瀚的太空，可是在原子和亚原子尺度上，物理学家又碰到了难题。自 19 世纪初以来，人们认为光以波的形式传播。如果让光通过一道狭缝，它会像水波一样扩散开来，同时与附近狭缝透过的光叠加起来，产生带有波峰和波谷的干涉图案。但从 1900 年开始，物理学家发现，要合理解释一些基础观察的结果，比如热物体发出的辐射图案，只能假设原子释放能量是不连续的，而是以离散包或者说"量子"的形式释放。显然，光不是波，而是由被称为"光子"的粒子组成。

1913 年，丹麦物理学家尼尔斯·玻尔（Niels Bohr）将粒子论应用于原子结构。在他之前的最新原子模型中，电子环绕原子核运行，宛如太阳系行星围绕太阳转动一样。对此，玻尔补充说，电子只能在特定轨道（与特定能级对应）上运行，当电子在不同能级之间跃迁时，会吸收或释放具有不同频率（即不同能量）的光子。玻尔的原子模型最终回答了夫琅和费、本生和基尔霍夫都没能回答的问题——为什么不同元素的气体会发射和吸收特定的谱线。但是，能量禁区的概念（即电子以一种状态消失，再以另一种状态瞬间出现）将经典现实模型敲出了一道裂痕。

这道裂痕变得越来越大。到了 20 世纪 20 年代，不单是光，所有辐射和亚原子粒子都同时显露出粒子和波的特征，至于它们到底是波还是粒子，要取决于观察者何时观察、如何观察。在讨论极其微小的量子世界时，轨道、位置、速度等看似坚如磐石的概念逐渐崩塌。包括玻尔、维尔纳·海森堡（Werner Heisenberg）和马克斯·玻恩（Max Born）在内的物理学家对这些反直觉的结果进行了数学描述，并且由此得出一个连超现实主义者都会认为极端的结论：除非去测量，否则我们所观察到的粒子在任何常规意义上都不存在。波不是物质或辐射，而是概率；它描述的不是粒子的位置，而是在我们决定观察的那一刻，粒子可能出现的位置。

量子力学[①]诞生了。它告诉我们，在亚原子尺度上，我们的认知有着根本的局限。例如，我们无法同时准确测量粒子的位置和动量。而且，我们永远无法百分之百预知测量的具体结果，我们只能预测不同结果出现的可能性。根据经典物理学和常识，如果你重复相同的测量，你会得到相同的结果，但在量子力学中，每次测量的结果都是不同的。

这些思想带有深远的哲学意义。首先，被测量的粒子与测量行为本身无法分离，这立即引发了物理学家关于外部现实，乃至意识是否与此相关的激烈辩论。这场辩论今天仍在继续（见第十二章）。爱因斯坦这样的传统主义者始终坚守一个独立于物理学家和实验的客观现实，而沃尔夫冈·泡利和埃尔温·薛定谔怀疑我们所感知的现实由我

---

① 又称量子论、量子物理学。——译者注

们自己创造，并且认为无论如何，量子力学必须找到一种方法将人类的意识吸纳进来。

其次，新理论打破了现实终归是可知、可预测、遵循因果链的教条。自牛顿开始，科学家一直认为，如果能够收集到有关一个系统的足够信息（甚至是全宇宙的信息），那么理论上，他们就能彻底理解这个系统并推断它的未来。量子力学的诞生使这种信念显得迂腐过时。量子力学告诉我们，我们的观测结果是概率的统计学相加。这在日常尺度上给我们造成了一种幻觉，仿佛这个世界如同齿轮机械般遵循因果律，但或许并非一切皆有定数。看起来，现实的本质是模糊性，万事万物都是我们永远无法了解的偶然创造。

本章与探索人类星空观的主题偏离得有些远，但本章提到的艺术家和物理学家是我们此番讨论的关键人物，他们在以其他方式探索现实的过程中，也在试图弄清宇宙的本质。他们超越了观星行为，径直奔向星星点点背后的真相。他们反对几十年前貌似不可撼动的确定性和清晰性，到第二次世界大战之时已经改变了宇宙的本质。

我们在后面的章节会谈到，几百年来，人类致力于精心构建一个独立的外部现实，这份愿景，人类不会轻易放弃。然而，在人类喷薄而出的创造力当中，孕育着叛逆的种子。这些种子一旦萌芽，便无法扼杀，直到今天仍是我们关注的焦点。艺术家用情感和直觉解构遵循逻辑的三维空间，攻击我们的感官极限，探索人类的主观意识。不同于艺术家，物理学家依靠的是数学与理性，但即使是他们，也被迫把常识抛在脑后，展露出一个异样的宇宙——它像未来立体主义歌剧一样不可预测、自相矛盾，它在最大和最小的尺度上，既与我们自身的经验交织在一起，又远远超越了我们所感知的现实。

     · · ·

  马列维奇总是先行一步。在常识宇宙摇摇欲坠之际，他又独辟蹊径。俄国内战造成食物和燃料极度短缺，他在莫斯科的日子越发困苦。1919 年 11 月，他搬到白俄罗斯维捷布斯克（Vitebsk），在画家马克·夏加尔（Marc Chagall）领导的一所美术学校任教。

  不久，夏加尔就被排挤出去了，这所学校也成了至上主义的据点。在生命的这个阶段，马列维奇醉心于天文学，他总是随身带着一个袖珍望远镜，每每花上几个小时背诵星空图。也许是内心之旅让他心有所感，他总是梦想着逃离这个物质世界。不久前，俄国先驱工程师康斯坦丁·齐奥尔科夫斯基（Konstantin Tsiolkovsky）计算出如何用液氧和液氢火箭将航天器送入太空。受他影响，马列维奇在 1920 年预言了一种未来，在那里，至上主义机器在地球和月球之间来回穿梭。他用一个俄语词称呼这些机器——"sputnik"，意为"旅伴"。

  马列维奇不再画画，而是开始绘制几何建筑模型（architecton），其中包括他为旋转太空城设计的住宅模型。他对太空旅行的热情感染了他的同事和学生。埃尔·利西茨基出版了一本儿童绘本，讲的是两个宇宙方块访问地球后呼啸而去。伊利亚·恰什尼克（Ilya Chashnik）1925 年的作品《黑色表面上的红圆圈》（*Red Circle on Black Surface*）展现了这样一幅图景：在漆黑的太空中，一颗孤零零的卫星绕着一个红色球体运行。画面如此逼真，你很难相信这幅画比人类的首次太空旅行早几十年之久。

  马列维奇激发的想象最终使他的祖国在太空竞赛中击败了美国。1957 年 10 月，世界首颗人造卫星"伴侣 1 号"（Sputnik 1）发射升空。然而，新的政治气候对他的艺术并不友好。1922 年，苏联成立，苏共加紧压制所有社会领域，艺术自然不能幸免。列宁的继任者约瑟夫·斯大林上台后，苏联政权只允许画家创作正面描绘苏联生活的严肃作品，这种风格被称为"社会主义现实主义"（Socialist Realism）。马列维奇搬到了彼得格勒[①]，想要寻求一个更自由的创作环境。可惜1926年，一家苏共报纸称他的研究院[②]是一间"由政府资助的修道院"，充斥着"反革命说教和艺术家式的放纵淫逸"。

马列维奇的艺术创作和教学活动都受到了限制，许多作品被查抄。1930年，他以国家敌人的罪名入狱。这位曾经的远见卓识者变得穷困潦倒，被迫回归现实主义，只画农民和家人，他希望这样的作品是在政治容许的范围之内。他从没有放弃在作品中夹带至上主义元素。在1933年《最后的自画像》（Final Self-Portrait）中，他把自己画成了一个文艺复兴画家，署名是一个黑方块。

1935年5月，马列维奇死于癌症。他本想回西方治病，但他的请求被拒绝了。他还希望在自己的墓上建一个几何建筑模型，再装一架望远镜，供人观赏木星，可惜这个愿望同样没有实现。他的墓碑是一个白色立方体，上面画着一个巨大的黑方块。我喜欢把这个标记看作马列维奇的毕生追求——一个通往宇宙的门户。从这里，马列维奇终于离开了地球，归于无限之境。

---

① 这是在1922年，彼得格勒还没有改名为列宁格勒。——译者注
② 指1924年马列维奇组建的国家艺术史研究院。——译者注

第十章

生命

1954 年 2 月，美国生物学家弗兰克·布朗（Frank Brown）取得了一项发现。它是如此惊世骇俗、神秘莫测，以至他的同辈人不得不将它从历史中完全抹去。

　　布朗从康涅狄格州纽黑文（New Haven）附近的海床挖出了一批大西洋牡蛎，并将它们运到千里之外、坐落于伊利诺伊州埃文斯顿（Evanston）的西北大学。布朗把它们放进密闭暗室的盐水锅里，确保它们感受不到任何温度、压力、水流或光照的变化。通常情况下，牡蛎跟随潮汐涨落摄食，张开贝壳时过滤海水中的浮游生物和藻类，合拢时休息，而布朗已经证实，牡蛎在每天的两次满潮[①]时最为活跃。他对牡蛎的这种计时能力很感兴趣，于是设计了一项实验，来测试这些牡蛎在远离海洋，得不到任何潮汐信息的情况下，是否还能保持正常的摄食节律。

　　最初的两个星期，这些牡蛎行为如常，每天摄食活动的高峰都比

---

① 满潮（high tide），又称高潮，指一个潮汐涨落周期内海面升到最高的潮位，与后文的干潮（low tide）相对。——译者注

前一天推后 50 分钟，也就是与纽黑文海滩老家的潮汐同步。牡蛎能够准确计时，这本身就是一项令人印象深刻的发现，但是后来又发生了一些意想不到的事情，永远改变了布朗的生活。

这些牡蛎的摄食时间逐渐后移。又过了两个星期，一个稳定的周期出现了，但整体比纽黑文的潮汐晚 3 小时，这令布朗感到迷惑不解。后来，他查阅了天文年鉴才恍然大悟。原来，每当月球升到天空最高点或降到地平线下最低点时，它对地球海洋的引力最大，于是形成满潮。布朗意识到，这些牡蛎已经根据当前地点的月球状态修正了摄食时间，不再跟随东岸的涌浪，而是在埃文斯顿经历满潮时（假设埃文斯顿靠海）摄食。布朗明明已经把它们与所有明显的环境线索隔绝开来，但不知道怎么回事，它们还是能跟上月球的变化。

布朗的这项实验最终变得臭名昭著，实验结果也成为生物学史上最大的争议之一。当时，科学家刚刚意识到，生命过程会随着环境周期（比如一天中的时刻）的变化而变化。在这个领域，其他重要人物都确信，生物的活动周期归根结底是由生物体内的生物钟调控的，只有布朗坚持认为，生物与神秘的宇宙信号有联系，这令他备受鄙视。布朗不仅是在挑战生物计时的本质，他的观点还反映了一种更深层的哲学分歧，即包括人类在内的生物与地球以及广袤的宇宙之间究竟有着何样的关系——我们是自主且自动的机器吗？还是说，生命与地球、太阳、月球乃至恒星始终保持着恒定而又不易察觉的交流？

布朗最终一败涂地，几十年的研究成果被认定是有缺陷的，根本不值一提。传统科学报道鲜少提及他，即使提及也是拿他当作反例，告诫人们莫要偏离常识。时间生物学（chronobiology）从此大放异彩。人们发现，生物体内有一个复杂的分子齿轮网络，它可以在细胞层面计时，赋予地球上几乎所有生物预测太阳周日运动和季节运动的能力。

但在生物钟的内核，还有一个人类尚无法解释的根本奥秘。昭示着布朗当年可能确实有所发现的细小证据不断涌现，迅速汇聚成一场滔天洪水。

• • •

早在几千年前，人类就知晓地球生命的活动跟随太阳的每日运动。人们日出而作，日落而息，花开花落取决于一天中的时刻，鸟儿鸣叫预示天将破晓。关于生物昼夜周期的最早记录来自亚历山大大帝的一名海军指挥官——萨索斯岛的安德罗斯提尼（Androsthenes of Thasos），他在公元前 4 世纪描述了泰洛斯（Tylos，今巴林）罗望子树叶昼开夜合的现象。相关的科学研究始于 1729 年，当时法国天文学家让-雅克·道图·德迈朗（Jean-Jacques d'Ortous de Mairan）指出，一种"敏感"植物（可能是含羞草）即使处在黑暗中也会每天张开叶子。人们通常认为，这些昼夜周期是植物对温度、光照等环境信号的被动反应，就连德迈朗也得出结论说，他的植物必定能够"不见太阳而感知太阳"。1832 年，瑞士植物学家奥古斯丁·德康多勒（Augustin de Candolle）首次提出，含羞草等植物的睡眠—觉醒运动可能由一个内部计时器控制。

到 20 世纪上半叶，人们依然无法接受植物等简单有机体内含有精确时钟的可能性。事实上，就连要不要研究这种可能性，科学界都无法达成共识。当时，自然界正面临一场更宏大的转变。我们在第九章讲到，在 19 世纪末，人们一度狂热地追捧"无处不在"的以太和放射性等发现，认为在我们日常感知的常识事件之外，暗藏着另一个高度连通的现实。读心术、透视术之类的话题不但在公众中很有市场，甚至成了正经的科学课题，颇得一些德高望重的物理学家的重视。但没过多久，物理学家就得出结论说以太并不存在。在一连串令人难堪的失败面前，科学家痛苦地意识到，偏见是多么容易把我们引入歧途。

例如，1903 年关于"N 射线"的首次报道令科学界眼前一亮，一时间出现了数百篇讨论这种新型射线的物理学论文，但第二年，科学家就证明"N 射线"完全是子虚乌有。几十年来，心灵感应研究没有取得任何令人信服的发现，从通灵到精灵，各式各样的神秘现象不过是骗局。在动物行为研究史上，有一个很有影响的逸事。世界名马"聪明的汉斯"似乎能通过敲击蹄子回答问题和做加法，但在 1907 年，人们发现，"聪明的汉斯"只是对主人的无意识暗示做出反应而已。神秘的能力和力量曾让学者们如痴如醉，但到了 20 世纪 20 年代和 30 年代，尤其在美国，质疑声四起，而生物的计时能力便在被质疑的行列中。

尽管如此，布朗从职业生涯早期开始就迷恋生物节律。他生于 1908 年，在缅因州的海滨小镇马基雅斯波特（Machiasport）长大，业余时间经常打猎、出海、钓鱼。在缅因州的海边，他可以看到地球上最大的潮汐，五花八门的生物附着在蜿蜒的海岸线上，令他大为着迷。1929 年，他到哈佛大学攻读博士学位，专门研究大西洋招潮蟹的颜色变化。

招潮蟹的皮肤在日出前后变暗，这既有利于躲避捕食者，又可以避免内脏被阳光晒伤。等到日落时，招潮蟹的皮肤会褪色，直到通体变成一种苍白的银灰色。布朗对招潮蟹的变色机制很感兴趣，但他在不同时刻得出的结果差异很大。他不由怀疑，即使在实验室的受控条件下，招潮蟹同样会遵循 24 小时的昼夜周期改变身体颜色。

1934 年夏天，布朗的兴趣变得越发浓厚。那是他在哈佛读博的最后一个夏天，他到百慕大的一个海洋研究站进行为期六周的研究。

他每晚都坐在实验室的木头防波堤上，用手电筒照着海面，观察蜂拥而来的海洋动物。很快，他就认识了不少本地物种，比如海龙、鲹、小海龟、鳗鱼。在一个没有月亮的夜晚，他又去观察海洋动物，十点钟左右，突然游来一大群他从未见过的半透明小虾。

这群小虾来去匆匆，等到布朗再次见到虾群的时候，已经过了一个月，恰好是新月升起之前。布朗抓了几只送到大英博物馆的一位专家那儿。专家确认，这种虾是安提瓜拟贝隐虾[①]，属罕见物种，博物馆里也只有一件标本。随后的研究显示，虾群出现的时间只有一两个小时，恰好在午夜新月升起的前夕。[②] 回到美国后，布朗获得了伊利诺伊大学的一个研究职位。他知道自己想研究什么——安提瓜拟贝隐虾和招潮蟹为什么会有这些周期活动？

拿着暑假教书的报酬和从兄弟那儿借来的钱，布朗买了辆二手车，然后一路向西，奔向伊利诺伊州的新生活。出发前，哈佛大学一位年长的同事劝他说，如果他还拿自己的职业生涯当回事，就千万不要碰生物节律这个名声欠佳的课题。这话他听进去了，在伊利诺伊大学任职期间，他一直研究体面的课题，比如鱼的色觉。1949年，西北大学聘请他做教授，这回他拿到了终身教职的铁饭碗，终于可以放心地回到生物节律问题上了。

布朗再次把目光投向招潮蟹。根据这回的研究结果，即使在恒定的光照和温度下，招潮蟹依然会每天跟随老家海滩的状况改变身体颜色。他还可以在不同时刻将招潮蟹暴露在光照下，从而改变相位，追

---

① 拉丁学名 *Anchistioides antiguensis*，暂无中文学名，此处译名由拉丁学名直译。——译者注

② 布朗和他的同事发现了两个每月洄游一次的虾群，一大一小，其中大虾群在新月3~4天前出现，小虾群在新月后两天出现。生物学家后来发现，它们在其余时间都生活在海绵里。

使它们的变色周期提前 6 小时（仿佛它们生活在波罗的海）或者提前 12 小时（仿佛它们生活在新加坡）。不仅如此，他又研究了招潮蟹的身体活动。招潮蟹大部分时间都躲在沙滩下面的洞里，只有在潮水退去、海滩裸露出来的时候，才匆匆出来觅食。布朗抓到的这些招潮蟹尽管离海数百千米，但仍然严格维持 12.4 小时的潮汐节律，身体活动在每个太阴日①的两次干潮②时达到峰值。它们就像微型天文钟，同时记录着太阳周期和月球周期，与两个天体同步，慢慢地移入和移出相位。

到 20 世纪 50 年代初，几位科学家对多个物种的生物节律产生了兴趣。在德国，著名植物学家埃尔温·邦宁（Erwin Bünning）记录了豆苗叶子的"睡眠运动"，而挥舞烟斗、爱好争论的生理学家于尔根·阿朔夫（Jürgen Aschoff）拿自己做试验，发现人体体温遵循一个 24 小时的节律。在美国，出生于英国的生物学家科林·皮滕德里格（Colin Pittendrigh）在特立尼达治疗疟疾时，注意到蚊子活动的昼夜周期，于是开始研究昆虫的节律，而出生于罗马尼亚的弗朗茨·哈尔贝格（Franz Halberg）之所以进入这个领域，却是因为老鼠白细胞水平的昼夜波动破坏了他的药物试验结果。

在布朗沉迷于月球对生物节律的影响时，他的对手则专注于 24 小时的昼夜周期。无论他的对手们研究的是什么物种——豆芽、鸟、苍蝇、老鼠，他们同样发现，在恒定条件下，动物们的节律会持续，但在他们的实验中，节律的速度在缺乏外部信号时出现了轻微变化，

---

① 太阴日（lunar day），月球连续两次经过地球同一子午线的时间间隔，约 24 小时 50 分钟。——译者注
② 干潮，又称低潮、枯潮，指在一个潮汐涨落周期内，海面降到最低的潮位，与前文的满潮相对。——译者注

波峰和波谷逐渐偏离了太阳日 ①，这导致不同个体最终形成的周期有长有短，但都接近 24 小时。研究人员的结论是，这些节律必定是受到生物细胞内的计时器的调控。也就是说，在正常条件下，生物活动受光照、温度等环境信号的指引，保持与昼夜精确协同的周期，但事实上，生物周期完全可以脱离环境，自主运行。

起初，布朗也是这么想的，但他后来产生了怀疑。在长达几个月的实验中，招潮蟹与周围环境完全隔绝，但依然能够精准地维持它们的月球周期和太阳周期，他想不出一个独立自主的内部生物钟如何能做到如此精准。再后来，就是前面提到的 1954 年那次牡蛎实验。这些牡蛎被关在密闭的暗室内，却仍然能够追随当地的月球运动调节自身活动。布朗确信，牡蛎维持周期不是依靠体内的生物钟，而是感应来自天空的信号。

这就好比 18 世纪航海家计算经度有两种途径：你可以遵循钟表匠约翰·哈里森的思路造一台计时器，也可以效仿天文学家内维尔·马斯基林的月距法，直接从天空获取时间参照。生命选的是哪一种呢？

布朗决定研究他心目中最基本的生物过程——新陈代谢。他研究发芽的土豆，在多年实验中跟踪了 100 多万个土豆时。他还研究了豆类种子、黄粉虫幼虫、鸡卵和仓鼠，把它们放在密闭的环境里，避免受到温度、压力和光线变化的影响。按理说，这些动物应该与外界隔绝，但他发现，它们的新陈代谢速率不仅与太阳和月球的运动匹配，而且还与气压和天气变化匹配。就连土豆，不仅"知道"时间，还"知道"季节。生命好似在与地球同步脉动。

---

① 太阳日（solar day），太阳连续两次经过地球同一子午线的时间间隔，约 24 小时。——译者注

布朗得出结论：这些生物对外部的地球物理因素非常敏感，比如微小的重力波动，还有某些人类尚未发现的微作用力。据说，布朗的竞争对手通过实验证明了生物体内存在独立自主的生物钟，但布朗认为，他们的实验对象根本没有与环境完全隔绝，而是始终浸泡在各种微弱的场中，而这些场随着地球自转呈现节律变化。

布朗的同辈人对他的结论深恶痛绝。要知道，他们中的有些人，曾被指责说是在搞超心理学，或者患有妄想症，面对各式各样的指控，他们使出了浑身解数，这才给生物昼夜节律在科学界争得了一席之地。他们的职业声誉有赖于严格、可重复的方法，他们的理论建立在无可挑剔的物理因果律之上，所以在他们看来，布朗关于神秘力量的说法纯属无稽之谈，会危及整个学科的生死存亡。他们坚持认为，布朗的测量不够准确，或者他是在根本不存在的复杂数据中看出了规律。然而，魅力四射、口齿伶俐的布朗左右着公众舆论。他们感觉，该出手了。

第一拳重击发生在 1957 年，首屈一指的美国科学期刊《科学》发表了一篇非同寻常的论文，德高望重的生态学家拉蒙特·科尔（LaMont Cole）称，他通过处理随机数"发现了独角兽的外生节律"。科尔的讽刺对象正是布朗和他的团队，言外之意是说布朗的结果就像独角兽本身一样是虚构的。这是一次史无前例的人身攻击。"这给我们的打击很大，"布朗后来回忆说，"我们到处都能遇到这篇文章里含沙射影的暗讽。"1959 年，哈尔贝格又杜撰了"circadian"一词（后来成为"昼夜节律"的学名）。人们通常认为这个词指"24 小时周期"，但其实不尽然；这个词源自拉丁语，意为"大约一天"。哈尔贝格之所以选择这个词，恰恰是为了凸显布朗理论的关键缺陷——大多数自由运行的每日节律都不是精准的 24 小时。1960 年 6 月，在纽约附近冷泉港（Cold Spring Harbor）的生物钟会议上，矛盾进入白热化阶段。

这次会议现在被视作时间生物学史上的决定性时刻。皮滕德里格等人阐述了他们的看法，认为昼夜节律是内部的且自我维持的，由类似时钟齿轮的振荡生化机制调控。于是，这个新生的学科有了自己的术语和有力的理论框架，前方一片坦途。眼下只有一块绊脚石，那就是布朗。主办方起初没有邀请他，但他还是出现了。在一群充满敌意的听众面前，他孤军奋战，在发言中主张生物的核心节律由宇宙信号调控。

布朗提到的一个论据与温度有关。所有人都同意，生物节律对温度的剧烈变化有着惊人的抵抗力。无论冷热，只要时间一到，招潮蟹就会变色，苍蝇就会从蛹中脱出。干种子无论是在零上 50 摄氏度，还是在零下 20 摄氏度，只要储存条件恒定，都会维持每年发芽一次的节律。然而布朗指出，生化反应速度在不同温度中差异很大，一般来说，温度每升高 10 摄氏度，速度会提高一倍，而在零下 20 摄氏度，生物体内的生化过程几乎完全停滞。哪种生化机制能形成不受温度变化影响的生物钟呢？布朗的对手们被问得哑口无言。相比之下，源于日月运动且稳定不变的外部信号却可以很好地做出解释。布朗警告说，坚持生物钟存在的人是在捕风捉影，皮滕德里格则反驳说，捕风捉影的不是别人，正是主张"生物受神秘微妙力量影响"的布朗本人。

会议结束后，布朗发现他的论文屡屡遭到拒稿，特别是美国的期刊。他的同行本就与他意见不合，这次会议之后干脆不再引用他的研究成果。按照布朗的说法，哈尔贝格最后终于承认，当年布朗的对手们私下勾连，利用一切机会阻挠、无视和诋毁布朗，因为在他们看来，为了整个学科的前途着想，他们必须把叛逆者的声音压下去。且不论这种说辞是否站得住脚，反正他们纷纷退步抽身，避免与布朗和他的观点发生任何关系。从那以后，布朗仿佛人间蒸发一样，销声匿迹了。皮滕德里格在 1964 年的一次重要会议上完全无视他的观点，阿朔夫在次年《科学》杂志上发表的一篇影响深远的科学评论中，拒绝写出他的名字，只说"相反的假说"已经得到足够的批评，"因此我不再讨论它"。

科学界抛弃了布朗和他所主张的宇宙信号论，生物节律研究变成了昼夜节律研究。

· · ·

昼夜节律研究改变了我们对生命（包括动植物和人类）工作原理的理解。例如，阿朔夫进行了一系列开创性实验，研究人体在与太阳隔绝时的反应。他先是在第二次世界大战的一个旧掩体中完成了试验性研究，之后在 1964 年，他又在巴伐利亚的一座山体里建造了一处专用的隔离设施。他跟他的同事、物理学家鲁特格尔·韦弗（Rütger Wever）一起开展研究。有一次，他们把几个学生关在掩体里几个星期，用运动传感器、直肠探头等仪器跟踪他们。隔离室是隔音的，很舒适，有客厅、卫生间和小厨房，但时钟、收音机、电话以及其他任何时间线索统统被收走，仅留下一台唱机，头脑灵活的受试者用它给煮鸡蛋计时。受试者只能通过信件与外界联系，食物和本地啤酒则是不定期送到双层门的空隙里。

韦弗说，阿朔夫本人是第一个参与实验的志愿者。在为期十天的实验里，他猜测自己每天的起床时间都稍微提前了一点。但从隔离室出来的时候，他"非常惊讶地"发现，他最后一次觉醒时间是下午三点。此后，300 多名志愿者（多数是为了应付考试临时抱佛脚的学生）"来到地下"逗留了三四个星期，其中仅四人没有坚持到底。其中一名志愿者的白昼长度拉长到了 33 小时，他从隔离室出来的时候还抱怨说论文没改完，坚决要求回去继续闭关。

阿朔夫发现，跟其他物种一样，志愿者的昼夜节律即使在恒定条件①下也会持续，这表明人类也有与生俱来的生物钟。当缺乏外界信息时，睡眠—觉醒周期通常略长于太阳日，均值大约是 25 小时。多年来，他和韦弗证明，人可以通过训练让这些周期跟随亮光、温度、社交暗示等信号。

少数几个志愿者的睡眠规律变得乱七八糟，他们的白昼拉长到了 50 小时，而他们本人对此却毫无知觉。但是，他们的生理周期，比如体温和代谢物排泄，始终落在 24~26 小时的狭窄区间内，这意味着他们的睡眠—觉醒周期与生理活动是不同步的，阿朔夫把这个现象称为"去同步"（desynchronisation）。这是他最重要的发现之一，因为他首次揭示了人体存在多个生物钟，各自负责调控不同的人体机能，如果没有适当的外部信号，它们可能会彼此脱钩。志愿者报告说，这种情况发生时，他们感觉不太舒服。阿朔夫警告说，切断与太阳的联系（比如倒班），可能会损害健康。

1971 年，在大西洋彼岸，有人发现了有关生物钟工作原理的首个线索。这个人名叫罗纳德·科诺普卡（Ronald Konopka），在加州读研究生，主要研究果蝇的每日节律。他分离出三个丧失了计时能力的突变蝇株：一个蝇株的昼夜节律是 29 小时，一个是 19 小时，还有一个根本没有规律。他发现，三个蝇株的同一个基因出现了不同的错误。1984 年，其他研究人员识别出这些错误。他们把这个基因命名为"周期"（period），并且发现它所编码的蛋白质数量以 24 小时为周期起伏。人类终于窥见了生物钟的内部机制，时间生物学家成功捕

---

① 有些实验在恒定黑暗中进行，有些在恒定光照下进行，还有些受试者可以选择开关灯的时间。

到了风，捉到了影①。

自那以后，生物学家又找到了许多生物钟基因，它们所编码的蛋白质在一个复杂的反馈回路网络中相互调节，最终在人体内形成布朗原以为不可能的东西——与太阳同步、稳定的昼夜周期。类似系统不仅存在于果蝇体内，也存在于从细菌到人类的所有生物。这些追随太阳的生物钟告诉动物们何时摄食，何时奔跑，何时睡觉，何时消化。它们让植物在夜间定量分配淀粉储备，在黎明时分启动光合作用机制。它们告诉真菌何时形成孢子，告诉昆虫何时破茧而出。它们向成千上万种海洋浮游生物发出信号，告诉它们在黎明前下沉，到夜晚浮出水面，从而形成地球上规模最大的生物运动。通过追踪日出和日落的时刻变化，生物钟还驱动着动物的季节性活动，精确地告诉它们何时迁徙，何时蜕皮换羽，何时繁殖。

同时，对人体昼夜节律的研究也成为医学领域的一大热点。生物钟调节我们的睡眠，以及消化、血压、体温、血糖、免疫反应，甚至细胞分裂等各项机能，事实上，很难找到一个器官或一种机能不遵循昼夜周期。正如阿朔夫所警告的那样，忽视这些节律对人体是有害的。在人工照明问世以来的二百年里，我们的生活节奏已经与日出日落的24小时周期脱离，许多人熬夜，倒班，在时区之间飞来飞去，白天在昏暗的办公室工作，晚上暴露在计算机、电视和智能手机的光线之下。问题在于，尽管我们的生物钟能够独立自主地运行，但如果失去外部信号的强化作用，它们可能会严重偏离正轨。

最重要的计时信号是太阳光，视网膜中的细胞探测到日光信号后，将有关日出和日落时刻的信息发送到大脑的主生物钟，主生物钟再据此调节分布于全身的次级生物钟。白天光线不足或夜晚光线过

---

① 此处呼应前文的"布朗警告说，坚持生物钟存在的人是在捕风捉影"。——译者注

量，都会抑制或扰乱生物钟，导致复杂的人体活动陷入混乱。昼夜节律减弱或彼此脱钩会导致失眠、抑郁、肥胖、心血管疾病，甚至是癌症等健康问题。[①] 著名的时间生物学研究员拉塞尔·福斯特（Russell Foster）警告说，尽管现代科技让我们能够随时醒来、睡觉和工作，但"人体生物学仍然深深依赖于地球的 24 小时自转"。他认为，我们与地球物理周期的加速分离是一颗"定时炸弹"，给人类造成的心理和生理影响"可能会逼迫社会各界走向一个凄惨的未来"。

昼夜节律对健康十分重要。医生发现，大多数疾病的发病率或症状每天都在波动，包括心脏病、哮喘、支气管炎、囊性纤维化、中风、发烧、疼痛、癫痫和自杀等。时刻可以决定人体对感染或药物的反应，也可以决定同样一顿饭是令你体重增加还是减轻。就连季节变化也很重要，婴儿的出生月份会影响今后患痴呆、多发性硬化、精神分裂等疾病的风险（南北半球的规律是相反的），科学家尚不清楚确切原因（有人认为可能是由早年感染风险、营养和维生素 D 水平造成的），但很明显，你出生时地球相对于太阳的位置对健康的影响会持续终生。

2017 年，周期基因的发现者被授予诺贝尔奖，时间生物学赢得了科学界的最高荣誉。"生活在这个星球上的我们是太阳的奴隶，"著名生物学家保罗·纳斯（Paul Nurse）评论说，"生物钟已经嵌入人体的工作机制和新陈代谢，无处不在。"短短几十年，追随太阳日的能力，已经从科学界一份小小的好奇心转变为生命本身的一个决定性特征。

这是一个美好的励志故事，但在所有这些激动人心的发现背后，

[①] 例如，世界卫生组织（World Health Organisation）在 2007 年将扰乱人体昼夜节律的倒班工作列为潜在致癌物。

布朗当年提出的问题始终"阴魂不散",布朗的对手们不遗余力想要扼杀的一个观点流传了下来——月球的影响无处不在。

• • •

在人类已知最古老的艺术中,有这样一件作品。它是一件旧石器时代的人物石刻,发现于法国洛塞尔(Laussel)的一个洞穴,距拉斯科洞穴遗址只有几千米。洞壁石灰岩上刻着一个胸部丰满的女人,一只手放在鼓胀的腹部上,另一只手举着一支新月形的角,角上刻着13条向下的条纹。大多数学者认为,这些条纹代表新月与满月之间间隔的天数。

时间生物学家注重昼夜节律,但世界各地的传统社会都抱持"月球深刻影响着地球生命"这一观念。太阳看起来总是一成不变的,而月亮却在永恒的循环中盈亏变幻——出生、长大、死亡、消失三晚而后重生。历史学家米尔恰·埃利亚德对世界神话和宗教进行过一次颇有影响的调查,结果显示,最早期人类在跟踪太阳微妙的季节性运动之前,正是利用月相衡量时间的流逝。(梵语、波斯语、希腊语和拉丁语的"月亮"一词均源于古词根"*me*",意为"我测量"。)同时,月亮生长、死亡和重生的规律孕育了这样一种宇宙观:在循环有序的宇宙中,地球生命的规律是对天象的反映。

洛塞尔洞穴的女人石刻以及其他艺术作品强烈暗示,早在旧石器时代,人们就发现了月亮与月经周期(与朔望月一样平均为29.5天)、妊娠期(9个朔望月)之间的联系。一位专家提出,这种同步性作为人类最初的观察,"在人类的头脑中催生了天地万物皆归于同一奥秘的妄想"。另一位专家认为,第一个计时的人类可能是看着月相计算月经周期的女人。根据埃利亚德的说法,人类不断延伸月球对生育的影响，甚至将月球视作"与生命节律关系最密切的那个天体"。

洛塞尔洞穴的女人石刻

　　当然，月球影响生命的观念在文字记录出现之前就已经形成。古巴比伦人和古希腊人想当然地认为，女性的生育能力源自月球（"月经"一词源于希腊语 *menes*，意为"月亮"）。公元 1 世纪，罗马作家老普林尼写道，月球的力量"穿透万物"，从植物到动物再到人类（尤其是贝类，他说贝类跟随月相涨缩）。17 世纪，弗朗西斯·培根提到，人们相信"兔子、丘鹬、小牛等动物的大脑月圆则满"。最近，人类学家报告说，格陵兰的年轻女性不敢盯着满月，害怕会因此怀孕。在从印度到法国的传统社会中，女性为了怀孕会喝下浸满月光的水。

　　但是，这些说法有任何生物学依据吗？当然，月球周期对动物觅食、摄食等夜间活动十分重要，猫头鹰、狼、蛇、蚁蛉等夜行捕食者都在月光下捕食。也许更令人惊讶的是，这种影响可以塑造整个生态系统。磷虾、螃蟹幼体等海洋浮游生物在白天集体下沉，以躲避捕食者。人们一度认为，在北极仲冬终日不见太阳的极夜里，浮游生物不会下沉，但在 2015 年，生物学家发现，它们的浮沉周期改为跟随月升和月落，周期长度也从 24 小时变成了 24.8 小时。传说中的狼人，其狩猎行为受月光控制，而"我们的数据揭示了一个由月光调控的现实"。

月球直接控制生育等生物过程的观点一直备受争议，但相关证据却越来越多。最早开展这方面研究的是 20 世纪 20 年代的英国动物学家哈罗德·芒罗·福克斯（Harold Munro Fox）。地中海和红海一带的渔民仍然相信老普林尼关于贝类在满月时"变丰满"的说法，福克斯对此十分好奇，便在苏伊士运河的一个码头边用手网捉海胆，发现情况果然如老普林尼所言。在海胆繁殖季的每个月里，海胆的性腺逐渐充满精子或卵子，在满月时产入海里。

生物学家现在认识到，许多将精子和卵子排入水中的水生物种利用月相，同时结合日生物钟和年生物钟，将产卵安排在一个狭窄的时间窗口，有时只有几分钟。在太平洋珊瑚礁中，矶沙蚕的生殖器官在春季（10 月或 11 月[①]）下弦月夜晚的午夜前几小时脱落。每年春天，澳大利亚大堡礁的海洋生物都会在精确的月球时刻恢复生机。在绵延的珊瑚礁上，几亿个珊瑚释放出几万亿颗卵子和精子，形成无数纤细的精卵束上下起舞，景象宛如一场水下暴风雪，在海面上形成粉红色的泡沫。

生活在海陆交界处的生物依靠月球预测潮汐涨落，繁衍生息。在每个月的满月和新月之时，地球、月球和太阳排成一线，月球和太阳的万有引力共同作用，产生极大的满潮和极小的干潮，称为大潮[②]。

---

① 因为是在南太平洋。——译者注
② 大潮（spring tide），又称朔望潮，分为大干潮和大满潮。——译者注

在满月和新月之间，月球与太阳垂直，二者对地球的引力相互抵消了一部分，引发较为温和的小潮（neap tide）。大干潮对生活在大西洋多岩海岸附近藻群中的蠓来说至关重要，海床只有此时裸露出来，所以在几小时的大干潮期间，数百万只蠓幼虫化为成虫，交配产卵，最后随着海面上升死去。有些物种依赖大满潮，比如日本地蟹从山坡栖息地爬到海滩，抓紧时间在海里产卵。

许多陆地生物也追随月球，这样做要么是为了利于个体之间协作繁殖，要么是为了给后代创造最好的生存机会。北美的三声夜鹰[1]等夜鹰科动物通常逢新月孵化，这样在雏鹰能量需求最大的两个星期里，成年鹰可以在充沛的月光下捕捉昆虫。塞伦盖蒂（Serengeti）的角马利用月球计算受孕时间，以便在 5 月或 6 月角马大迁徙之前安全生下小马。2015 年，科学家首次发表了一种跟随月球周期繁殖的植物——雌黄麻[2]，它是针叶树和苏铁的亲缘物种，不开花，在满月的时候分泌"闪亮如钻石"的花蜜吸引昆虫。

尽管有这些例子，但比起昼夜节律研究，生物的月球周期几乎无人问津。许多科学家仍然对这个课题的重要性表示怀疑，尤其是月球周期对生物繁殖的影响。严肃对待生物月球周期的研究人员抱怨说，他们的成果很难发表。长期以来，大部分相关知识都来自孤立的、偶然的观察，比如布朗在百慕大看到的虾群。还有一位突尼斯生物学家发现，他办公室窗外的一株秘鲁天轮柱[3]在月光下开花。然而，越来越清楚的是，不仅是人类依靠月球计时，从海洋到沙漠再到森林，月球周期反映在地球的每一个角落，覆盖所有生命分支。

---

[1] 拉丁学名 *Caprimulgus vociferus*。——译者注

[2] 拉丁学名 *Ephedra foeminea*，暂无中文学名，此处根据拉丁学名直译。——译者注

[3] 一种仙人掌。——译者注

不止如此。尽管有些生物对月光变化有反应，但许多跟随月球周期的行为在阴天或实验室的恒定条件下仍然持续。过去几年，科学家首次对这些现象进行了分子研究，对象主要是珊瑚、刚毛虫、摇蚊、大西洋银鲛等海洋物种。结果显示，月球周期直接调节这些生物体。2017 年针对中国台湾芽状鹿角珊瑚（*Acropora gemmifera*）的一项研究发现，这个物种有数百个基因的活性随月相变化，其中包括参与昼夜节律以及细胞信号传递、细胞分裂等关键功能的基因。[①] 其他研究发现了对月光敏感的光感受器。可见这些物种体内不仅有太阳生物钟，还有月球生物钟。

　　那其他物种呢？人类呢？在人体是否受月球影响这一问题上，学界的分歧尤其严重，部分原因是美国精神医生阿诺德·利伯（Arnold Lieber）在 1978 年出版的《月球效应》（*The Lunar Effect*）一书中声称，从谋杀到精神病发作等各类暴力事件，更有可能发生在满月。基于警方和医院的数据，再加上月球与疯狂有关联的古老观念（"疯子"一词源自拉丁语 *luna*，意为"月亮"，古英语的对应词是 *monseoc*，意为"月亮病"），利伯认为，人之所以会做出非理性和侵略性的行为，是因为月球引力像拉动海水一样，拉动人体细胞内的水。他的想法导致今天仍有很多人相信，人类的行为易受月球影响。但是，这种想法激起了强烈的反对声，批评者坚持认为，月球效应论不仅在统计上有缺陷，而且在物理意义上也是不可能的，因为月球作用于人体的引力微不足道，仅相当于一滴汗珠落到手臂的力道。2018

---

① 众所周知，细胞分裂在夜间更频繁，至少哺乳动物是这样。这可能是为了减少细胞暴露在太阳紫外线中的时间，因为紫外线会导致细胞 DNA 复制错误。但此项珊瑚研究的作者发现，细胞分裂并非在所有夜晚都变得频繁，许多参与细胞分裂的基因在新月时比在满月时活跃得多，这表明至少在芽状鹿角珊瑚中，细胞分裂既要避开日光，也要避开月光。

年，一篇学术评论将月球影响人类行为的观点称为"超自然"。

现在，一些时间生物学家指出，虽然没有证据支持利伯的月球效应论，但急于揭穿月球效应论以及其他各种神话的渴望，可能使学界忽视了月球对人体的真实影响。毕竟，从鱼类到无脊椎动物，由基因控制的月球生物钟普遍存在于整个动物界，这表明月球生物钟必然可以追溯到进化早期，所以人体若是没有某种形式的月球生物钟反倒奇怪。月相变化看似与我们无关，但对于早期人类来说，睡眠、狩猎、性交等一切活动都追随月亮的圆缺轮回。

理论上，月球生物钟可能会影响人类的生育和繁殖。研究生育、月经周期与月相变化关系的实验得出的结果不尽相同，但毫无疑问，平均周期都非常接近朔望月，甚至有证据表明，男性也有为期一个月的激素周期。如果这些周期与月球有关的话，我们的月周期可能与其他物种的月球生物钟同源，只是在人类进化史上的某个点，我们与月球脱离了联系。或者，月球节律之所以在现代社会减弱甚至消失，仅仅是因为我们不再暴露在不断变化的月光下。如此说来，与其他健康问题一样，依赖人工照明的生活方式可能会破坏生育能力。[①]

月球影响心理健康的说法或许也有一定道理。2013 年以来的几项研究发现，即使在实验室的恒定条件下，睡眠质量也会因月相而异，比如满月时睡眠时间短、质量差，这再次表明由基因控制的月球生物钟可能在起作用。我们知道，睡眠混乱会引起心脑疾病和癫痫发作，加重双相情感障碍、精神分裂等精神疾病。有些证据表明心脑疾病、癫痫发作与月相有关。在 2018 年发表的一项有趣的研究中，美国睡眠研究人员托马斯·韦尔（Thomas Wehr）对双相情感障碍患者进行了跟踪调查，发现他们之所以会在情绪高涨和低落之间突然转

---

① 此外，分娩时刻现在也多由人工控制，比如引产和剖腹产。

换，是因为出现了与月球周期相关的睡眠规律变化。其中一名患者记录了自己 17 年的睡眠时间，他每天都在同一时刻入睡，24.8 小时后醒来。韦尔认为，这位患者的觉醒时间不是追随太阳日，而是错误地与太阴日关联起来。

这个想法还有待进一步研究，但韦尔的工作表明，对于月光和月球生物钟的影响，甚至是对人体以及人体与天空信号隔绝的后果，我们都知之甚少。无论如何，布朗认为月球影响无处不在的看法似乎是正确的。对地球上的所有生命来说，在明显的太阳效应背后，隐藏着一股月球脉动。生物借助月球预测水流、夜间光线等当地环境的变化，而与此同时，月球也渐渐成为一种塑造生命的全球性力量，与年生物钟和日生物钟共同作用，使不同的物种和个体能够协调彼此的活动时间。

在几十亿年的进化中，生物将太阳系的节律植入自己的 DNA。在所有生命过程的中心，在每个细胞的内部，都上演着永不停歇的分子之舞。不计其数的分子在日光和月光的指引下翩翩起舞，模仿着地球、月球和太阳的韵律。

生物钟的故事讲到这里，还有一个转折。或许，光不是唯一的天空信号。

• • •

让我们再回到布朗的牡蛎实验。是什么神秘的力量赋予了牡蛎跟踪天空的能力？布朗知道，除非他能提出一个机制，否则他的对手不会认真对待他的想法。为此，他在 1959 年夏天仔细监测了从新英格兰海岸淤泥地里采集的 3.4 万只蜗牛，并且惊讶地发现它们能分辨方向。不仅如此，它们还同时跟随太阳日和太阴日更改方向偏好，你可以用磁铁影响或破坏这种行为。最后，布朗相信自己找到了答案。他提出，动物之所以能够在密闭实验室环境中辨别当地时间，是因为它们时刻都在感知地球磁场的变化。

地球磁场主要由地球外核内的熔融铁环流产生，它就像地球内部的一个巨大的条形磁铁，一个磁极在北，一个磁极在南。天气、磁暴、太阳和月球的运动等外部因素都会影响地球磁场。例如，太阳辐射将地球高层大气中的原子电离，产生自由电子，与此同时，太阳的热量引起潮汐风，吹动这些带电粒子穿过地球磁场的磁力线，形成电流，这些电流又产生新的磁场，在地球磁场上形成一层以 24 小时为周期起伏荡漾的磁涟漪。[1] 同理，月球引力也使地球磁场在每个太阴日泛起较小的涟漪。这些涟漪相互作用，在大潮和小潮期间形成波峰和波谷。同时，这种相互作用也受到地球高层大气接收的日光量的影响，所以涟漪强度会因纬度和季节发生变化。

地球磁场极其微弱，普通冰箱贴的磁性都要比它强百倍，而太阳磁涟漪和月球磁涟漪的影响就更微弱了。[2] 布朗是最早提出动物可能有磁感应的人之一（之前科学家刚刚发现有些鱼对电场敏感），他不清楚蜗牛是如何探测到如此微弱的变化的，但他知道，这可能会成为宇宙信号论的有力证据。

在 1960 年的生物钟研讨会上，他激动地向观众介绍他的成果——生物对微弱的磁场异常敏感。[3] 他坚持说，我们浸泡在一个不可见的电磁海洋中，海浪、潮汐和磁涟漪会根据地球、太阳和月球的相对位置涨落，令生物无时无刻不在感知太阳系的状态和一天中的

---

[1] 太阳引力也对太阳潮略有影响。

[2] 地球磁场的强度在 30～60 微特斯拉（μT）之间变化，太阳磁涟漪的日变化幅度约为 50 纳特斯拉（nT）。

[3] 布朗后来证明，其他物种（如扁形动物）也能感知磁场和电场。

时刻。"我们还无法解释这些现象，"他说，"但它们在向我们强调一点，即我们对影响生命的某些力量其实一无所知。"

然而，布朗这记重拳不但没有收服对手，反而令自己的处境雪上加霜。他的对手当时正在为生物钟研究制定严格的法则，而微弱磁感应很容易让人联想到"动物磁性"之类的无稽之谈，他的对手绝不可能容忍。他们在公开场合避开布朗，但对布朗的观点，他们不仅没有忽略，还拿来大做文章。

关于阿朔夫和韦弗用作实验场地的那座著名的掩体，有一点很少被人提及。事实上，掩体有两间隔离室，而不是一间。两间隔离室几乎一模一样，都配有床、厨房和唱机，但不同的是，其中一间被一个由软木、金属线、玻璃棉和钢做成的巨大密封舱包裹起来，阻挡电磁辐射通过，所以里面的人与地球磁场完全隔绝。阿朔夫和韦弗之所以这样做，是为了证明屏蔽地球磁场对志愿者的生物钟没有影响，从而一劳永逸地给布朗的观点判死刑。

1964 年到 1970 年间，80 多名志愿者参与了实验。[①] 正如阿朔夫预测的那样，受试者的昼夜节律仍在持续，但问题是，两间隔离室的结果不一样。在非屏蔽隔离室中，志愿者与时钟和日光隔绝，但仍暴露在地球磁场中，他们的睡眠—觉醒规律偏离了太阳日，形成了一个平均 24.8 小时的周期。而在屏蔽磁场的隔离室中，志愿者的昼夜节律严重恶化，白昼变得更长，个体差异明显加大，不同的节律之间更容易脱钩。如前文所述，阿朔夫将去同步视为他的一个主要发现，但在六年的实验中，去同步现象仅发生在屏蔽磁场的隔离室。韦弗发现，如果将志愿者暴露在类似的人工磁场中，就不会出现这样的现象。

———————————

① 这之后，其中一间隔离室被改造成温度实验场所，内部陈设不再一模一样了。

实验结果证明，尽管我们确实有一个独立自主、与外界电磁信号无关的体内生物钟，但这显然不是全部。就算志愿者无法有意识地感知微弱的地球磁场，但他们的身体能够以某种方式感知它，这对体内生物钟的运行产生了深远影响。20世纪70年代，韦弗在一系列现在鲜少被人提及的论文中发表了这些数据。他说，这是一个"非凡"的结果，是第一个可以证明人类受自然磁场影响的科学证据。阿朔夫没有在论文上署名，他甚至没有在任何一篇讨论去同步的论文中提及这次屏蔽实验和电磁场对人体生物钟的明显作用。几乎再没有人记得这间屏蔽室的存在，人们继续研究昼夜节律，好像这次实验从未发生过一样。

然而，在这些人忽略生物与地球磁场联系的时候，其他生物学家却不得不研究地球磁场的效应。从地上爬的乌龟和蝾螈，到天上飞的鸟和蜜蜂，许多动物都拥有惊人的长途迁徙能力。每年，几百万只帝王蝶飞行几千千米，从北美洲迁徙到墨西哥中部同一片冷杉林，它们靠什么辨别方向呢？雌性蠵龟在开放海域长大后，是靠什么找到十多年前孵卵的那片海滩产卵呢？飞到陌生远方的赛鸽又是靠什么径直飞回家呢？

自20世纪50年代以来，生物学家已经意识到，许多物种都善于破解天空信号。蝴蝶跟踪太阳，飞蛾追随月亮，椋鸟靠恒星围绕的天极辨识北方，推着粪球的蜣螂靠闪闪发光的银河系走直线。动物通常将这些视觉线索与生物钟信息结合起来，令它们能够弥补一天中的时间感知。动物和古代水手一样，在广袤的宇宙中找到自己的位置，当它们望向旋转的天空时，它们不仅能辨别时间，还能全球导航。

但是，这还不足以解释许多物种的行为，比如有些物种在阴天的时候也认路，有些物种能探测到太阳甚至月球的偏振光规律，就算隔着云层也能精确定位太阳和月球。[①]1972年，一位名叫沃尔夫冈·维尔奇科（Wolfgang Wiltschko）的德国研究生证明，强度与地球磁场相似的人工磁场可以破坏或改变知更鸟的迁徙方向。此后，证明动物对地球旋转产生的磁力线敏感的证据如洪水般涌现。小林姬鼠和鼹鼠在筑巢时会利用这些磁力线，牛和鹿吃草时会沿着这些磁力线调整身体方向，而出于未知的原因，狗在大小便时会朝向北方或南方。其他物种（比如乌龟）甚至能感知磁地图，它们不仅知道方向，还知道位置。几十年前，科学界揭露了通灵和灵视是假的，聪明的汉斯是一场骗局；而现在，各种生物正在向我们展示它们的神力。生命似乎真的与一个不可见的电磁世界连通。

当然，人们起初对此极度怀疑。既然自然磁场如此微弱，无法影响生物组织，那生物又是如何探测到如此微弱的信号呢？这个嘛，生命总有办法，或者说总有很多办法。鱼类采取电学解决方案，它们在经过磁场时，用充满胶状物的管网测量电流（它必须没入水中才能完成回路，因此这种方法在陆上不起作用）。还有的生物利用物理力。1975年，研究人员发现了"趋磁"细菌，它们把由磁铁矿构成的微小磁性晶体链当作指南针，沿磁力线进入它们生活和进食的泥浆中。一些研究人员认为，对鸟、蜜蜂等动物来说，它们的神经元在与地球磁场校准时，类似的晶体可以对神经元施加机械压力，使它们具有"磁感应"，但这种受体尚未被明确识别。

1978年，德国生物物理学家克劳斯·舒尔滕（Klaus Schulten）研究了一类受量子效应影响的模糊化学反应，提出了生物感应自然磁场的第三种方法。电子具有物理学家称为"自旋"的量子特性，自由

[①] 据说，维京水手也学会了类似技巧，他们用冰洲石等极化晶体在阴天定位太阳，实现北极海域航行。

基是带有同向或反向自旋的孤电子的分子，舒尔滕研究了光能是如何触发短寿自由基对的形成。由于两种自旋态在化学上是不同的，而且电子呈每种自旋态的时长受磁场影响，因此，即使微弱的磁场无法直接影响化学反应，光还是会产生一种激发态，以某种方式影响结果。打个比方说，一只苍蝇无法通过飞到石块内部来移动它，但如果你将石块稳定地立在一条边缘上，让苍蝇在合适的时机撞击合适的位置，就能使石块倾斜，产生更大的影响。

极弱的磁场可以产生强度足以令神经系统探测到的化学信号——在舒尔滕之前，没人认为这种机制是可能的。舒尔滕说："好吧，我想这也许就是生物学家想要寻找的内部罗盘。"但是，在活的有机体中没有找到能够形成自由基对的受体，而且《科学》杂志也拒绝了他的投稿。"稍微有点自知之明的科学家，"一位审稿人说，"都会把这篇论文扔进废纸篓。"

二十年后，研究果蝇的生物学家发现了一种蛋白质，取名隐花色素（cryptochrome），它会在蓝光的照射下形成自由基对。现在，我们知道隐花色素普遍存在于生物中，植物、鱼类、昆虫触角、哺乳动物和鸟类的视网膜中，都有隐花色素。有充分的证据表明，对于一些物种，隐花色素的确参与了磁感应和导航。研究人员提出，隐花色素赋予鸟类"看到"磁力线的能力，其机制可能是在面向某个方向时感知到更亮的图像。

人类也有隐花色素。不久前，多数科学家还认为人类无法感知磁场。2011 年，研究人员将人类隐花色素蛋白植入被敲除此种蛋白的果蝇体内，发现果蝇的磁感应能力被完美复原。经过三亿年的进化，我们已经与果蝇走上了不同的进化道路，所以如果隐花色素的功能不适用于人体，则不太可能如此有效地保留下来。这个发现说明韦弗是对的——即使我们没有意识到地球磁场的存在，我们的身体仍然能够感知它。^①但真正有趣的发现还在后面。其实，隐花色素之所以闻名不是因为它是磁传感器，而是因为它是生物钟的重要部件。^②

生物钟对磁场敏感，这仍然算是新思想，目前我们还不清楚磁场是否影响以及如何影响我们的时间感。这方面有一个理论与布朗最初提出的观点一致，即至少有一些物种（比如蜜蜂）利用地球磁场的每日潮汐变化来判断时间。另一些理论认为，这种联系可能与生物钟抵抗温度变化的方式有关，而这正是布朗提出却没有得到充分回答的一个问题。如果失去温度补偿，人体的各种节律虽然照旧，但会变得不稳定、多变，甚至彼此脱钩，就像当年阿朔夫的屏蔽实验结果。也许，正是地球磁场这一外部信号使生物钟不论温度高低都能保持运转。地球磁场未必直接控制生物的行为，但可以保证生物钟规律地"嘀嗒走时"。

• • •

当年物理学家将以太赶出物理学，这不仅标志着一个过时理论的终结，更是一种哲学的终结。几百年来，人们以为有一种幽灵般的液体弥漫在宇宙中，扩散到整个空间和所有物质，认为地球、行星和恒星存在物理联系的现实观便是建立在这种观念之上。希腊哲学家将这种液体看作"世界的灵魂"，其前身是一种辐射全宇宙的神力。一

---

① 2019 年，加州理工学院地球生物学家约瑟夫·基尔施文克（Joseph Kirschvink）领导的研究小组公布了 34 名志愿者的脑电波数据，支持"人即使意识不到也能感知磁场"的观点。基尔施文克认为，这是通过磁晶体而非隐花色素实现。对人体而言，两种机制可能同时起作用。

② 一些物种（比如果蝇）的隐花色素每天根据日光重置生物钟，而脊椎动物的隐花色素是生物钟的核心"齿轮"，参与调节生物钟的整体速度，而有些物种（比如帝王蝶）同时有这两种隐花色素。隐花色素也是跟随月相的基因之一。

位历史学家说，它"暗示了神与人、人与群星之间存在共情"，意味着了解恒星和行星的运动关乎人类生存的每个细枝末节，包括健康。〔人们通常以为医药处方上的"Rx"是"recipe"（配方）一词的缩写，但其实"Rx"是古老符号"R"的变体，这个符号代表罗马神朱庇特，所以"Rx"的意思是向宇宙求助。〕

现代科学和医学切断了生命与宇宙之间的联系。科学从轻信转向怀疑论，寻求物理机制而非微妙的影响。但更重要的是，科学将生物（特别是人类）塑造成本质上孤立的实体，与天体运行毫无关联。我们可以观察和测量宇宙，但我们与太阳和月球没有物理联系，遑论行星或恒星。实证主义者奥古斯特·孔德宣称我们永远不可能知道恒星的工作原理，生物钟学者关注生物的内在机制而不是宇宙信号——这种哲学从根本上决定了科学的发展方向。

这种思考方式定义了人类的现代生活，我们比以往任何时候都更加脱离太阳系的周期。都市人仿佛生活在一个温度可控、人工照明的泡泡中，天和季节的长短都颇为灵活，圣诞树和复活节彩蛋取代了天空信号。在拉斯维加斯、新加坡这样的城市，你可以在地下赌场或地下购物中心走上几里路，完全看不到天空。我们不必理会日出日落、月圆月缺。我们自由自在地生活，随时随地工作、睡觉和购物。我们享受着前所未有的舒适和自由，但正如我们所了解到的，我们可能为此付出巨大的健康代价。

同时，人类脱离地球的自然循环也在伤害其他物种。目前，夜间光污染影响了地球五分之一以上的陆地面积，干扰鸟类和海龟的迁徙、蝙蝠摄食、两栖动物繁殖、浮游生物迁徙和植物生长，害死了数万亿只昆虫。研究人员在2018年提出，我们应该将脱离自然循环列为一种全球威胁，其严重程度堪比气候变化。电子传输和设备的噪声影响才刚刚显现，但科学家最近发现，过去认为无生物效应的微弱射频辐射，其实会扰乱昆虫、老鼠和鸟类的生物钟和生物罗盘（一个研究小组发现，他们所在的德国大学校园的背景辐射消除了知更鸟的磁感应）。

布朗的看法总是与众不同。基于构成我们身体的原子和电子的本质，他将生物视为电磁宇宙的延伸。他说，生物的电磁场和地球磁场之间没有明确的界限。"生物和它所处的物理环境在计时上深度融合。"他从未放弃过这个观点，但他承认外部信号必须与某种形式的生物钟协同工作。后来，他开始相信，生物利用电磁信号感知彼此以及更广阔的环境。一位时间生物学专家后来回忆说，在 1979 年 11 月的一次会议上，布朗发表"漫无边际的演讲……严肃地宣称，放在两个独立的、相距不远的环境舱中的两株植物，互相影响对方的昼夜节律"，包括阿朔夫在内的听众尴尬不已，一言不发。

1983 年，布朗在马萨诸塞州伍兹霍尔（Woods Hole）的海边辞世。在他的对手靠生物钟研究改变生物学面貌的时候，历史却将他记载为时间生物学界的一个蠢老头。然而，在他离世之后，他的许多发现从笑柄变成了科学。1987 年，美国生物学家肯尼思·洛曼（Kenneth Lohmann）发现海蛞蝓随月相适应地球磁场，这与三十年前布朗对蜗牛和扁形动物的研究结果非常相似。2012 年，意大利的几位植物学家发现，即使化学、光和温度信号以及物理接触被阻断，辣椒幼苗也能感知邻居并识别亲属。他们的结论是，这些幼苗使用以前从未研究过的通信机制感知彼此，可能是量子磁信号或声波信号。研究小组指出，地球环境富含自然形成且不断涨落的地球物理波形，与其他生物一样，"植物也在这样的环境中进化并适应这样的环境"。所以，植物会利用这些波形是合理的。

早在 20 世纪初，量子物理学家就意识到我们无法跟宇宙割裂；现在，生物学家也被迫得出了相同的结论。从细菌和幼苗到海龟和人类，太阳、月球甚至群星的运动不仅是我们观察到的遥远事件，它们的运动直接影响着我们的周遭环境以及我们自身。为了让我们的身体和大脑正常工作，我们需要感知光、温度和磁场的变化规律。

这些由太阳系运动引起的有规律的涨落，很可能自地球出现生命以来就控制和塑造了生物过程。它们掌控一切，从个体情绪和睡眠的变化，到大规模、全球性的迁徙、繁殖和捕食模式。这是一个复杂的反应网络，我们才刚刚知道点儿皮毛。"过去几十年，动物给我们上的最重要的一课是，"普林斯顿著名生物学家詹姆斯·古尔德（James Gould）说，"许多看似'噪声'的东西，实际上是我们尚无法理解和想象的微妙行为。"与此同时，一些研究人员没有排除远距离的影响，比如太阳系的摆动塑造了整个进化过程中物种大灭绝的规律，[①]行星潮汐效应引发有害的太阳风暴，等等。

"宇宙是一体的，"布朗在去世的前几年写道，"宇宙生物学（cosmobiology）是人类必将探索的一个领域。"正是因为这种论断，他成了同行眼中误入歧途的怪人，遭到所有人的排挤。但我认为，布朗触及了一个重大问题。他的观点并非都对，但在我看来，他触及了有关生命本质和我们与宇宙关系的根本。这会带来什么后果呢？我们距离真相还很远。

---

① 这种摆动会影响到达地球的宇宙射线量（宇宙射线会引起基因突变）。

第十一章

外星人

1984 年 12 月 27 日，南极洲远西冰原（Far Western Icefield）正值暖夏，平日里刺骨的寒风稍作停歇，气温回升到零下 20 摄氏度左右，平坦无际的冰原在阳光下幽幽泛着蓝光。地质学家罗伯塔·斯科尔（Roberta Score）和她的同事们骑着雪地摩托，以每两个人相隔 30 米的阵型来来回回巡逻了一个上午。单调乏味的重复劳动搞得人头晕眼花，临近正午的时候，队长约翰·舒特（John Schutt）让大伙儿休息一下。他们来到附近的悬崖，四周的风蚀冰锥好似被冻住的巨型海浪。

一览众山小后，他们骑上雪地摩托往回走，一路小心翼翼地避开冰隙和风吹积起的雪堆。就在此时，斯科尔看到了它——炫目的蓝色中有一个暗绿色的斑点。她连忙踩下刹车，挥手提醒众人。就在这片人类尚未触及的古老冰原，他们终于找到了苦寻之物——一位来自深空的信使。

自地球形成以来，太空碎片源源不断倾泻下来。古埃及人将陨石视为神的礼物，还把陨铁做成珠子和匕首，这比人类学会炼铁早几百年。后来，亚里士多德认为，"从天而降"的石头一定是被风吹上去的。直到 19 世纪，科学家才承认，石头确实会从天而降。这些天体碎片带着太阳系的往事降临地球。

据估计，除了数万吨的宇宙尘埃，每年还有成千上万块鹅卵石大小以及个头更大的陨石掉落到地球上。在火星和木星之间的一条带[①]上，古老的小行星相互冲撞炸出碎片，绝大多数到达地球的陨石便由此而来。人类很少目击陨石坠落事件，而且陨石中的大部分物质都消失在森林或海洋中，又或者化作尘埃，无处可寻。但在南极冰原之类的边远地区，这些天外来客可以保留数千年。20世纪70年代，美国国家航空航天局（NASA）开展了一项陨石搜寻任务。

1978年，约翰逊航天中心[②]新成立的南极陨石实验室发布了一则招聘启事，斯科尔前去应聘，并在六年后踏上了她的首次南极之旅。她和其他五名陨石猎人先在罗斯岛（Ross Island）的麦克默多站（McMurdo Station）完成生存训练，再乘坐直升机飞越250千米的距离，来到艾伦山（Alan Hills）的荒僻冰原。他们未来六个星期的住所是几顶史考特式双人帐篷——那是一种能够紧抓冰面、抵御强风的明黄色金字塔帐篷。12月的南极洲正值盛夏，太阳永不落山。他们终日骑着雪地摩托，在刺眼的阳光下寻觅陨石。由于其他食物都会结冻，所以他们只能靠巧克力棒或者葡萄干午餐包维持体力。平安夜当晚，所有人都挤进一顶帐篷，围坐在炉膛边，烤上火腿、龙虾、对虾和山药，大快朵颐。

三天后，斯科尔发现了那个绿斑点，其实当时他们已经找到了100多块陨石，但斯科尔瞬间就觉出这块石头与众不同。它个头很大，有葡萄柚那么大，在光滑的蓝色冰面反衬下，尤为鲜绿而突出。

---

① 即小行星带。——译者注
② 约翰逊航天中心，隶属于美国国家航空航天局，位于得克萨斯州休斯敦。——译者注

她和舒特将它盛进一个无菌尼龙袋里，又缠上几道特氟龙胶带密封好，并在野外记录中写道：这块石头有"被撞击过"的外观，局部表层在颠簸穿过地球大气层时被烧化了，露出一层黑壳。写到此处，他们又忍不住加上一句"我的天呀"。想必斯科尔当时很想跟远在休斯敦的同事们说：你们就瞧好吧。

回到休斯敦，斯科尔负责为此次探险的发现物编号，前缀"ALH84"代表发现位置艾伦山和搜索年份。她想先给那块神秘的绿石归类，便将它列在了清单首位。打开包装的那一刻，她却失望地发现，那就是块普通的石头，看上去同一块灰不啦叽的水泥没有区别。她想，一定是有色的雪地护目镜或者其他光学现象令人产生了绿色的错觉。就这样，发现物 ALH84001 被标记为一个不起眼的小行星碎块，发往实验室仓库留存。

直到十年后，这块绿石才成为一块轰动全球、家喻户晓的名石。美国国家航空航天局的研究人员最终发现，它是一块早期火星岩，比任何行星岩石都要古老许多，其中蕴含着一个爆炸性的秘密，美国总统本人甚至为此发表了一场真情实意的演说。这个发现引起了一场全球媒体风暴，成为各式阴谋论和科幻小说情节的灵感之源，改变了美国国家航空航天局的发展方向，并且催生了一个全新的科学领域——专门研究地外生命的天体生物学（astrobiology）。对于这块陨石到底由何种物质构成，科学界仍是众说纷纭，但无论如何，我们对地球生命和地外生命的理解已不可同日而语。

• • •

我们在宇宙中是孤独的吗？在有史以来人类的各种疑问当中，这是最大的问题之一。这个问题不难提出，但回答起来却不容易。我们是这片荒芜的永恒存在中唯一的生命之火吗？还是说，我们只是庞大的宇宙生命网中一朵不起眼的小花？两种答案似乎都玄妙得令人无法理解。不仅如此，这个问题还引出了其他问题：我们是谁？我们的存在有什么意义？生命是什么？人类与众不同吗？我们到底为什么会在这里？

各式各样的答案在人类哲学和宗教信仰的更迭中起起落落。古代文明认为天上有神祇、精灵和灵魂，而令人惊讶的是，其他行星或星系有外星人的想法也可以追溯到古代，至少可以追溯到古希腊。古希腊的原子学派主张现实是由不可分割的微粒组成，而此学派的追随者认为，既然宇宙中有无穷多的原子，也就有无穷多的世界。"认为地球是无限空间中唯一有人居住的世界，"公元前4世纪希俄斯（Chios）哲学家梅特罗多勒斯（Metrodorus）写道，"如同断言整块小米地里只会长出一粒小米那样荒谬。"

然而，在统领西方思想的柏拉图和亚里士多德宇宙学中，没有其他世界和外星生命的容身之处。柏拉图认为，一位独一无二的造物主意味着一次独一无二的创世；亚里士多德坚称，所有元素都在地球这个中心的周围找到它们的自然位置。外星人被降格为科幻小说里才有的东西，比如在2世纪，讽刺作家琉善（Lucian）写下已知最早的星际旅行故事，刻意挖苦那些大讲星际旅行故事的夸夸其谈者。琉善在故事中讲，他被旋风卷到月亮上，发现了骑着三头鸟、与太阳居民搏斗的人。

后来，基督教会将柏拉图和亚里士多德的地心教义奉为律法，几百年里，至少在西方，人们不得猜想地球之外是否存在生命。1277年，巴黎主教宣称，认为上帝有心创造多个世界而无力为之的想法属异端邪说，形势从此松动起来。现代天文学的诞生真正开启了人类搜索地外生命的大门。科学史学家迈克尔·克罗（Michael Crowe）说，当哥白尼提出日心太阳系模型时，他"把我们的地球变成了一颗行星，把恒星变成了其他的太阳"。如果我们的太阳系只是众多太阳系中的一个，凭什么其他太阳系上不能有生命呢？

1584 年，哥白尼已辞世四十余年，意大利修道士乔达诺·布鲁诺描述了一个包含"无数"个类太阳和类地球星体的宇宙，每一颗上面都有生物。几十年后，伽利略用望远镜观测到月球上的山脉和木星的卫星，一一证实了其他世界至少在我们的太阳系中是存在的。如果说当时人们尚未接受外星生命的概念，但笛卡儿、开普勒（写过一本关于月球植物和蛇形怪物的小说）和伽利略至少思考过这个问题。1698 年，天文学家克里斯蒂安·惠更斯提出了详细的理论，解释有机体如何适应各种天体环境，比如较暗、较冷的火星。克罗说："地外生命的时代已经开启。"

搜寻外星人的热情在启蒙运动时期达到巅峰。随着宇宙的范围越来越明晰，许多人认为，宇宙中不可能没有其他生命，不仅如此，宇宙中可能还存在其他智慧生命。伊曼努尔·康德和本杰明·富兰克林等杰出人物赞成这种看法，法学家孟德斯鸠甚至猜测了外星法律条文。1752 年，伏尔泰在一部短篇小说中描述了一种有 1 000 多个感官的外星生物，借此讽刺所谓的人类智慧。

关于有无外星人的争论大多纠缠于一个核心问题：上帝创造了整个宇宙，而人类只是其宏伟创世计划的一部分吗？还是说，上帝创造宇宙，纯粹是为了把我们放进去？托马斯·潘恩在《理性时代》中摈弃基督教，拥护自然神论，这表明他赞成前者。当时还有一个流行的观点：上帝不会大费周章，最后反而令广袤的宇宙荒无人烟。19 世纪的苏格兰天文学家托马斯·迪克（Thomas Dick）根据天体的表面积估算外星人口，可谓将这一观点发展到了极致。按照迪克的估算，月球人口是 40 亿人，土星环人口多达几万亿人。

哲学家、科学家威廉·胡威立（William Whewell）持相反意见。他在 1853 年提出，既然宇宙如此完美地满足我们的需要，这证明宇宙是上帝特意为我们设计的。查尔斯·达尔文对这种说法嗤之以鼻，私底下把胡威立关于太阳系适应我们而不是我们适应太阳系的论调称作"狂妄自大的典范"。但是，达尔文自然选择论的共同创始人、生物学家阿尔弗雷德·拉塞尔·华莱士（Alfred Russel Wallace）最终站到了胡威立一边。"浩瀚宇宙的至高目的，"华莱士在 1903 年总结说，"是在易逝的人类躯体中培育鲜活的灵魂。"

在一段时期里，至少对外星人狂热者来说，改进后的望远镜将外星人拉进了人类的视野。早在 18 世纪 70 年代，恒星天文学先驱威廉·赫舍尔就认为他看到了月球上的森林和圆形建筑。历史学家现在认为，正是这种想法激发了他制作超级望远镜的灵感，而他也因此闻名于世。1822 年，巴伐利亚天文学家弗兰策·冯·葆拉·格鲁伊图伊森（Franz von Paula Gruithuisen）报告说，他看到月球上有一座带城墙的巨型城市。1834 年，纽约《太阳报》刊登了一系列虽不属实但广大读者却信以为真的文章，声称威廉·赫舍尔之子、著名天文学家约翰·赫舍尔在南非观测南方天空时，发现了居住在月球上的生物，其中包括球形两栖动物、蓝色独角兽和长着翅膀的黄脸人。①

约翰·赫舍尔本人对这场骗局感到羞耻，但他确信太阳系中生命繁盛。19 世纪 60 年代，他提出太阳表面的巨型叶状物是"巨大的磷光鱼"。"天空中的人类不再是神话，"畅销书作者、法国天文学家

---

① 这些文章的作者名叫理查德·亚当斯·洛克（Richard Adams Locke），他是一位年轻记者。他似乎是有意讽刺迪克、格鲁伊图伊森等人的疯狂言论，奈何读者对他写的每一个字都深信不疑。那些异想天开的"发现"使《太阳报》的订阅量翻了一倍有余，多家报纸广泛报道。《纽约时报》称那些"发现"是"可能的和或然的"，《纽约客》说那些"发现"开创了"天文学和科学的新纪元"。

卡米耶·弗拉马里翁在几年后评论说，"望远镜让我们与他们的国度取得联系，分光镜使我们能够分析他们呼吸的空气。"世纪之交，受弗拉马里翁作品启发而成为天文学家的美国商人珀西瓦尔·洛厄尔（Percival Lowell）在亚利桑那州建造了一座天文台（冥王星后来在那里被发现），详细观察他所声称的火星表面的人工水道网。

然而，外星人目击事件经不起推敲，乐观主义大潮逐渐退去。20世纪中叶，科学家利用光谱学、红外天文学等改进方法发现月球上原来一片死寂，火星环境也比想象中恶劣许多。人们仍然认为火星上可能有植物，也许是某种地衣，但 20 世纪 60 年代火星探测器发回的图像显示，火星是一个荒凉贫瘠的世界。1976 年，美国国家航空航天局"海盗号"（Viking）系列探测器在火星着陆，它们的发现最终碾碎了所有希望。发射前，天文学家、科普人士卡尔·萨根（Carl Sagan）为激发公众的热情，提到火星人可能跟北极熊一般大。他说："火星上存在生命，甚至是大型生命，这绝不是不可能的。"但是，没有任何生物出没在着陆器相机的镜头前；各项仪器显示，稀薄的火星大气若有若无，星球表面没有保护性磁场，时时刻刻都在遭受太阳致命辐射的重创。

更重要的是，尽管寻找新陈代谢迹象的实验取得了明显的积极结果，但其他测试显示，火星土壤中没有可探测的有机物，即具有碳主链的分子。由于有机物是构成地球生命的基本要素，所以这些反常的积极结果必须要有一个纯粹的化学解释。虽然并非所有参与实验的研究人员都同意，但美国国家航空航天局的结论很明确：没有证据表明火星上存在生命。

人们将火星视作一个测试用例，因为它是太阳系中我们已知最像地球的天体。如果地外生命存在，那一定是在火星上。因此，这个结论打碎的不仅是火星上存在生命的可能性，而是整个宇宙存在地外生命的可能性。"既然火星为太阳系的地外生命提供了迄今为止最有希望的栖息地，""海盗号"一项实验的负责人诺曼·霍罗威茨（Norman Horowitz）在1986年写道，"那么现在可以肯定地说，地球是银河系中唯一有生命的行星。"

与此同时，研究地球生命的生物学家也意识到，生命诞生所需的步骤似乎惊人地复杂，再次发生的可能性微乎其微。自从生命遗传物质DNA的结构在20世纪50年代被破译以来，生物学家致力于揭示在遗传信息的代际传递中，DNA、RNA（核糖核酸）、蛋白质三者之间精妙复杂的舞步，以及细胞执行遗传指令的多层次机制。对许多人来说，这样一个系统从无到有、自发形成的可能性小到难以想象，绝不可能重来一次，而且"地球上所有已知生命都源自同一祖先"的遗传学研究结果也支持这种观点。

现在，问题的关键不在于上帝做过什么，而在于统计数字。生命是适当条件下的常态事件吗？地球生命是一次难得的侥幸吗？现有证据似乎倾向于后者。20世纪80年代，DNA结构的发现者之一弗朗西斯·克里克（Francis Crick）说，生命起源"几乎是一个奇迹"。[①]按照地质学家尤安·尼斯比特（Euan Nisbet）的说法，当时盛行的观点认为，生命是"发生在一个极其特殊的行星上的一次意外"。诺贝尔奖得主、生物学家雅克·莫诺（Jacques Monod）称"人类终于知道自己是孤独的"。搜寻地外生命可能依旧吸引科幻迷和阴谋论者，但已不再是严肃的科学话题。宇宙学家、畅销书作家保罗·戴维斯（Paul Davies）说："这些人还不如说自己是在寻找童话仙子。"

然而，有人把ALH84001从箱底翻了出来。

---

① 事实上，克里克认为，生命根本不是始于地球，而是外星人有意将生命安置在这里。他的同辈人不接受这种观点。

・・・

　　大卫·米特勒费尔德（David Mittlefehldt）从没想过要加入搜寻外星人的行列。他是约翰逊航天中心的地质学家，研究方向是小行星及小行星所揭示的早期太阳系。1988年，他跟斯科尔实验室要了几块小行星碎片做研究，其中有一个样本来自ALH84001。

　　米特勒费尔德向岩样发射电子束，不同元素发出特征各异的辐射图案，从而揭示岩样的成分。起初，测量结果令他感到困惑，因为结果与他正在研究的其他小行星样本不符。过了好几年，他才最终接受，之前对这块陨石的识别归类是错误的。事实上，它的成分与所谓的SNC[①]陨石是一样的。几年前，其他研究人员证明，SNC陨石组所圈闭的气体混合物与"海盗号"探测到的火星大气完全吻合，这说明SNC陨石并非来自小行星，而是来自火星。

　　因此，SNC陨石一定是小行星或彗星撞击火星时从火星表面炸出来的碎片。想想一块碎石从一颗行星飞进浩瀚的太空，落到另一颗行星上，最后被我们找到——这似乎是极小概率事件，但是几十亿年，几十亿次机会，奇迹终有可能变成现实，这些陨石就是铁证。SNC陨石组原本只有九块陨石，1993年10月，米特勒费尔德宣布，他找到了第十块。

　　消息不胫而走，斯科尔激动万分，世界各地的研究人员争先恐后研究她那块宝贝石头。研究人员很快意识到，即使就SNC陨石而言，ALH84001也是与众不同的。它由火山熔岩形成于40多亿年前，这

---

① SNC是陨石着陆点印度舍尔哥特（Shergotty）、埃及奈赫莱（El-Nakhla）和法国沙西尼（Chassigny）三地的首字母。

说明它几乎和太阳系一样古老，第二古老的火星陨石不及它年龄的三分之一，地球上任何一块岩石跟它相比都太年轻。岩石分子特征研究表明，它是在 1 600 万年前的一次撞击事件中被喷射到太空中，在太阳系游荡了很久，终于在 1.3 万年前被地球引力捕获，落到了南极洲。它被困在冰层深处，直到永无休止的南极风吹开冰面，让它暴露在斯科尔眼前。

除了年龄，这块陨石还有其他怪异之处。它的表面布满了微小的裂缝（形成于早先的一次撞击，撞击发生时它还是火星的一部分），裂缝表面又布满了细小的扁平颗粒，有时被称为"卫星球"或者"珠"，肉眼勉强可以分辨，在显微镜下呈现为带着黑白边的金色圆圈。这些颗粒的成分是碳酸盐，即含碳和氧的矿物。在地球上，含碳酸盐的岩石（如石灰岩、白垩）常形成于水中，比如海洋生物的壳和骨骼沉积而成的化石中就含有碳酸盐。碳酸盐在陨石中不常见，所以米特勒费尔德邀请在同一栋楼里办公的碳酸盐专家克里斯·罗马内克（Chris Romanek）看一看。

美国国家航空航天局地球化学家埃弗里特·吉布森（Everett Gibson）曾参与测试"阿波罗号"宇航员带回的月岩，之后转到了火星陨石研究上。罗马内克与吉布森合作，用激光轰击这些碳酸盐颗粒，分析其中的碳和氧。结果表明，这些碳酸盐颗粒不是陨石在南极洲被污染的结果，而是溶解在液态水中的二氧化碳流入裂缝后在岩石内部沉积而成。今天的火星平均温度为零下 60 摄氏度，不适于液态水存在。ALH84001 的碳酸盐颗粒表明，火星曾经有一个更为温暖的过去。

不仅如此，两人还看到了碳酸盐颗粒周围的微观形态——形似地球细菌但体积小得多的蠕虫和香肠形状。这激发了一个疯狂的想法：流入岩石的水中不但有碳酸盐，还有火星微生物。1994 年 9 月，吉布森和罗马内克把照片拿给同事、资深科学家大卫·麦凯（David McKay），他在几十年前为"阿波罗号"宇航员讲授过地质学。三人同意与另外一人秘密地验证这个想法。几天后，麦凯找到局里的化学家、电子显微镜专家凯茜·托马斯 – 克普尔塔（Kathie Thomas-Keprta）[①]。"我觉得他疯了，"托马斯 – 克普尔塔后来说。她虽然不大情愿，不过好歹同意帮他们调查这块岩石的奇怪特征。"我想我愿意参与进来，把事情搞清楚。"

不久，她也一头扎了进去。

• • •

在大西洋彼岸，年轻的天文学家迪迪埃·奎洛兹（Didier Queloz）正在法国东南部薰衣草田间的一个天文台里纳闷儿自己是不是发疯了。1994 年整个夏天，他都在分析一部新仪器的测量结果。这是一部光谱仪，能够以前所未有的准确度分析遥远恒星的运动。然而，他手里的测量结果完全说不通。

奎洛兹就读于日内瓦大学，在导师米歇尔·马约尔（Michel Mayor）的指导下攻读博士学位。师生联手在上普罗旺斯天文台（Haute-Provence Observatory）修造了一部可以测量恒星光多普勒频移的探测器，这样，通过测量恒星谱线的红移或蓝移，就能得出恒星接近地球或远离地球的速度——这正是 19 世纪天文学家哈金斯在图尔斯山想要实现的目标。两人希望这部新探测器足够精确，不仅可以追踪恒星，也能发现遥远的世界。

---

① 1996 年之前，托马斯 – 克普尔塔以她的婚前姓名凯茜·托马斯（Kathie Thomas）发表论著。

天文学家无法直接寻找其他太阳系的行星，因为它们会淹没在恒星耀眼的光辉中。但有人认为，围绕恒星运行的行星会对恒星产生引力拖拽，使恒星发生轻微的摆动，或许我们可以探测到这种摆动。一些天文学家做过尝试，但什么也没探测到。[①] 马约尔和奎洛兹的新光谱仪具备前所未有的灵敏度，能够探测到恒星 10 米 / 秒的速度变化。

1994 年夏天，新光谱仪就绪。马约尔去夏威夷度假了，临走前留给奎洛兹一份观测清单。两人希望发现最有可能产生巨大引力的类木巨行星。木星绕太阳公转一周大约需要 12 年，而想要获取一颗类木行星的完整轨道，至少需要 10 年时间。为此，奎洛兹做好了打持久战的准备，但他转念发觉有点不对劲儿。

他发现飞马座 51（51 Pegasi）不大守规矩，运行速度很不稳定，形成了一个为期 4 天的速度变化周期。起初，奎洛兹以为是他设计的软件有漏洞，不免有些惊慌失措，又不好意思告诉马约尔。整整一个秋天，他忙于对光谱仪进行全面测试并反复观测这颗恒星，但它依旧摇摆不定。

最后，他只好怀疑这种异常现象有可能是引力作用的结果。他通过计算得出，要解释这种摆动，飞马座 51 必须拥有这样一颗巨行星：质量为木星的一半或者地球的 150 倍左右，距离飞马座 51 极近，公转一周仅需 4 天，而不像地球需要一年。如此贴近恒星的诡异行星与太阳系中的任何天体都不一样，也与所有公认的行星形成理论相悖。一些颇有威望的行星天文学家曾断言，太阳系外没有公转周期小于 10 年的行星。然而除此之外，奎洛兹看不到其他出路。

---

① 1992 年，人类发现围绕同一颗脉冲星运行的两颗行星，但天文界普遍认为这一发现与寻找类太阳系恒星系统并不相关。脉冲星（pulsar）的行星十分罕见，不支持生命（至少不支持我们所知的生命形式），形成方式也与主序恒星的行星截然不同。

他给正在夏威夷度假的马约尔发去一份传真："我想我找到了一颗行星。"1995 年 3 月，马约尔回到欧洲，但此时飞马座 51 已经沉入地平线下。于是，两人计算出这颗假想行星的轨道预测值，为下次观测飞马座 51 做好准备。7 月，他们携家人前往上普罗旺斯，将这颗流浪恒星的行为与他们的模型进行比对。第一晚，它的速度与预测值完美匹配。第二晚，第三晚，第四晚，皆是如此。奎洛兹回忆说，到了第五晚，"我们说，没错，这就是一颗行星"。马约尔后来把这份顿悟描述为"一个灵性的时刻"。他们是第一批知晓太阳系外确实存在其他世界的人类。在近 50 光年之外的飞马座，一颗气态巨行星围绕着一颗类日恒星旋转。他们为这颗行星取名飞马座 51–b，然后拿出当地的蛋糕和起泡酒庆祝。

1995 年 10 月，马约尔和奎洛兹在佛罗伦萨的一次会议上宣布了这个发现。与会的研究人员既兴奋又犹豫，因为之前假定存在的行星最终证明都是子虚乌有。美国的行星猎人杰夫·马西（Geoff Marcy）和保罗·巴特勒（Paul Butler）得知消息的时候，正在加州的一个天文台工作。在接下来的四个晚上，两人仔细研究飞马座 51，试图推翻欧洲竞争对手的发现，但他们失败了，在发给马约尔的电子邮件中，他们说："好吧，你们的奇妙发现得到了证实！"

媒体沸腾了。马约尔和奎洛兹意识到，作为首颗太阳系外行星[1]，飞马座 51–b 是天体物理学的一座里程碑，而且，它奇特的公转轨道意味着行星形成理论必须改写。[2] 即使如此，公众的反应还是完全出乎他们的意料。奎洛兹说，面对铺天盖地的头版头条新闻，还有

----

[1] 太阳系外行星（extrasolar planet），又称系外行星（exoplanet）。——译者注

[2] 2019 年 10 月，奎洛兹和马约尔因发现飞马座 51–b 获得一半的诺贝尔物理学奖，另一半授予宇宙演化理论的发现者、宇宙学家詹姆斯·皮布尔斯（James Peebles）。

应接不暇的电话和采访请求，他在接下来的六个月里根本无暇工作。"我们完全忽略了一点，"他对我说，"那就是行星与生命之间的联系。"

飞马座 51-b 是一个炙热、不宜居的世界，它紧靠其恒星，在 1 000 摄氏度的高温下发光，生命存在的可能性几乎为零。但是，它的存在自带一份重大的意义——如果我们在太阳系外发现了一颗行星，那么宇宙中必定还有更多这样的行星。"其他世界不再是梦想和哲学冥思之类的东西，"资深太空记者约翰·诺布尔·威尔福德（John Noble Wilford）在《纽约时报》上评论说，"它们就在那里招手示意，这可能会永远改变人类对自身在宇宙中地位的看法。"在揣测外星生命的几千年里，人类没有找到一丝证据表明自己并不孤独，而现在，情况终于发生了变化。

· · ·

让我们再回到休斯敦。托马斯－克普尔塔最初的计划是证明 ALH84001 中没有火星生命证据，帮助麦凯和其他同事挽回颜面。她用显微镜扫描这块陨石的突出特征——橙色的碳酸盐球粒，而球粒边缘有些黑色微粒深深吸引了她。她发现，这些直径仅几纳米的黑色微粒是磁性晶体，由磁铁矿（氧化铁）和磁黄铁矿（硫化铁）组成，类似于地球上趋磁细菌形成的微生物罗盘。这些矿物可以通过非生物方式产生，但通常需要极端条件，比如高温、高酸环境，所以很难解释它们是如何在温和的气候中沉积在碳酸盐里。除非，这些晶体也是细菌的产物。

1995 年 1 月，研究小组接待了化石微生物专家、加州大学洛杉矶分校的比尔·舍普夫（Bill Schopf），他曾在 35 亿年前的地球岩石中确认了已知最古老的生命的残骸。他对研究小组的发现，也就是外星虫子的证据不感兴趣。他说，除非你们能够证明结构中含有机物，否则你们的结论无法成立。这就难办了，毕竟"海盗号"在火星上没有发现有机物。但是，托马斯－克普尔塔早已将 ALH84001 的两份岩样送到斯坦福大学化学家理查德·扎尔（Richard Zare）那里检测。扎尔有一部激光质谱仪，功能无比强大，可以通过蒸发来识别微量的化学分子。由于不想泄露自己的研究对象，托马斯－克普尔塔给两份岩样各自取了代号：米奇和米妮。扎尔和他的同事们对这种小把戏不以为意，并且不出所料将岩样束之高阁。但在舍普夫来访之后，托马斯－克普尔塔终于说服扎尔和他的同事们动手分析岩样。

他们发现了"海盗号"没能找到的东西——来自火星的有机物。在碳酸盐球粒的内部，聚集着被称为多环芳烃（PAH）的复杂有机分子。多环芳烃可以通过非生物的方式形成，从汽车尾气到星际气体云，到处都有多环芳烃，但在地球上，只要是有过生命的地方，比如石油或煤炭，你都能找到多环芳烃。扎尔和他的同事们在 ALH84001中发现的多环芳烃正是细菌细胞衰变的产物。

在研究小组看来，这么多潜在的生命迹象汇集在一起绝不可能是巧合。1996 年初，他们兴奋而又"胆战心惊"地将论文投给《科学》杂志。经过评审组（包括年迈的卡尔·萨根）数周评审，论文发表了。之后发生的一系列事件最终惊动了美国政府最高层。7 月，美国国家航空航天局局长丹·戈尔丁（Dan Goldin）请研究小组到他的办公室，对他们进行了长达数小时的质询。随后，戈尔丁应白宫传唤，向克林顿总统和戈尔副总统做汇报。

8 月 7 日星期三，克林顿总统在白宫玫瑰园举行新闻发布会，向全世界现场直播他的演说。"今天，84001 号岩石跨越几十亿年之久、几百万英里之遥，向我们诉说，"克林顿说，"诉说生命的可能。"他还说，如果得到证实，"其影响之深远和庄严将是人类难以想象的"。

然后，电视画面切换到美国国家航空航天局总部座无虚席的主礼堂。麦凯、吉布森、扎尔、托马斯－克普尔塔和舍普夫（作为怀疑者发言）在台上站成一排，他们面前的玻璃柜里装着 ALH84001 的一块小碎片，大群记者热切地将他们簇拥起来，局长戈尔丁正对着镜头讲话。研究小组的工作"带我们迎来一个有望载入史册的日子"，他说，"我们已经来到天国的门口。生逢此时，幸甚至哉！"

研究小组逐一描述了三条证据线：碳酸盐、磁铁矿晶体和有机物。单拿出任何一样都不具有决定性，但研究小组认为，三者综合起来可以构成早期火星存在原始生命的证据。他们还播放了一段动画短片演示了全过程：火星上的蠕虫状微生物在水中游动，慢慢被岩石裂隙中的碳酸盐沉积物封存起来，随后跟着岩石被抛进太空，最终落到南极洲。在观众的一片惊呼中，他们又展示了假想的"火星生物化石"的图像。

几天里，将近 100 万人在线阅读了《科学》杂志刊发的这篇论文。据美国国家航空航天局统计，发布会后的第一周，媒体共播报了 1 000 多个关于 ALH84001 的故事。新闻工作者在休斯敦的南极陨石实验室门口排起长队，只为一睹这块原石的风采。世界各地的报纸和杂志竞相报道，声势之浩大，与人类首次登月相比有过之而无不及。《今日美国》称其为"人类自第一眼看向天空以来翘首盼望的头条新闻"。

并非所有的报道都是正面的。一位著名的微软高管称 ALH84001 是"近 500 年来对人类最大的侮辱"。基督教基要主义者投诉扎尔实验室的研究违背了《圣经》教义，实验室网站被迫暂时关闭，并且撤掉了联系方式。与此同时，许多科学家也在摩拳擦掌，准备出击。

· · ·

在接下来的几个月，其他研究人员不仅猛烈抨击论文本身，还对论文作者进行人身攻击。一位陨石专家说："这是一篇半生不熟、不该发表的论文。"另一位专家称，研究小组成员是"一群劣等人"。还有一位专家强烈抗议对"粪蛋蛋"进行"偏颇得令人痛心"的解释。批评者质疑每一条证据线，他们说蠕虫形状是在实验室里造出来的，碳酸盐和有机物不过是陨石掉落南极洲时粘上的污染物，而且退一步讲，就算这些碳酸盐来自火星，其形成温度也太高了，不可能有生命存活。

研究小组的观察结果经受住了考验。现在人们一致认为，他们所报告的特征确实形成于火星，而且碳酸盐沉积发生在 25~30 摄氏度的水环境。于是，攻击的矛头转向对观察结果的解释。尽管麦凯和其他小组成员认为，在论文几处加上"可能"之类的字眼确实令结论更有说服力，但其他人认为，碳酸盐、有机物和蠕虫形状可以有其他解释。不过，相比较而言，对磁铁矿晶体的解释最令人难以忽视。

2000 年，托马斯－克普尔塔发表了一份关于陨石内晶体的详细研究报告。她在报告中说，尽管其中有些晶体可以无机形成，但四分之一以上的晶体都具有生物磁铁矿（在地球上被认为是可信的生命证据）所独有的属性组合[①]。与此同时，另一个 ALH84001 研究小组报告说，他们在线性链上看到了一些见于地球细菌的晶体，其外圈的光环或可解释为细胞膜的残留物。托马斯－克普尔塔说，现在，火星生命的证据是"令人信服的"。

---

① 这些属性包括：尺寸范围窄，化学纯度高，无结构缺陷，呈罕见的短六八面体（hexaoctahedron）形状。

2003 年，形势反转。批评者提出，如果火星温度在一次突如其来的"冲击"事件（比如将 ALH84001 从火星炸出来的撞击事件）中飙升，那么陨石中的碳酸盐可能会生成托马斯－克普尔塔所描述的磁铁矿。研究人员甚至在实验室模拟类似条件并生成了这种晶体。2009 年，托马斯－克普尔塔反击说，ALH84001 不仅含有碳酸铁，还含有钙、镁和锰的碳酸盐，如果遭遇热冲击，这些矿物也会分解成氧化物，而事实上，他们在 ALH84001 中只发现了氧化铁，所以只有一个解释能说得通——生物作用。

美国国家航空航天局一直在研究其他火星陨石，比如奈赫拉石和舍尔哥特石①，也发现了相关证据。2014 年，研究人员报告说，Yamato 000593 火星岩的脉络和裂隙中布满了复杂有机物质和细小的管道；在古代和现代地球上，寻觅营养物质的微生物腐蚀岩石，会留下类似的管道。麦凯于 2013 年去世，吉布森和托马斯－克普尔塔继续坚守。2019 年 6 月，他们对我说，他们依然坚持最初的假设，但这场争论陷入了令人沮丧的僵局。尽管这个研究小组一如既往地相信生命是最合理的解释，但批评者坚持认为研究小组无法自圆其说。不过，双方都赞同的是，研究小组的工作使科学界对外星生命研究的兴趣大增，外星生命搜寻事业也因此大为改观。

20 世纪 90 年代初，美国国家航空航天局正在寻求新的发展目标。苏联解体，太空竞赛已成历史，美国国家航空航天局各项烧钱的太空任务饱受发射延误、成本超支和重大失败的困扰，比如 1986 年"挑战者号"（Challenger）航天飞机失事，1993 年价值十亿美元的"火星观察者号"（Mars Observer）轨道飞行器失联。白宫将拨给航天局

———————————

① 这两种陨石的学名为辉玻无球粒陨石（shergottite）和透辉橄无球粒陨石（nakhlite）。——译者注

的预算削减了几十亿美元。事实上，行星科学家对 ALH84001 的态度如此苛刻，很大程度上是因为他们担心这项研究会强化"纳税人的钱最好花在别处"的看法。陨石专家艾伦·特雷曼（Allan Treiman）在1997 年接受《新闻周刊》采访时说：在美国国家航空航天局的预算排名中，我们倒数第一，"人们担心，如果这项研究最终变得跟冷聚变一样愚蠢，我们的饭碗就砸了"。

事实恰恰相反。局长丹·戈尔丁已经着手精简机构，削减官僚层级和工作岗位，大力推动创新型的小型太空任务，并且提出了"更快、更好、更省钱"这一新宗旨。此外，他还为美国国家航空航天局设立了一项新的科学使命——回答有关宇宙以及人类在宇宙中的位置等宏大的问题。新使命要落地，必须先说服政客们点头，可以说ALH84001 来得正是时候。当克林顿向全世界宣布这块火星陨石的消息时，他形容这项研究"是对美国太空计划以及我们对它的持续支持（即使在金融危机时期）的一份辩护"。他承诺，美国国家航空航天局将"倾注全部的智力和技术力量，寻找火星生命的进一步证据"。

正如记者凯西·索耶（Kathy Sawyer）所著《来自火星的岩石》（*Rock from Mars*）一书中关于这段故事的叙述，"地外生命的魅力复活了"。克林顿止住了美国国家航空航天局资金下滑的局面，航天局将资源用到了行星探索上。以寻找生命标记物和栖息地为目标的新一代航天器问世了，火星任务在"海盗号"之后首次恢复。1998 年，航天局成立天体生物学研究所，一个新的科学领域诞生了，其覆盖面如今已远超航天局自身。吉布森说，对 ALH84001 的多方面研究提供了"一个指导思想"。过去，科学家将外星人作为孤立的对象来思考；如今，行星形成、地球古生物、星际气体云有机物探测等各学科的顶尖科学家通力合作，共同追求一个至高无上的目标——理解宇宙生命。

· · ·

　　随后短短几十年的研究改变了我们的宇宙观。以系外行星为例，就在 1995 年宣布飞马座 51–b 的寥寥数周里，研究人员又发现了多颗系外行星。美国国家航空航天局的"开普勒"太空望远镜将系外行星搜索加速到了"翘曲"速度。"开普勒"扫描恒星，观测是否有行星从它们的前面经过并导致它们发出的光线变暗。截至 2018 年"开普勒"退役时，已知系外行星数量已超过 4 000 颗，还有几千颗待确认的候选行星，"开普勒"成为有史以来最高产的行星猎人。它的发现表明，在我们的星系中，行星不仅十分常见，而且种类繁多，既有飞马座 51–b 这样炽热的类木行星，也有或许浸泡在全球海洋里的迷你海王星。许多系外行星是潮汐锁定的"眼珠行星"——一面是无尽的黑夜，一面是灼热的白昼，而两者之间是窄如刀锋的恒久黄昏。

　　现在，研究人员正在运用光谱学探测系外行星的化学成分，并且发现了许多奇怪的样本，迥异于我们这个银河系小角落里的任何一样东西。巨蟹座 55–e（55 Cancri e）是一个密度高且灼热无比的火山世界，每 18 小时环绕其恒星运行一周。气态巨行星 HAT-P-7b[①] 的云层含有汽化刚玉云（刚玉是红宝石和蓝宝石的成分）。开普勒 –7b（Kepler-7b）轻如聚苯乙烯。开普勒 –16b（Kepler-16b）有《星球大战》中塔图因星的双日落。HD 189733b 上空翻涌着一层蓝色大气和会下玻璃雨的硅云。

　　这项努力的核心目标是寻找可能藏有（暂时没有找到更合适的词）生命的行星，天文学家将此类行星定义为大小与地球相似、与

---

① 又称开普勒 –2b（Kepler-2b）。——译者注

其恒星的距离容许液态水存在的行星。这样的行星似乎也为数不少。2013 年对"开普勒"望远镜数据的一项分析得出结论：银河系大约有五分之一的恒星拥有至少一颗这样的行星。2016 年，在离我们最近的恒星比邻星 [①] 的宜居带内发现了一颗岩质行星。次年，天文学家发现了一个恒星系统，它拥有七颗与地球一般大小的行星，其中三颗处在宜居带内。2019 年，在狮子座（Leo）一颗行星的大气中检测到了水蒸气。天文学家估计，仅银河系就可能有大约 88 亿颗地球大小、潜在宜居的系外行星。

正如人们在 1995 年发现飞马座 51-b 后所预料的那样，人类的视角发生了翻天覆地的变化。几十年前，"其他世界"纯属虚构，这是人类几千年不变的认识。现在，我们面对的是一个多样性超乎想象的行星世界，一个行星数量多于恒星的宇宙。不管在系外行星上找到生命的希望多么渺茫，我们知道，仅在银河系中，生命出现的机会就有几十亿次。

与此同时，生物学家意识到，生命本身比我们想象中要灵活、坚韧许多。令人震惊的是，1977 年，人们在深海热液喷口周围发现了蓬勃的生态系统。自 20 世纪 90 年代"嗜极生物"（偏爱极端条件的有机体）研究起步以来，人们清楚地认识到，至少在地球上，哪怕只有一滴液态水，就有生命存在。"我们过去认为生命不可逾越的物理和化学障碍，"生物学家于 2001 年在《自然》杂志上发表评论说，"如今看来，是又一个容纳嗜极生物的生态位。"

2013 年，人们发现，在南极冰层下冷彻的咸水湖中，在地壳超热岩石内部的深处，都有细菌存活。这样的生态系统不是从普照大地的阳光中获取能量，而是从地球深处收集化学能。细菌可以在高酸、

---

① 比邻星（Proxima Centauri），又称半人马座 α 星 C。——译者注

高盐、极端重力、粉碎性压力和严酷辐射的条件下茁壮生长，有的菌株以铀为食，还有的菌株可以呼吸砷。地衣可以在火星条件下生长。被称为水熊虫的微型动物极具韧性，能在接近真空的太空中产卵。每一项发现都在扩展我们对生命的理解，而同时，想象外星生命的演化，也变得不再那么困难。

与此同时，我们也在不断增进对太阳系其他潜在宜居地的了解。比如，天文学家认为，木卫二和土卫二的冰层下有巨大的水海洋。再比如，几十亿年前的金星曾是一颗宜居星球，后来失控的温室效应令它变作一片焦土。与此同时，地球和火星数十亿年来一直在交换诸如 ALH84001 这样的小天体，这一事实使宇宙学家保罗·戴维斯、生物化学家斯蒂芬·本纳（Steven Benner）等知名科学家认为，出现在一颗行星上的生命可能会搭便车迁移到另一颗行星上。天文学家钱德拉·维克勒马辛格（Chandra Wickramasinghe）等更具争议性的人物将整个银河系视为一个单一的、连通的生物圈。这个概念被称为"泛种论"（panspermia），认为每颗行星都"从巨大的宇宙基因库中选择遗传基因"。我们在彗星和小行星上探测到生命有机前体，而且我们发现，有些细菌和真菌孢子（尤其是藏在岩石内部的）可以在深空中存活。如此看来，泛种论或许也没那么丧心病狂。

关于火星的过去和现在，科学界的看法也在反复。1998 年，美国国家航空航天局发射的"火星全球探测者号"（Mars Global Surveyor）轨道飞行器的测量结果显示，40 亿年前的火星有一个全球磁场，保护它免受太阳带电粒子风的破坏性影响。现在，来自火星岩石的有力证据表明，这个全球磁场允许火星保留一个富含二氧化碳的厚大气层，从而使气候保持相对温暖，允许咸水湖、河流、海洋等液态水体的存在。2018 年，美国国家航空航天局的"好奇号"（Curiosity）火星车对 30 亿年前的古老湖底沉积岩进行采样分析，发现了大量生命所必需的有机物质，这与麦凯和其他人在 1996 年关于趋磁细菌曾生活在含盐碳酸水里的观点惊人地契合。

今天，这个磁场已经不复存在，火星遭受强烈的辐射，大气稀薄，即使有液态水也很快就会蒸发掉。然而，各项火星任务发回的数据始终描绘了一幅比预期更适合生命的画面。科学家在火星极地冰盖和地下发现了大量水冰，在夏季的赤道山坡上看到了疑似流水冲刷而成的黑色条纹。2018 年，欧洲航天局（European Space Agency）"火星快车号"（Mars Express）轨道飞行器的雷达显示，与地球的南极洲一样，火星南极冰层深处有一个直径 20 千米的大型液态水湖。

探测器还在火星大气层中多次检测到甲烷。尽管这种气体可以在地质过程中产生，但地球上的甲烷大多是生物体的产物，包括生活在地壳中的细菌。因此，一些科学家认为，这可能是火星表面下存在类似微生物的信号，美国国家航空航天局和欧洲航天局即将开展一项新任务，让探测器钻入火星表面探测。[①] 无论如何，甲烷的存在为 1976年 "海盗号" 的数据带来了新的曙光。当年 "海盗号" 没有在火星土壤中检测到有机分子，任务得出的正面结果均被否定，而我们现在很清楚，火星上确实存在有机分子。"海盗号" 任务的生物学家吉尔伯特·莱文（Gilbert Levin）和帕特里夏·斯特罗特（Patricia Straat）坚持认为，生物解释仍然是最合理的。

总的来说，科学家在解释 ALH84001 和 "海盗号" 观测结果时所遭遇的困难迫使他们打开思路：既然宇宙中的行星千奇百怪，那么或许生命也是多种多样的。我们已知的生命是碳基生命，依赖液态水作

---

① 2018 年 5 月，美国国家航空航天局 "洞察号" 火星无人探测器发射升空，11 月26 日登陆火星。2021 年 1 月，美国国家航空航天局宣布，负责钻入火星表面取样的热流探测仪（昵称 "鼹鼠"）经过多次失败的尝试，最终放弃钻探。——译者注

为溶剂，而现在，科学界提出了其他孕育生命的化学机制——土卫六的甲烷和乙烷湖中的生命或许把烃类当溶剂。不同的能量来源也是可能的，与地球生命利用阳光或者化学能不同，外星生命或许利用热能或者动能。面对如此多样的可能性，我们的搜寻目标是进化能力、代谢能力还是信息编码能力？又或者，任何我们能够想出的生命定义都太过狭隘，所以我们应该去寻找不符合定义的东西？

此外，还有一种可能。围绕中子星运行的行星上的生物可能从波动的磁场中获取能量，它们的遗传密码基于磁体链而不是化学的DNA。其他人提出，地球上可能存在一个由外星生命构成的"影子生物圈"，它"就像绿篱外的仙女和精灵王国"，我们的常规测试尚未发现其存在。无论我们能否找到外星生物，这份探索本身就在改变我们，扩展我们对生命的认知。

• • •

当然，还有比"宇宙中是否存在其他生命"更大的问题：宇宙中存在其他智慧或者意识吗？当我们凝望天空时，有没有谁在回看我们？

前面我们讲到迪迪埃·奎洛兹被来自天空的怪异信号搞得不知所措，让我们将时间再倒回 25 年，一位年轻的天文学家在测试一种新仪器时同样陷入了窘境。1967 年，剑桥大学博士生乔斯琳·贝尔（Jocelyn Bell）[①] 希望找到更多新近发现的、极其明亮的无线电波源——类星体（quasar）。她的导师托尼·休伊什（Tony Hewish）设计了一台巨型射电望远镜，有 57 个网球场那么大。休伊什的团队用了两年时间将 1 000 多根木桩钉进地下，并用数百千米长的电线连接起来。

---

① 乔斯琳·贝尔，现名乔斯琳·贝尔·伯内尔（Jocelyn Bell Burnell）。

1967 年 7 月，望远镜建成投用。望远镜随地球转动，发出的光束每 24 小时扫过天空一周，将捕捉到的所有无线电信号在纸卷上画成曲线，每天用掉 30 米纸卷，由贝尔手工分析。几星期后，她注意到图上偶尔出现一种奇怪而神秘的闪烁模式，既不像是地球，也不像是任何已知天体造成的。她称其为"后脖颈"。

最终，贝尔和休伊什决定加快记录速度，以便捕捉到"后脖颈"出现的细致规律。信号依旧时隐时现。11 月，贝尔终于成功了，结果吓了她一跳。"当线条在笔下流动时，"她后来回忆说，"我看出这个信号是一系列脉冲……间隔是1⅓秒。"她从没见过这样的东西，如此规律的时间间隔必定是人为的，但信号只有在光束指向同一小块深空时才会出现。

天文学家思考并排除了几种解释，比如月球反射的雷达信号、在奇怪的轨道上运行的卫星、附近一座金属棚的异常效应等。最终，另一台望远镜在排除了设备故障的可能后，确认了这个信号并显示它的发射源位于太阳系之外。这迫使贝尔思考一个令人不安的可能性："这些人造脉冲的制造者来自另一个文明吗？"小组人员把这个神秘光源戏称为"小绿人星"（LGM，即 Little Green Man 的缩写）。

1959 年《自然》杂志刊登的一篇论文提出，智慧外星人的深空通信可能使用频率为 1 420 兆赫的射频信号（即氢的发射谱线）。这听起来像是科幻小说，但撰文的物理学家说："星际信号的存在与我们目前掌握的认识完全一致，而且……如果信号存在，探测手段是现成的。"1960 年，美国天文学家弗兰克·德雷克（Frank Drake）进行了第一次搜索。他在西弗吉尼亚州的国家射电天文观测站（National Radio Astronomy Observatory）逗留了四个月，将一台 26 米口径望远镜对准两颗近邻恒星，可惜什么也没听到。如此看来，贝尔偶然捕捉到的可能正是这样的信号。

随着圣诞节临近，这个信号看起来越发像是来自外星人。虽然脉冲间隔从无变化，但强度时大时小，有时还会完全消失。信号仅出现在一个很窄的频段，不像是任何已知的天然信号，而像是雷达脉冲。按照天文学家的计算，这个发射源太小了，不可能是一颗常规意义上的恒星。

此时，休伊什和天文台负责人马丁·莱尔（Martin Ryle）开始认真对待外星人的可能性。"日复一日，人们的兴奋之情与日俱增，"休伊什在 1968 年写道，"这些脉冲是来自某个外星文明的信息吗？"如果找不到其他解释，该如何发布这个消息呢？找皇家学会好还是找政府好呢？他们展开了一番讨论。莱尔半开玩笑地说，不如一把火烧了记录，从此绝口不提。这样的消息一旦散播出去，肯定有人想给外星人回信，但在欧洲探险史上，佐证"与更高文明越少接触越好"的证据比比皆是。

这个无法解释的信号给贝尔带来了大麻烦。"我本想凭这项新技术拿博士学位的，怎么就冒出一帮愚蠢的小绿人非要用我的频率和我的天线跟我们通信呢？"12 月 21 日，她再次看了看曲线图，发现了更多"后脖颈"，但这次，信号来自天空的另一片区域。那天深夜，她去天文台，想要在那片区域再次进入望远镜视野时进行更详细的观测。起初，她无法让设备在低温工况下工作，她回忆说："我来回扳动开关，骂它，冲它吹气，然后它正常工作了五分钟。"她刚好及时捕捉到了信号并确认这是一系列新脉冲，间隔 1.2 秒。

贝尔回家过圣诞节时开心多了，因为她满意地发现了"后脖颈"的一个自然解释："两波小绿人不可能选择同一个奇怪的频率，而且同时试图向地球发出信号。"她于 1 月返回，很快又发现了两个相似的信号源。与此同时，休伊什试图探测原始信号的多普勒频移（如果信号是外星人发出的，这些外星人应该位于一个围绕恒星运行的行星上，所以信号源相对于地球的运动速度应该是变化的），但什么都没发现。另一位同事提出，无线电波在前往地球的途中会穿过太阳风，所以可以用太阳风的波动解释其强度变化。

外星人的说法不再可信，贝尔和她的同事们终于完成论文并于1968年2月发表。他们把这些闪烁的光源称为"脉冲星"。天文学家现在把脉冲星解释为一种高度磁化的中子星（中子星直径仅20千米，由巨星的核心坍缩而成），转速极快，发出强大的电磁辐射耀斑，如灯塔光束般四处扫射，在其光路上呈现为间歇性脉冲。休伊什和莱尔因为这一发现于1974年分享了诺贝尔奖（他们的年轻女同事贝尔没有获奖）。

尽管事实证明这些光源跟小绿人没关系，但"人类有朝一日能够听到太空深处的一声呼唤"，这种想法依旧令人心驰神往。监听工作大多由私人资助，规模相对较小（美国国家航空航天局1992年启动的一个项目遭到政客嘲笑，一年后取消了），被观测的天空基本保持沉默。说起来最有可能是小绿人的信号出现在1977年8月，当时俄亥俄州大耳（Big Ear）射电望远镜的一名天文志愿者发现，人马座（Sagittarius）出现了1 420兆赫无线电波暴增，面对如此惊人的现象，他在打印输出上圈出来，并在空白处写下"哇！"。没人再次发现这个信号，也没人对它进行解释。①

---

① 天文学家一直在向外太空发射信号。1974年，波多黎各的阿雷西博望远镜向一个临近星团发送由弗兰克·德雷克和卡尔·萨根设计的第一批致外星人的信息。彼时的英国皇家天文学家马丁·莱尔大为震惊，认为没有经过妥当的公开讨论，他们不该贸然尝试这样的做法。他写信给德雷克，抱怨说"向银河系透露我们的存在和位置是非常危险的，据我们所知，任何外星生物都有可能是邪恶的——或者饥饿的"。阿雷西博望远镜还在2012年向外太空播送了人类对"哇！"信号的回复。这条回复由《国家地理》杂志赞助，包括大约1万条推特信息，标签是#追逐不明飞行物#。2017年末，非营利组织"外星智慧生命通信国际"（METI International）开始向一颗临近的系外行星发送一本基于音乐的数学初级读物。

2015 年，俄罗斯亿万富翁尤里·米尔纳（Yuri Milner）捐资 1 亿美元创建了"突破监听"（Breakthrough Listen）项目，总部设在加州大学伯克利分校。这一举动将外星智慧生命搜索拉进了主流行列。这笔钱足以开发机器学习等新的搜索技术、购买顶级望远镜的使用时间，足以赢得一些顶级天文学家①的支持，也足以瞄准 100 万颗近邻恒星。2017 年 8 月，该项目从 30 亿光年外的一个矮星系探测到一组重复的、无法解释的射电爆发，不过天文学家说，它们很可能来自一个天然发射源。

尽管迄今为止的研究结果并不乐观，但随着外星智慧生命的搜索日益普及，外星智慧生命已经成为一个热门话题，从哲学家到计算机科学家，人人都在讨论外星智慧生命的形式，以及我们如何与其通信。"一项古怪的小众科学，"美国空间政策分析师迈克尔·米肖（Michael Michaud）说，"一跃成为一项广泛的多学科思维实验，其目标是探索地球和地外智慧生命的本质和行为。"

对语言学家来说，这些问题使一个古老的辩题复活并焕发出勃勃生机，那就是语言的本质。语言在多大程度上建立在先天的、普遍的原则之上，还是说，语言是由我们的物理性质和环境所塑造。与此同时，动物行为专家说，我们不仅应该思考人类的思维和语言模式，还要考虑地球上其他类型的智慧，从蜜蜂的集体记忆到章鱼的好奇心和解决问题的能力。神学家问：我们如何识别一种迥异于我们、值得被赋予道德地位的外星物种或文化？或者换句话说，是什么使一种生命形式拥有尊严、值得尊重？

或者，外星人可能根本就不是生物。美国哲学家和认知科学家苏

---

① 包括英国皇家天文学家马丁·里斯（Martin Rees）和 2018 年去世的宇宙学家史蒂芬·霍金。

珊·施奈德（Susan Schneider）提出，宇宙最复杂的文明将是超级计算机，即人工智能，而到那个时候，曾经创造出人工智能的生物要么已经消亡，要么与技术合为一体。她预测这些"生物"很可能是硅基的，处理信息的速度快于生物性大脑。另一些人提出质疑，他们认为，知识和技术进步不应被视为文化进步的决定性力量。例如，美国国家航空航天局的生物学家马克·卢皮塞拉（Mark Lupisella）提出，真正先进的外星人可能将智慧视为工具而非目的。我们能想象出一个追求主观价值（如公平、同理心、多样性）而不是客观事实的文明吗？

换言之，对外星社会的猜测实际上推动了一场关于人类自身的讨论。对我们来说什么是重要的？我们是谁？我们的未来会是什么样子？正如寻找外星生命促使我们质疑生命与宇宙的关系以及生命的本质，对地外智慧的探索则全然不顾我们的意愿，演变成了一种更为深刻的思考，令我们再次沦为某种宏伟构建的一部分。人类不是智慧生命普遍且必然的状态，而只是无数可能性中的一种而已——我认为，这个认识改变了人类对自身的看法。即使外星信号永远不会光临地球，这个认识本身也提供了一个"他者"，让我们可以反观自身的位置，正如几百年来，波利尼西亚航海家凭借在头脑中想象那些看不见的岛屿来辨识航向。

· · ·

尽管有 1996 年以来的所有发现，我们仍然没有找到地外生命存在的实例。在人类历史上，我们第一次可以运用科学方法和实验研究宇宙中存在什么，但我们尚不能回答火星和宇宙别的地方是否有生命。不过，我们已经成功地将这个问题分解为一系列小问题，比如其他行星是普遍存在的吗？火星宜居吗？有机分子广泛存在吗？有机体可以在极端条件，甚至是太空环境中存活吗？很难忽视的是，至少到目前为止，这些问题的答案都是肯定的。

无论我们看向何方，所见的证据似乎都支持一种观点，即生命在宇宙中不是例外，而是规律。在过去几个世纪，科学已经把我们的存在从上帝的特殊创造物贬为宇宙的一次偶然偏差，而斯科尔的南极绿石和奎洛兹的飞旋行星又指向另一种可能——生命是一种普遍现象。如果你愿意的话，这是对"有生命宇宙"概念的回归。我们又一次看到了天空中的生命。

不仅如此，生物友好型宇宙的概念迫使我们重新思考有意识的智慧生命的前景。天文史学家史蒂文·迪克（Steven Dick）1996年在ALH84001白宫峰会上对戈尔副总统说："我们正在试图确定宇宙演化的最终结果是否仅是行星、恒星和星系，会不会还有生命、意识和智慧。"

研究纯粹的物质现实，这是科学的基础。通过将主观经验剥离出去，我们可以探索真实的存在而非头脑中的想象物，这无情地导致了"万事万物皆为物质宇宙"的世界观。然而，科学发现却将我们悄悄引向另一种可能，即宇宙中不仅存在其他生命，还存在其他意识。科学家开始思考一个观点：意识或者说经验不是化学进化的一次性副产品，而是宇宙的基本特征。我们正在拨开云雾窥见一个生机勃勃、日益觉醒的宇宙。请看最后一章。

第十二章

意识

2001 年 4 月，美国国家航空航天局宇航员克里斯·哈德菲尔德（Chris Hadfield）爬出国际空间站，开始了他的首次太空行走，几十年的训练和准备凝聚在这一刻。哈德菲尔德是一位头脑冷静、纪律严明的飞行员，学过数学、物理、工程学和机器人学，驾驶过七十多种飞机，还花了整整五十天在游泳池里练习太空行走。他说："从技术层面讲，我已经为即将发生的事情做好了全面准备。"但在某种意义上，他的准备并不全面。

　　当他第一次单手抓着飞船自由悬浮在太空中时，他感觉他的头脑放空了。那一刻，他忘记了安装 17 米长的机械臂这件正经事，而是"感到被一种原始的美冲击了"。他向右看去，只见繁星点点，天鹅绒般的宇宙绵延不绝，深不可测。向左看去，万花筒般的五彩世界倾泻而下。这"令人瞠目窒息"，他后来说，"让你无法思考。"

　　哈德菲尔德说，当他独自一人，穿着宇航服，俯视着"六十亿人与所有历史，每一份美丽和诗意，还有焕发人性的一切"时，他感受到一辈子的书本、讲座、计算都不曾传授给他的东西："我所能感知的存在的力量。"

本书前面讲述了至少在西方世界，我们是如何无情地将个人经验从我们对宇宙的理解中剔除。人类曾经认为，宇宙充满了神话和神灵，迷人而又可怕，在这样的宇宙中，意义塑造现实，天象与人类的生活和信仰纠缠不清。过去几百年来，我们运用一系列数学定律和公式，把我们自己从群星中抽离出来。虽然一直有人反对这种趋势，但总体来说，科学的伟大成就是有目共睹的。我们把宇宙看作一个独立的外部现实，无论我们如何看待它，它就在那里。在我们的祖先首次仰望天空之前的几十亿年，它已经形成；在最后一个生命消失之后，它还将继续存在几十亿年。

今天，我们探索宇宙不再是通过观察天空，而是依靠探测器的测量和计算机的处理。这种方法取得了惊人的成功。我们可以深入尘埃云的内部，拍摄遥不可及的星系，探索大爆炸的余晖，探测时空结构中的微小涟漪。我们从证据出发，描述了宇宙如何诞生于一场大爆炸，并且预测了它的结局。人类是第一种窥探到此中奥秘的生物，这令我们感到荣幸。我们用仪器取代双眼，获得了远远超出人类感官所能获知的科学洞见与发现。

从实用的角度来看，我们也不必再仰望天空。在古代，哪怕是生活中的点滴小事，人们也要从旋转的天空获取指引。而今天，卫星导航系统令我们轻敲按钮就可以定位，数字钟的精度已经远远超过了太阳。与此同时，如果我们抬头向上看，光污染将我们的视线遮挡得严严实实，以至我们已经忘却了头顶的缤纷景象。几十年前，银河还是一条贯穿夜空、闪闪发光的天河，人们从中读出各式各样的故事，而现在，欧洲和美国的大多数人已经看不到银河了。就数据收集而言，这没造成什么灾难性后果，只是带来了一些不便，天文学家完全可以将望远镜建在远离人造光的偏远山顶上，或者直接送入太空。然而，只有数据最重要吗？我们的星空观难道只有数据吗？

有此疑问的不只我一人。在过去的一二十年，越来越多的哲学家、心理学家、神经科学家，甚至物理学家，力图保存来之不易的科学方法和洞见，同时将意识经验重新纳入我们对宇宙的理解。他们的工作影响了我们如何看待自己，也影响了我们如何与世界和更广阔的宇宙发生联系，甚至还令我们中的一些人对现实的本质产生了怀疑。

• • •

历史上的作家不管来自什么背景，信仰哪个宗教，他们在描述仰望星空的感受时，都如出一辙。天文学家托勒密在公元 1 世纪说，寻找头顶旋转的星星让他忘却人终有一死，"我不再脚踏大地，而是与宙斯并肩同行，我飨足了仙馐，那是众神的佳肴"。将近 2 000 年后，也就是 19 世纪，瑞士哲学家、诗人亨利 – 弗里德里克·艾米尔（Henri-Frédéric Amiel）躺在海滩上仰望夜空，扫视银河。"当你手可摘星，坐拥无限的时候"，你会油然而生一份"恢宏、辽阔、不朽的"宇宙遐想！

今天，对我们许多人来说，这都是难得一见的景象。而当我们真正看到星空时，那种感受令人无比震撼。几年前，我参加了一次专项任务，来到墨西哥的一个偏远山区。一天夜里，我待在单人帐篷里，外面电闪雷鸣。后来雨停了，我钻出帐篷，走进黑夜，一股焦虑和孤独感扑面而来，挥之不去，直到我抬起头来，肾上腺素开始飙升。我的头顶是一片闪闪发光的海洋，它从一个地平线延伸到另一个地平线，直到永远。有那么一瞬间，我感觉自己离开地面，穿越时空，回到了家里。

再次回想起来，我已记不起那晚看到的是星座、行星还是光带般的银河，我只记得那股令人敬畏的天空力量。我平时住在伦敦，那里的夜空泛着一层霓虹橙色，昏暗无趣，只有几个挣扎的光点不时打破空虚。但在墨西哥的那晚，我感到一张面纱被揭开了，仿佛有什么东西失而复得了，而这样东西我甚至不知道自己已经失去。那晚没有月亮，可夜空并非漆黑一片，朗朗银星照亮了整个天穹。

一直以来，科学家忽视了观星所蕴含的人性的一面，把冥思的机会留给了画家和诗人。不过近几年，科学家意识到，与宇宙的直接接触不仅会带来审美上的震撼，还会给我们的心理健康和人生选择造成深远而实质的影响。在这方面，加州大学伯克利分校心理学家达谢·凯尔特纳（Dacher Keltner）取得了一些新的发现。多年来，他一直在研究诸如愤怒、恐惧之类的消极情绪，后来他想研究人类经验的积极方面，也就是能触发强大、持久变化的东西。他选择了"敬畏"。2003 年，凯尔特纳等人联合发表了"敬畏"的首个科学定义：人在面对超越正常参照系、难以理解的宏大事物时获得的一种感受。

这是一种融合了惊奇和几近恐惧的情感。当一个人心生敬畏的时候，他所面对的力量宏大到令他相形见绌，甚至感觉自己会被这种力量吞噬。科学家青睐的"奇迹"这一概念具有更强的认知属性，通常涉及如何解决一个难题；相比较而言，敬畏似乎阻断了一个人的理性思考。我们感到敬畏的时刻，就是被迫向神秘力量屈服的时刻，因为在那一刻，我们意识到还有太多未知的东西。按照凯尔特纳的说法，这种宏大的力量既可以是有形的，也可以是抽象的。敬畏的源头也有很多，一位强悍的领袖，一次高尚的牺牲或道德行为，一处史诗般的自然景观（森林、沙漠、海洋或峡谷），都可以构成一种宏大的力量。从那时起，世界各地的研究人员开始用恐龙骨架、参天大树等各种各样的东西，激发志愿者的敬畏之情。没有比宇宙更宏大的东西了，所以在激发敬畏感的各种方法中，有一种屡试不爽，那就是展示星空的照片或视频。

结果令人惊讶。研究结果证明，即使是由实验室实验引发的轻微敬畏，也能显著改变志愿者的情绪和行为。首先，能够引发敬畏感的图像似乎打破了人的思维习惯和模式，令人变得更有创造力，对世界也更感兴趣。其次，亚利桑那州的心理学家发现，经历了敬畏之后，人对短篇故事的记忆会得到改善，这是因为经历过敬畏的人不再抱有成见，更加留意眼前正在发生的事情。

在另一项研究中，感受到敬畏的人在测试中有更多有创意的想法，对抽象画更感兴趣，并且在难度大的题目上坚持得更久。同时，敬畏感对健康和生活质量也有持久影响。凯尔特纳的研究小组发现，经历了敬畏之后，人会感到更快乐，更减压，即使在几周之后依然会有这样的感受，这进而带来了生理效应。最近的一项研究发现，敬畏感可以降低促炎症细胞因子的水平，还可以激活副交感神经系统（负责平息"战斗或逃跑反应"）。

不过更有趣的是，敬畏似乎能让我们变成更好的人。在感受到敬畏之后，志愿者不再为一己得失而忧心忡忡，相反，在多次研究中，志愿者都提到，他们感到自己与其他人和世界的联系更紧密了。他们会做出更有德行的决定，对人更慷慨大方，而且更有可能牺牲个人利益来帮助他人。他们关心的不是钱而是环境。他们感觉好像拥有了更多时间。

研究人员认为，敬畏感将我们的关注范围扩展到全局，从而弱化了我们的自我意识。在 2017 年的一项研究中，凯尔特纳发现，在经历敬畏感之后，人们会把自己的名字签得更小，把自己画得更小，但其实他们的地位感和自尊心并没有下降。2019 年，荷兰神经科学家报告说，观看令人敬畏的视频可以让大脑"默认模式网络"的活动停下来（该网络包括部分额叶和皮层，被认为与我们的自我意识相关）。"敬畏使自我逐渐消失，"凯尔特纳告诉我，"你头脑中的声音、自利、自信，都消失了。"最终，我们感受到与一个更大的整体——

社会、地球，甚至是宇宙——有了更多联系。

对于敬畏的形成原因和过程，研究人员各持己见。凯尔特纳把强大的统治者视为敬畏的原初来源，其他人则认为，这种将社会联系与创造性思维有力结合起来的情感，最早是由雷雨等自然力触发的。我认为，我们不应该低估夜空的力量，毕竟自人类迸发出思想之火那一天起，夜空始终是一片壮观的星辰大海，照亮了从古至今的每一个人类社会。

· · ·

"美，真美！"进入太空的第一个人、苏联宇航员尤里·加加林（Yuri Gagarin）在 1961 年 4 月进入轨道的几分钟后惊呼道。他所赞叹的对象不是群星，不是宇宙，而是我们这颗星球。他后来给人类写了一封签名信说："全世界的人啊，让我们捍卫和强化这份美丽，而不是毁灭它！"

但是，比仰望夜空更震撼人心的，似乎是在仰望之后回看地球。纵观人类历史，神秘主义者和萨满——从穴居人到宗教冥想者再到先锋艺术家——在他们的头脑中穿越宇宙，而今天，在人类进步的最前沿，几百人成了真正的太空旅行者。热衷于太空旅行的国家想要展示技术实力，取得科学发现。然而，这些国家的宇航员带回来的最有力量的信息，往往不是事实性的，也不是科学性的，而是一种无法用计算机处理，有时甚至难以用语言表达的信息。其实，这些太空旅行者最想与其他人分享的知识，完全取决于他们对太空的意识经验，而这种经验，不是靠测量或计算得来的，而是被感知和感受的。

最重要的是，他们讲述了地球的美丽、鲜活和脆弱，同时还传达出一份强烈的认识——地球很珍贵，需要我们的保护。1971 年，当

"阿波罗号"宇航员詹姆斯·欧文（James Irwin）从月球表面看向地球时，他说："那个美丽、温暖、有生命的天体看起来是如此精致，如此脆弱，仿佛你用手指一碰，它就会碎掉。"2008年环地飞行的美国航空航天局宇航员罗恩·加兰（Ron Garan）也认为，我们的星球"像一个有生命、有呼吸的有机体"，只有一层薄薄的大气保护它上面的一切"免于死亡……免遭太空的严酷"。

这些宇航员往往都是带着保护环境的决心返回了地球。俄罗斯宇航员尤里·阿特尤什金（Yuri Artyushkin）对地球的状况以及人类对地球的影响怀有强烈的共情与担忧。2008年，百万富翁、游戏设计师理查德·加里奥特（Richard Garriott）成为世界第六位太空游客，回到地球之后，他卖掉了大排量燃油车，给家里装上太阳能电池板，并且开始投资绿色能源和插电式汽车。

还有人说，国家边界和政治冲突是无足轻重的，拥有不同国籍的宇航员都强调，我们居住在同一个星球上。"阿波罗14号"宇航员埃德加·米切尔（Edgar Mitchell）说："从月球上看，国际政治算什么，我真想薅住一个政客的后脖颈，把他拽到25万英里①外的太空，然后跟他说'你个混蛋，好好看看吧'。""阿波罗17号"宇航员吉恩·塞尔南（Gene Cernan）说，从太空看地球，"你看不到把世界搞得四分五裂的肤色、宗教和政治障碍"，相反，你会被"人性、爱、情感和思想"所震撼。

这就是"总观效应"（Overview Effect），这个概念形成于20世纪80年代，近来越发受到关注。2008年，一群宇航员、科学家和航天专家组建了总观研究院（Overview Institute），其宗旨是更广泛地传播宇航员的洞见，并且"促进人类向世界和平迈进"。2012年的纪录

---

① 地月距离为38万公里，约合25万英里。——译者注

片《宇宙宏观》(Overview)和《国家地理》2018 年的系列片《一块奇石》(One Strange Rock),令大众了解到总观效应,而虚拟现实和太空旅游的发展意味着,很快会有更多人亲身体验这种效应。2016 年,心理学家分析了这种效应,认为它属于敬畏感的一种,在他们看来,从外部看地球是视角的终极转变,迫使一个人把注意力从自身转移到整个星球上。

这种效应非但不可怕,反而会令人感到愉悦和团结。"天空实验室 4 号"(Skylab 4)的科学飞行员埃德·吉布森(Ed Gibson)在轨道上体验到了"内心的平静",宇航员杰夫·霍夫曼(Jeff Hoffman)称之为"一种优雅的状态"。宇航员经常描述自己与人类、地球,甚至整个宇宙融合起来的感觉。1992 年,梅·杰米森(Mae Jemison)在"奋进号"(Endeavour)航天飞机上待了一周,他感到自己与"宇宙的其他部分"有了联系。克里斯·哈德菲尔德被一种"感受深深打动——有一种比你大得多、深得多的东西,它是古老的,(带有)一种与生俱来的重要性,令你相形见绌"。詹姆斯·欧文"感受到了上帝的力量",埃德加·米切尔在从月球返航的途中,感到整个宇宙"在某种程度上是有意识的"。"一种身心向宇宙延伸的感觉将我吞没,"他说,"我惊讶地意识到,宇宙的本质并不是我所学的那样。"这种感觉仿若自我意识弱化到了极点,以至一个人与太空的界限完全消失了。

• • •

当然,你不是必须一飞冲天或者失去意识才能获得天人合一的感觉。总观效应往往与宗教体验联系在一起,由祈祷、冥想等仪式诱发。在 20 世纪之交,心理学家、哲学家威廉·詹姆斯(William James)从各种信仰中收集了一些著名的例子,从佛教开悟者的更高意识，到基督徒的冥想，不一而足。例如，在基督教例子中，圣十字若望（St John of the Cross）称他进入了"一个无垠的沙漠，一个智慧的深渊"，圣特蕾莎（St Teresa）描述她的灵魂与上帝结合了。

在詹姆斯收集的例子中，有一些体验的宗教意味并没有过分浓烈。诗人阿尔弗雷德·丁尼生（Alfred Tennyson）常常自言自语重复自己的名字，以诱发一种清醒的恍惚状态，"一个人的个性似乎溶解了，最后消失于无限的存在之中"。但所有这些人都分享了与更高意识融合的经验。当德国作家、唯心主义者玛尔维达·冯·梅森堡（Malwida von Meysenbug）跪在海边时，她经历了"从个体化的独处到万物合一的转变……她感到自己与大地、天空和海洋一同在包容万物的和谐宇宙中回响"。加拿大精神病医生理查德·莫里斯·巴克（Richard Maurice Bucke）有天晚上跟朋友们讨论哲学，散场后叫到了一辆双轮双座马车，突然之间，他感到"被火烧云包裹起来"，紧接着，"我相信并且看到，宇宙不是由死物质组成的，相反，它是一个活生生的存在。"

巴克将这种经验命名为"宇宙意识"，他说，这种经验赋予人"一种不朽感……不是坚信自己不朽，而是意识到自己已经不朽"。詹姆斯说这种经验是"神秘的"，并且得出一个结论：虽然每个人囿于自身的旧有观念在细节上有出入，但人们所描述的基本上是一回事，即与一个有意识的宇宙合一的感觉，其特点是浩瀚、永恒、安然、宁静，还有许多来源提到的"爱"。几十年后，英国作家阿道司·赫胥黎（Aldous Huxley）提出，这种洞察的共同内核形成了"一个古老而广泛的基底，构成了所有宗教和精神道路的基础"。

讽刺的是，强大的科技力量将宇航员送入太空，而宇航员带回来的核心信息似乎与精神探索者几千年来传递给我们的并无二致。那么，关于宇宙，关于我们自身，这些经验能告诉我们任何有用的东西吗？

这些经验似乎都涉及意识的某种状态，心理学家现在把这种状态称为超验状态，在这种状态下，人的自我不仅会弱化，甚至会完全消失。不过，这是一种极端而罕见的状态，很难直接研究，詹姆斯能做的只是收集一些人的叙述。但是，科学家最近获得了一种研究超验状态的有力方法：迷幻药。这些药物在 20 世纪 50 年代被发现时引发了一场轰动。LSD^① 是在瑞士的一个实验室合成的，含有致幻剂裸盖菇素（psilocybin）的蘑菇来自墨西哥的萨满文化，人们发现这种蘑菇可以与人脑中的血清素受体结合，使人进入超验状态。

20 世纪 60 年代和 70 年代，人们开展了成千上万项研究，尝试用迷幻药治疗酗酒、毒瘾和抑郁症，但这些研究不是很严格，一些狂热的研究人员拿迷幻药当作糖果一样分发。由于担心安全风险，更不用说这类药物似乎助长了反建制情绪，美国和欧洲政府禁止使用此类药物，关闭了此类研究。但在过去十年，几位科学家再次获准在严控条件下研究迷幻药的影响。第一项成果由约翰斯·霍普金斯大学临床药理学家罗兰·格里菲斯（Roland Griffith）主导，发表于 2006 年。实验参与者描述了与一个终极的、有意识的现实融合的经历，有些人说这个现实就是上帝，其中一个参与者说自己"处于虚空中"，那里没有时间和空间，只有爱。之后，参与者报告了一个更坚定的信念：在某种意义上，我们会在死后继续存在。

四分之三的参与者经历了格里菲斯和他的同事认为是"彻底的"神秘体验，这表明超验状态不是对意识的反常扭曲，"在生理意义上是完全正常的"。大约三分之二的参与者认为这种融合是他们一生中最有意义的经验之一。从那时起，对于在高度受控环境中服用裸盖菇

---

① 即麦角酸二乙胺，简称 LSD，是一种强烈的半人工致幻剂。——译者注

素的益处，相关证据越来越多。服用裸盖菇素而不是安慰剂的参与者感到更快乐，有更强的利他意识，甚至在一年多后，他们仍然能感受到幸福和满足。

与 20 世纪 60 年代的迷幻药研究一样，格里菲斯等人把重点放在裸盖菇素等药物在治疗抑郁症和成瘾症、缓解癌症晚期患者的焦虑情绪等方面的效果。一份 2016 年的癌症患者试验报告说，服用裸盖菇素后，患者的抑郁和焦虑得以减轻，幸福感提升，他们感到生命更有意义，人变得更乐观，更坦然地接受死亡，而且这些益处在六个月后仍然持续。其中一位患者在日记中写道，他去了一个"纯粹的欢乐之地"，在那里，他明白了食物、音乐、建筑，甚至癌症等"尘世之事"都是微不足道的，我们的存在是无穷无尽的。"我现在理解了，"他写道，"一种超越理智的意识……我的生命，每个生命，整个宇宙，都等于一件事……那就是爱。"一位患者参加了加州的一项研究，在这之前她对死亡感到非常焦虑，无法享受剩余的时光，而当裸盖菇素起效时，"我感觉没什么好害怕的，它把我和宇宙连在了一起"。

与此同时，伦敦帝国理工学院的罗宾·卡哈特 – 哈里斯（Robin Carhart-Harris）带领本校的神经学家，对服用裸盖菇素和 LSD 后兴奋起来的志愿者的大脑进行扫描，研究这些药物对大脑的影响。他们发现，迷幻药能达到和敬畏感一样的效果，即减少默认模式网络的活动，而这种效果与无限感和自我消失有关。"我感觉两者是一样的，"卡哈特 – 哈里斯告诉我说，"迷幻药通过操纵一个自然系统，能让人快速体验敬畏感。"

因此，这些研究结果不仅有助于解释人服用迷幻药后大脑的变化，也有助于解释人在凝视星空、与大自然产生联系、冥想或太空旅行时大脑的变化。除了自我意识减弱，大脑各部分之间的界限也会被打破，创造力增强，思维变得更灵活。可能正因如此，这样的状态才会令一个人的态度和个性发生长期变化。对于成年人来说，这种变化非同小可，因为通常情况下，成年人的态度和个性已经固化，不会轻易改变。事实上，卡哈特－哈里斯等人认为，这种状态可能有助于颠覆僵化的思维模式。我们在幼儿时期具有高度的灵活性、很强的适应力和易变的自我意识，但长大成人后，我们的身份固化了，思想和行为也变得墨守成规。

按照预定的模式思考和做事可以提高效率，因为我们不必从头开始解决所有问题。但同时，预定模式会降低我们接受新想法的能力，这可能会产生有害的影响，比如抑郁症患者容易陷入消极的思维习惯。卡哈特－哈里斯认为，敬畏通过神经递质血清素发挥作用，松开了人的思维枷锁。如果我们以现有的思维方式无法解决挑战，敬畏能够让大脑去适应挑战。

不论是对周遭的环境，还是对整个宇宙，我们清醒的理性意识都给出了最准确、最有用的现实观。传统科学观是现代社会的基础，从商业和政治，到医学和教育，对于生活中的所有问题，我们都倾向于信任并优先选择理性思考。与此同时，我们认为敬畏和好奇心是幼稚的，超验状态是无稽之谈，甚至认为超验状态是对现实彻彻底底的怀疑和歪曲，是大脑错乱的产物。然而事实证明，这种认识是错误的。

本章前面提到的研究表明，我们不是将现实和幻觉对立起来，而是把不同的意识状态看作一个刻度盘，在刻度盘的一端，我们的感知被高度过滤，而在另一端，我们的感知是一条洪流。人向某一端走得太远，就会得精神疾病，无法在这个世界上正常生活。其实，刻度盘的两端都是现实。对敬畏和迷幻状态的研究所揭示的益处表明，为了个人健康，也为了整个社会，我们需要平衡两者。

科学方法赋予我们一种强烈的自我意识，令我们专注细节，开展逻辑思考，并且有效地调动这个物质世界。然而，这种感知必然是有限的，孤立的，并且受固有偏见和观念的影响。相对而言，敬畏和超验状态拓展了人的意识，给人带来灵活性、创造力和联通感，让我们看到了一个更宏大的现实，从而超越狭隘的日常关切，最终做出不仅取悦自身，而且有益于地球和全人类福祉的决定。

凯尔特纳担心敬畏感会消失。我们的视线凝聚在智能手机和计算机屏幕上，而不是广阔的大自然，这意味着我们很少被迫去面对巨大的未知和随之而来的恐惧。"我们认为，在过去五十年里，敬畏感的丧失与一场广泛的社会转变有关，"他和一位同事于2015年在《纽约时报》上写道，"个人主义大行其道，人们更注重自我，贪图享乐，与其他人的联系越来越少。"

我们有很多方法可以平衡这个刻度盘的两端。除了药物治疗，专家建议人们贴近自然，接触艺术，正念冥想，或者沉浸在虚拟现实中。我认为最重要的是，我们应该全力保存那份最伟大、最令人震撼的体验——凝望星空。几千年来人类围绕星空而存在，而现在星空正在迅速消失。凝望星空未必能让我们获得新的事实，但它能启发我们以新的角度思考旧有事实，这比获取事实本身更有价值。

这还不是尽头。许多观星者、神秘主义者、宇航员和吸毒者都具有极端超验状态的一个关键特征：他们坚持认为，他们所经历的宏大意识是完全真实的，这个宏大意识是整个存在的基础，人的自我意识只是其中的沧海一粟。对于有过此种经验的人来说，这种认识往往是不容置疑的。这种信念如此强大，足以改变一个人的生活方式，令他不再惧怕死亡。那么，这种认识是对宇宙面貌的真实反映吗？

威廉·詹姆斯提到，19世纪诗人约翰·西蒙兹（John Symonds）常常"痛苦地"问自己："当我从那种无形的、裸露的、知觉敏锐的状态中醒来时，究竟哪个现实才是假的？"詹姆斯自己并没有经历过神秘状态，他说："我的体质几乎完全把我排除在他们的快乐之外。"但一次一氧化氮中毒的经历让他终生坚信，我们正常的清醒意识"只是一种特殊的意识，在薄如蝉翼的帐幕之外，存在着完全不同的意识形式"。他坚持认为，"一种对宇宙的解释如果使其他意识形式被完全忽视，那么这种解释是不完备的"。

在 20 世纪后期，任何有关"宇宙意识"的说法都与伪科学画上了等号，谁若是在科学界探讨宇宙意识，那相当于自毁前程。对于西蒙兹的问题，公认的答案是：与宏大意识融合的感觉是一种幻觉，当大脑的感知范围过分扩展，大脑会产生噪声，而这种融合感就是噪声的一部分。大多数科学家都会同意记者迈克尔·波伦（Michael Pollan）的观点，他在 2018 年出版的《如何改变你的意识》（*How to Change Your Mind*）一书中推广了关于狂喜状态的研究，并且在他本人经历之后得出结论："我仍然倾向于认为，意识必须局限于大脑。"

然而，在过去的几年，随着研究人员更加认真地对待超验状态，人们的观点开始转变。叛逆的哲学家和物理学家开始再次讨论一个观点：可能正是意识，将现实的丝丝缕缕连成一体。

• • •

我们的意识与宇宙有何联系？或者说精神与物质有何联系？其实，有关这个问题的争论由来已久，在人类漫长而激烈的哲学战争中，这场争论算是一场新近发生的战役。正如我们所知，笛卡儿在 17 世纪把灵魂从物质中分离出来，宇宙被描绘成一台按照物理规则运转的机器。后来，伽利略坚持认为自然之书由数学写就，牛顿钻研出所向披靡的物理定律，二人共同强化了笛卡儿的宇宙模型。然而，不是每个人都认为我们可以如此轻易地将宇宙的客观和主观分开。

例如，牛顿的同辈人戈特弗里德·莱布尼茨和巴鲁克·斯宾诺莎认为，物质世界和精神世界源于同一种物质。二人都主张泛心论（panpsychism），即将意识看作物质的一个基本属性。18世纪，出现了不同形式的唯心主义，这类思想较泛心论更进一步，认为物质世界源于意识。启蒙运动哲学家伊曼努尔·康德反对"人可以借由理性完全理解物质世界"的观点，他认为我们所感知的现实，乃至空间和时间的结构，都不可避免地成为意识的函数，所以这个现实无法告诉我们任何关于意识之外的确切信息。爱尔兰主教、哲学家乔治·伯克利拒绝承认物体可以独立于意识而存在，认为"存在即被感知"。

19世纪和20世纪初，也就是詹姆斯研究意识，现代艺术家拼命逃离逻辑和现实主义的时期，人们认为，物理学以客观物理性质为研究对象，而大自然显然还有一些东西，是物理学尚未触及的。詹姆斯受到了法国哲学家亨利·柏格森（Henri Bergson）的影响，后者强调数学和逻辑的局限性。柏格森说，当我们开始相信抽象的物理规则和定律比第一经验更准确、更真实的时候，我们就遇到了问题。我们把生命的里里外外研究到了极致，并且得出结论：我们的感知，我们的存在，是底层数学真理的一个有限版本。柏格森说："我们对事实给出机械的解释，然后用解释代替事实本身。"他认为，其实正是数学公式和图表，令我们无法参透宇宙的顽强意志和复杂性。

就连逻辑和科学的捍卫者、哲学家伯特兰·罗素也在20世纪20年代指出，物理学只能揭示物质的行为，无法揭示物质的本质（比如物质是否涉及意识）。"物理学之所以是数学的，不是因为我们对物质世界了解得太多，而是因为我们了解得太少，"他说，"我们只能发现物质世界的数学性质而已。"1928年，阿瑟·埃丁顿发展了罗素的论点（他在1919年的日食观测结果证实了爱因斯坦的相对论）。他指出，事实上有一种情况，我们确实可以从内部了解物质，那就是人的大脑，因为它是有意识的。因此，最简单的假设难道不是其余物质也有意识吗？他认为，坚持物质在本质上是非经验的，然后又好奇经验从何而来，这似乎"相当愚蠢"。

同时，量子力学也使存在的基础变得迷雾重重。在物理学家打破砂锅问到底，尝试在最小尺度上研究物质的时候，客观现实却仿佛从他们的指缝间溜走了。他们的实验和来之不易的数学公式给不出粒子的明确位置和确切性质，只能给出概率。测量之前，现实似乎有万千种；测量一旦发生，这团概率云就会突然坍缩成观测者眼中的唯一现实。著名的哥本哈根解释认为，讨论我们观测之外的客观现实毫无意义。由此引出了一个观点：与其说物理学家记录已经存在的东西（这是自牛顿以降的教条），不如说是观测行为不知怎么产生了观测结果。

粒子出现的时间和位置，可能由我们的意识决定——这种观点起初令物理学家大为震惊。爱因斯坦有句名言：月球只有在我们看它时才存在。他的同事马克斯·普朗克（Max Planck）将这个观点对客观现实的攻击视为一个危及文明本身的"危机时刻"，但其他量子力学先驱接受了意识的作用，他们希望通过自己的工作将科学与神秘主义统一起来。沃尔夫冈·泡利说，爱因斯坦关于现实独立于意识的理念是"哲学偏见"。埃尔温·薛定谔认为，"物质宇宙和意识是由同一种东西构成的"，他提出，科学需要"从东方思想中输血"。

第二次世界大战之后，这场激烈的争论渐渐平息下来。有意识的观测者在物质世界中到底扮演什么角色？这个问题依然没有答案。20世纪50年代，物理学家对各种光怪陆离的研究结果提出了其他解释，比如粒子由一种隐含的、无法测量的导航波引导[①]，再比如我们的每

---

① 即导航波理论，又称德布罗伊 - 玻姆理论。——译者注

次观测都会使现实分裂成多个平行宇宙（即多世界理论）。我们无法用实验证实多世界理论，但即使如此，这种解释好歹令客观现实的概念得以保留，而且我们发现，量子力学可以极其精确地预测物质世界的行为。于是，科学家放下哲学层面的争论，继续去研究物质世界了。

在整个 20 世纪后半叶，这种理解自然的方法变得越来越强大。物理学家和天文学家凭借广义相对论和量子力学两大利器，加深了对宇宙的理解，还原了自大爆炸的瞬间后宇宙演化的细致图景。与此同时，生物学家解释生命奥秘的本领日益高强，1953 年发现的 DNA 结构与自然选择论双剑合璧，标志着性状进化与遗传领域的一次飞跃。

即使是看似主观的人类属性，比如情感、感知、道德，也可以被客观地解释为行为倾向，人的行为选择取决于行为的生存价值。越来越多的证据表明，不同的意识状态与大脑的物理状态和机制是相关的。斯蒂芬·平克（Steven Pinker）在 1997 年出版的《心智探奇》（*How the Mind Works*）一书中指出，我们的意识"可以用刀切成两半，可以被化学物质改变，可以通过电击启动或停止，也可以因为一记重拳或氧气不足而彻底丧失"。他说，所谓的非物质灵魂，不过如此。

看起来，科学已经证明了意识不是宇宙的基本或必要成分，相反，意识只是进化的意外连带后果或者说副产品，完全源于并且依赖于神经元的物理活动。咖啡的味道、针头的刺痛、汹涌的母爱力量、璀璨繁星带给人的超验与敬畏，所有这些经验都是装饰性的，它们在因果律中没有作用，因为宇宙的万事万物，最终都要归于物理定律所支配的粒子和力。我们可能会觉得自己在积极思考或者做出选择，但其实，我们的意识不过是大脑神经化学传导通路的输出结果。

但问题是，如果生命是一场随机意外，为什么宇宙如此精确地适合人类的存在？换句话说，为什么从光速到碳原子的属性都被设定在一个合适的水平，从而让有意识的生命能够出现？再有，当我们探索描述宇宙结构的数学公式时，我们原本期待的是混乱不堪的结果，然而我们却在这些数学公式的深处发现了简洁、可预测性，甚至是美。对此，物理学家提出了"多宇宙"概念，其中有一种多宇宙理论认为，存在无限多的平行宇宙，它们不断在彼此中萌发，每个宇宙自有一套不同的物理定律。我们能问出此类问题的前提是，我们所在的这个宇宙支持高级生命形式的存在。无须刻意设计，一切都是偶然。

还有一个谜团。如果同样拥有神经元活动，只比人类缺少内在体验的哲学僵尸①可以正常行为，为什么还会出现意识呢？换句话说，仅仅靠重新排列没有知觉、不会说话的原子，就能产生丰富且有本质区别的意识吗？1994年，哲学家大卫·查默斯（David Chalmers）呼吁他的同辈人回答一个"难题"：怎样用物理公式完整描述疼痛、好奇和红色？有些人干脆对这个问题置之不理。哲学家丹尼尔·丹尼特（Daniel Dennett）是这种方法的拥护者，他认为"存在物理学之外的东西"（比如某样东西给我们的感觉，或者把我们同哲学僵尸区别开来的一种特殊的、额外的主观性）的想法是一种"幻觉"。关于意识，除了科学家研究的客观属性，即神经元的物理活动以及由此产生的可测量行为，没什么可解释的。

他们的最终结论是：科学理解世界的能力无比强大，足以解释一切。有了科学，我们可以超越人类的视角和人类的宇宙，看到事物的本来面目，所以请不要被激情和诗意误导。理查德·道金斯

---

① 请注意，哲学僵尸不是电影里行动笨拙、腐烂不死的生物，而是意识哲学领域的一个专门概念，常用于思维实验。哲学僵尸在物理上和一个有意识的人完全一致，唯一的不同是它没有主观意识。——译者注

（Richard Dawkins）说，人类是"被盲目编程以保存被称为基因的自私分子的机器人"。弗朗西斯·克里克说，人类"只不过是一包神经元"。斯蒂芬·霍金说，人类"只是一颗中不溜大小的行星表面上的'化学渣滓'"。这些观点或许很伤自尊，但不可否认的是，科学在预测和操纵物质世界方面大获全胜。"这种还原论的世界观的确不近人情，令人心寒，"宇宙学家史蒂文·温伯格（Steven Weinberg）在1992年出版的《终极理论之梦》（Dreams of a Final Theory）一书中承认，"我们必须接受这个事实，不是因为我们喜欢它，而是因为世界原本如此。"

新一代知名物理学家的态度有所缓和。他们认为，我们或许只是过客，偶尔路过了一个原本荒芜贫瘠、毫无意义的宇宙，可即使如此，我们仍然应当珍视这次短暂的路过，因为我们为这个宇宙贡献了独特的智慧和自我意识。粒子物理学家布赖恩·考克斯提出，我们应该把自己视为"给宇宙赋予意义的机制"并为此庆祝。宇宙学家肖恩·卡罗尔（Sean Carroll）在2017年出版的《大图景》（The Big Picture）一书中倡导"诗意自然主义"，强调我们是"会思考、有感受的人"，能够以五彩纷呈的方式去谈论世界。弦理论物理学家布莱恩·格林（Brian Greene）在2020年《直到时间的尽头》（Until the End of Time）一书，用了几章篇幅讲述宗教、文学和艺术如何为"高贵的存在"做出贡献。

不过从根本上讲，他们对人性的看法一如既往地冷硬。卡罗尔坚持认为"特殊的精神领域是不存在的"。他说，无论我们在日常生活中给自己灌输什么样的故事，我们的感受都只是"一组词汇"，用来映射大脑神经元的物理状态，仅此而已。当我们创造并颂扬自封的意义时，我们必须接受一点：在这个物质世界里，我们内心的知觉、欲望、价值观、感情、选择、信仰既不存在，也没有意义。

格林也认为，终有一天，常规物理学会对意识做出完备的解释。"数学为王，"他写道，"我们是由无数受自然规律支配的粒子组成的物质生命……我们觉得自己是所有选择、决定和行动的施行者，但还原论清楚地表明，我们不是。无论是我们的思想，还是我们的行为，都无法挣脱物理定律的束缚。"

对今天的科学主流来说，此处是我们理解现实的最后一步，也是这段探索之旅的终点。不存在一个物理测量无法触及的精神领域，就算科学尚未填满所有细节，但其方法和手段终究会把我们需要知道的一切都告诉我们。当然，我们每个人都能找到自己的人生意义，但就宇宙而言，所谓的"你"，包括你的意识、你的经验、你的自我，要么是粒子盲目相互作用下偶然和短暂的连带结果，要么根本不存在。

科学界将这种世界观作为唯一的理性选择大力推广，用它取代了人类对超自然神明或灵魂的信仰。但随着我们在 21 世纪越走越远，形势开始发生变化。很多德高望重的人士越发认为，即使没有上帝，科学也是有所欠缺的。2012 年，无神论哲学家托马斯·内格尔（Thomas Nagel）在他的《心灵和宇宙》（*Mind and Cosmos*）一书中抱怨说，还原唯物主义与达尔文主义的传统结合"无法充分解释……我们的宇宙"，他为此受到很多批评。斯蒂芬·平克在推特上说，这本书暴露了"一位曾经伟大的思想家的拙劣推理"，丹尼特说这本书"狗屁不值"。但并非只有内格尔一个人这样想，物理学家保罗·戴维斯、生物学家斯图尔特·考夫曼（Stuart Kauffman）等知名科学家虽然拒绝接受一个超自然的神，但同时也质疑，将精确组装的宇宙拼图和意识看作随机意外的观点是否合理。

戴维斯、考夫曼等人认为，我们所知道的物理定律可能无法解释一切，或许还有一些尚待发现的法则令宇宙复杂到允许生命和意识出现。一小部分哲学家（人数越来越多）正在以另一种方式做出回应，他们把几年前饱受讥讽的泛心论又拿了出来。他们认为，也许我们对现实的基本认识是本末倒置的——意识无处不在，它既不是幻觉，也不是宇宙中意外出现的后来者和附加物。

这项运动的一位先锋人物是英国哲学家盖伦·斯特劳森（Galen Strawson），他说他从没想过自己会成为一个泛心论者。他把自己描述成一个坚定的唯物主义者，相信万事万物都是物质的，但他也坚信意识是真实存在的，"我们有意识"是一个事实，这是"我们最确定的事"。他拒绝承认意识从无到有的观点，他认为，如果仅仅通过重新排列原子就可以形成一个截然不同的自然，那每次重排无异于一场奇迹，这就留下了一个巨大的解释鸿沟，在科学界前所未见。他说："这迫使我认为，在万事万物的源头，必然存在经验或意识。"从头到尾，意识一直都在。

他说，科学坚称物质不可能有意识，这其实有些自不量力。罗素和埃丁顿的论点无懈可击，物理学确实无法告诉我们粒子的本质。如果意识仅是常规物质的一个额外方面（一个无法用科学仪器测量的方面），那就不存在任何问题了。正如进化将原始物质塑造成复杂的人体，"进化也将意识塑造成了我们的感官和头脑"。

认为宇宙是有意识的观点来之不易。当斯特劳森真正意识到这一观点的意义时，他说："这让我的脑子炸了差不多两个星期。"2006年，他发表了一篇倡导泛心论的论文，结果遭到了嘲笑。但从那时起，除了哺乳动物的大脑，意识还存在于其他生命的观点渐渐为人所接受。生物学家正在思考，意识是否有可能延伸到动物界的更深处，比如章鱼和蜜蜂。还有人认为，即使是植物和黏菌，不仅有智慧，还有意识。

神经科学家正在思考计算机和外星人的意识会是什么样子，同时出现了一种颇为流行的新理论，称为综合信息论（IIT）。这种新理论认为，意识产生于任何以特定方式处理信息的物理系统中。在哲学界，出现了被查默斯称为"新一代的哲学家，他们认为我们需要修正对物质世界的看法，以适应意识"。有些人被综合信息论吸引，但在斯特劳森的工作之后，激进版的泛心论复苏了。一度把泛心论观点埋在心底的年轻学者现在以此为业，他们组织会议，向杂志投稿，写科普图书，比如英国哲学家菲利普·戈夫（Philip Goff）2019 年出版的《伽利略的错误》（*Galileo's Error*）。

与流行的观念相反，现代泛心论者并不认为椅子、石头或者勺子是有意识的。一些泛心论者提出，夸克、电子等基本粒子具有某种形式的简单意识，但除了在大脑等特殊条件下，简单意识不能汇聚成更大的意识。还有一些人提出了"宇宙意识论"（cosmopsychism），即存在一个广阔的意识场（field of awareness），这与本章前面提到的超验状态研究更相关。

今天，大多数物理学家把宇宙描述为一组相互交织的场，包括电磁场、引力场，还有夸克、中微子、电子等各种亚原子粒子的场，所有基本粒子都是这些场中的能量振荡。从光子到行星，万事万物既有自己的特性，同时也是整体的一部分。如果这些场的一个基本属性是意识呢？居住在澳大利亚的宇宙意识论者弗雷娅·马修斯（Freya Mathews）用奔流不息的海洋打比方，说我们的意识如同海洋中错综复杂的漩涡，既是整个场的一个连续的部分，同时还拥有无法从外部获得的、互不相关的内在体验。

斯特劳森说他是被理性的争论引向泛心论，而其他人则是受自身经历的影响。例如，马修斯描述说，她去过澳大利亚农村的一个旧养牛站，名叫"汉密尔顿·当斯"（Hamilton Downs），在那儿她觉得"好像有人在外面骑着什么活物，一条龙，一条巨蛇，一股能量流"。以色列意识哲学家伊泰·沙尼（Itay Shani）在职业生涯早期就对传统理论忽视第一人称经验的做法感到不满，而后来的新斯科舍（Nova Scotia）之行使他感到豁然开朗。

他跟朋友们待在森林和海水中，极度放松，并且感受到与周围的环境有了联系。几天后，他参观了一个叫佩吉湾（Peggy's Cove）的地方，那里的花岗岩被古老的冰川冲刷成一番美景。他说："那些岩石闪着光。"随着时间的流逝，他感觉仿佛离开了自己的身体，穿越宇宙，走向遥远的群星。他说，星光倾泻到他的身上，他感到一种深邃的和平、喜悦、团结，仿佛广阔现实之下有着"一颗跳动的心"。

对沙尼来说，宇宙有意识的观点从纯理性角度来说更合理，不仅如此，这种观点还可以解释人们几千年来所说的精神体验。正常、清醒的意识过滤掉了绝大部分体验，只给我们保留了很小一部分体验，而超验状态或许能让我们接触一个超越现实的意识场，从而进入另一个维度。我们在许多东方哲学中都能发现这类思想，例如道教所说的永恒不变的存在或"地母"。最近，在另类医学倡导者迪帕克·乔普拉（Deepak Chopra）、超心理学家鲁珀特·谢尔德雷克（Rupert Sheldrake）等人的大力宣扬下，这种思想在西方非常普及，并且常常与通灵、信仰疗法等无根据的说法混为一谈，科学家对此嗤之以鼻。但沙尼认为，我们不应该忽视"存在一个更大的意识场"这一中心思想。他告诉我，我们知道科学具有内生的局限性，"詹姆斯和他那代人始终都在强调这一点……我们必须找到一种严肃对待经验的方法，这也包括严肃对待有关超个人体验的种种说法"。

与研究敬畏和超验状态的心理学家一样，许多主张宇宙有意识的哲学家都认为，这种方法具有实际意义。"从那以后，我没有一天不在思考这个问题，"沙尼在谈起佩吉湾那段经历时说，"我无论做什么，都会受到那件事的影响。"他认为，泛心论帮助我们理解人类对联系、对"更多的东西"的普遍渴望。研究表明，超验经历可以降低自我关注度，有益身心健康。沙尼则更进一步。他提出，想过上一种有意义的生活，你可能需要"更好地适应那个超然的万物的中心"。

与此同时，马修斯认为，泛心论对我们在这个星球上的存续至关重要。她认为，西方唯物主义将世界视为人类存在的一个不变的背景，将自然视为一种商品，一个供我们操纵和支配的原料来源。当今世界，生物圈正在瓦解。她认为，要弥补这种伤害，我们必须认识到，地球是一个活跃的主体，一个值得关心与尊重的存在，它借由我们的超验经历将它的智慧传递给我们。

• • •

关于意识与宇宙的关系，泛心论并不是唯一的理论，还有一些观点产生于科学本身，其中便包括量子力学。虽然量子力学在第二次世界大战后转向了现实主义，但 20 世纪物理学大师约翰·惠勒（John Wheeler）坚持哥本哈根解释。他与爱因斯坦和玻尔是同辈人，比他们略年轻些，他推广了"黑洞"一词，创造了"虫洞"（wormhole）和"量子泡沫"（quantum foam）等词汇。对惠勒来说，"宇宙起源于数十亿年前的大爆炸，而后产生了生命和人类"的想法是完全错误的。相反，他认为宇宙"反复地从概率雾中浮现"，而我们人类，不仅是观察者，也是缔造者。

惠勒反对"宇宙是一台按照预定规则运转的机器"的观点，他认为不存在独立于我们的物理定律和物理量。他有一句格言："从比特开始。"这句话"象征一种观念：物质世界的所有事物在其底层——多数情况下是最底层——都有一个非物质的源头；在我们提出是与非问题，对设备引发的反应做出记录的那一刻，我们就形成了最终的分析和所谓的现实"。他强调，我们所认为的物质现实中的万事万物——每个粒子，每个场，甚至时空本身——最终都来源于信息，即我们对物理测量结果的理解。

20世纪70年代，为了证明这个观点，惠勒提出了一个思想实验，是著名的双缝实验的变体（双缝实验揭示了量子世界的一些怪异之处）。最初的设计是发射光子，让它们穿过一块有两道狭缝的屏幕。如果你去观测其中一个光子的轨迹，那么这个光子必然从两道狭缝中的一道穿过。如果你不去观测，那么这个光子仿佛同时穿过两道狭缝。惠勒认为，你可以等到实验的最后一刻，也就是光子已经穿过屏幕之后，再决定要不要观测，但结果是一样的。换句话说，观测决定了光子过去的运行轨迹，虽然光子在形成这段轨迹时并没有被观测。

惠勒提出这个实验的时候，人们没有办法证实他的预测。1984年，马里兰州的一个实验室证实，在物理测量之前，惠勒实验中的光子的轨迹是不确定的。这进一步证明了不存在一个隐藏的现实，即使是过去的事件，也是由现在的观测者决定的。此后，人们在一系列变体实验中得出了相同的结果，比如一项实验把光子全部换成了原子，再比如2017年实验中的光子是由卫星反射的。天文学家甚至以惠勒的一个独特想法为基础，计划用遥远星系发出的光进行实验。如果这个计划可行，那么我们今天的选择和实验将决定几十亿年前的那段历史。

惠勒预感，宇宙像一个巨大的反馈回路，我们的观测不仅在创造现在和未来，还能创造过去。他将物理学家要去观测的光子比作一条"烟雾龙"，它的头和尾在测量点清晰可见，但它的身子是大团的概率云。他还做过另外一个比喻，说宇宙是"所有地方和所有时间参与观测的人在一架钢琴上敲出的音符"。所以在惠勒看来，宇宙不是单独一次大爆炸的产物，而是亿万次微创造的集合，我们每次观测都会使被观测物坍缩，现实就是这样被一点一滴地创造出来，这个过程永不停歇。

惠勒将物质现实视为信息的观点，催生了一派颇受欢迎的量子力学解释，这些解释的基础是研究这种量子信息的行为和性质。克里斯托弗·福克斯（Christopher Fuchs）是惠勒的学生，现在是马萨诸塞大学波士顿分校的量子物理学家，他认为这个新方向令人沮丧，尤其是当鼓吹者引入了一些扯淡的概念，比如可被传送、保护或揭示的"未知量子态"。他认为，将信息视为一种存在于外部世界、独立于我们认知的新物质，这种观点其实失却了惠勒的核心要义。他说："如果量子态只是信息，它怎么可能是未知的？它一定要被人或什么东西知道。"

相反，福克斯的灵感来自贝叶斯派的概率观。他认为，没有所谓的客观概率等着我们去发现，我们所确定的一个事件的发生概率，始终是主观知识和观念的函数。福克斯和他的同事对量子力学做出了类似解释：量子物理学家计算出来的概率与实际发生的事件无关，而是与观测者掌握的知识有关。概率在我们测量的那一刻坍缩，这不是外部事件，而是观测者内在观念的更新。最初，福克斯等人把他们的新观点称为"量子贝叶斯模型"（quantum Bayesianism），现简称"量贝模型"（QBism，英文发音与"立体主义"相同，他们认为该模型与立体主义同样具有革命性）。

量贝模型所主张的"外部现实不存在"的观点屡遭指责，但福克斯坚持认为，他们的模型暗示着"现实比任何第三人称视角所能捕捉到的都要丰富"。威廉·詹姆斯是福克斯心目中的天才（还有两位是惠勒和尼尔斯·玻尔），他对意识的研究结论是：构成现实的基本原料是"纯粹的经验"，而且"新的存在总是出现在局部"。福克斯在2015 年告诉《量子》杂志：世界既不是客观的，也不是主观的，而是两者兼而有之，"世界的本质存在于每个人在生命的每一刻所遇到的东西——这些东西既不是内在的，也不是外在的，而是在内外有别的概念出现之前的状态"。

这些关于意识的观点千真万确吗？能被证实吗？能算得上是公认正确的观点吗？其实关键不在这里。正如肖恩·卡罗尔、布赖恩·格林等物理学家所阐述的那样，现在的主流观点认为，常规科学已经一次又一次地证明了自身的解释力，因此没有必要铤而走险，将意识引入宇宙的基本结构。许多量子物理学家更愿意支持多世界理论，因为在多世界理论中，虽然世界的数量是无穷的，但最起码每个世界仍然是客观的。大多数意识哲学家倾向于认为，关于意识，除了神经元的物理活动，没有任何"额外"的东西需要解释。然而无论如何，一扇门正在缓缓敞开。

我们正在目睹一场思想大爆炸，德高望重的科学家和哲学家纷纷拒绝接受"宇宙是纯物质的，意识在其中不起任何作用"的观点。从方方面面来看，意识经验正在复活，成为构建我们与现实关系的基石。在笛卡儿四百年前所定义的可测量的物质世界之外，还有别的什么东西吗？这个问题，越来越多地被人提出，即使在科学界也是如此。

随着少数派日益壮大，依然有人想方设法把意识踢出局。为了捍卫旧范式，人们要面对哲学僵尸、多宇宙等越来越扭曲的现实图景，不知道这些人为此还愿意走多远。回顾历史，这算不上什么新鲜事。为了维护地心说，古希腊天文学家引入了行星本轮的概念，甚至不惜轮上加轮，将天球系统搞得臃肿庞杂。他们从没有想过，其实道理很简单——地球绕着太阳转。

• • •

当克里斯·哈德菲尔德走出国际空间站，在太空中自由悬浮时，他说最令他惊讶的是"我所能感知的存在的力量"。这句话传递给我们的，不仅仅是地球处于外部现实当中，它还告诉我们，经验——我们感知世界的能力——居于核心位置。几年后，哈德菲尔德说："我们不是探索宇宙的机器，我们是人。"我们在地球上生活的每一天是这样，我们进入太空之后依然是这样。

人类用了几千年的时间，将经验从我们对宇宙的理解中剥离出来，建立了由物理学统治的数学网格，沿此脉络形成的知识框架坚如磐石，优雅无比，至关重要，但它是有局限的。无论多么精密，它也只是一个抽象结果，一个仅仅依靠可测量数据描画出来的简化图像。物理定律看似坚不可摧，但按照定义来说，每个定律都是一个过滤器，只能捕捉人类经验的某个单一方面而已。

这是亨利·柏格森的核心观点。我们所感知的、时时刻刻迸发于意识的存在是充满活力的、相互矛盾的、不合逻辑的、没有尽头的。科学帮助我们理解这种美妙的混乱，同时也在这个过程中超越了人类心目中对科学的预期——提炼和预测物质世界的可测量行为。科学赋予了我们控制环境的力量，推动了人类的技术进步，带我们登上了月球，但这并不意味着科学的客观、第三人称模型涵盖了全部现实。

本书以一个膨胀的宇宙泡泡开篇，那是一个延续了 140 亿年的史诗王国，星系、星云和黑洞在其中不断演化。这段心潮澎湃的故事由群星为我们讲述，可我们的宇宙到底是什么？我认为，当旧石器时代的人类在地球上和天空中看到自己的时候，他们的宇宙观是合情合理的。我认为，当希腊天文学家托勒密在谈及他与宙斯并肩飘浮的时候，他确实触碰到了宇宙的奥秘。我认为，当康定斯基说艺术即现实，当马列维奇警示理性是（或者至少可以是）笼子的时候，他们是言之有物的。我认为，我们可以从惠勒的宇宙观知晓，宇宙不是预先就"在那里"的，而是几十亿次创造的结果，我们每个人都在宇宙的形成中扮演着至关重要的角色。

我还认为，当返航的宇航员不谈物理测量与观测，只谈美丽、诗意、关爱彼此、心系世界的时候，我们应当认真倾听。他们是在敦促我们记得：当我们停止争论、仰望星空的时候，我们会本能地感受到一种力量——我们身处这个宇宙，我们就在这里。

后　记

在 1941 年的短篇小说《日暮》（*Nightfall*）中，科幻作家艾萨克·阿西莫夫（Isaac Asimov）虚构了一个名叫"拉盖什"（Lagash）的行星。拉盖什星很像地球，但它有六个太阳，拉盖什星人永远生活在白昼中，对群星的存在一无所知。后来发生了一次罕见的日食，这使拉盖什星在 2 000 年中第一次陷入了黑暗。当拉盖什星人看到壮观的天空景象时，他们意识到了宇宙的浩瀚和自身的渺小，随即陷入了疯狂。他们绝望地燃起大火来阻挡黑夜，拉盖什星变成了一片火海。

我认为，阿西莫夫显然了解夜空的力量，但或许故事应该反过来写才对。在《日暮》中，群星骤然显现，触发了一个文明的崩溃。而对地球而言，群星作为通向宇宙的门户，始终是一股启迪人类的力量。在我们这个物种诞生之初，正是旋转的夜空让人类率先在混沌中看到了秩序，得出一个循环往复的宇宙模型——光明与黑暗交替，生命与死亡循环。

这个模型是人类进步的基石。对太阳、月亮和群星的观察，促使人类发展出许多实用的技能，比如导航、计时，最终形成了我们今天所有先进技术的根基——科学方法。与此同时，人们在天空中看到的规律催生了精神信仰、政治结构以及对现实本质和意义的思考。那么，当我们看不到夜空的时候（这与拉盖什星人的遭遇相反），会发生什么呢？

历史上，这是我们第一次与广阔宇宙的物理隔绝。科学家的洞见不再来自双眼，他们让光子撞击电子探测器，得出数据，然后交给计算机处理。在日常生活中，电灯、集约型农业、全球旅行之类的发展也让我们同宇宙的物理循环和大自然隔绝开来。我们忽略了月亮和行星留给我们的线索，完全依赖时钟和卫星导航系统为我们指示时间和地点。

很明显，这种隔绝对我们无益。生物学家认识到，生物体的运行、交流和生存高度依赖光、温度和磁场的自然循环。与此同时，研究敬畏和超验状态的心理学家警告说，一个健康的社会需要人们打开视野。培养创造力、联通感和同情心不仅需要我们分析数据，而且需要我们亲身体验宇宙的神秘与浩瀚。从太空归来的宇航员也有同感，所以他们敦促人们既要善待彼此，也要认识到地球家园的脆弱。

技术使人类减轻了对群星的依赖，这直接导致了人类与自然的物理隔绝，同时在更深的层次上，这种隔绝与哲学层面的割裂纠缠在一起。在预测物质世界的行为方面，科学如此成功，以至我们把我们对宇宙的机械解释看得比我们的最初体验更真实。我们凝视宇宙或仰望星空时的个体感受与我们的日常生活无关，与我们对现实的理解以及我们在现实中的地位也无关。过去，我们说科学是研究世界某个方面的有用工具；现在，我们说科学就是一切。

这很重要，因为科学的方向，即我们提问题、解答问题、使用研究结果的方式，取决于我们的基本观念和假设。我们已经讨论了各式各样的宇宙模型是如何渗透进人类生活的方方面面，而这种渗透今天依然在继续。如果我们否认经验的重要性，如果说只有可测量的东西才存在，如果我们将地球视作毫无生气的原材料，将我们自己视为孤立的机器，那么这些基本原则就是自我应验的。我们今天的知识和社会体系，都源自这些基本原则。

所以毫不奇怪的是，我们的学校讲解数学公式，却不教授敬畏。我们构建了高精尖的医学体系，但每年仍有几百万人死于过度用药和过度治疗。我们将心理学方法边缘化，只要仪器扫描不出来，你就没生病。我们看重金钱而非幸福。我们根据点赞数量判断意见和经验的优劣。我们越来越多地将生活和社会交给盲目的人工智能去管理。我们痴迷地将身边的一切打造成新奇的技术，一点一点摧毁人类赖以生存的生态圈。我们死盯着屏幕，没有意识到街灯已经将星空从我们的眼中抹去。

我认为，我们对宇宙的理解正处在一个关键的转折点。对古人来说，感知即现实。几千年来，这种观点逐渐被逆转。巴比伦人的数学模型和希腊人的天球模型为新的思维方式播下了种子。后来，笛卡儿、伽利略和他们之后的科学家们搭建起一个由粒子和力构成的数学宇宙。新的宇宙观不断壮大，最终发展成为一个坚不可摧的体系，以至在过去的一百年，它好似一匹脱缰的野马横冲直撞，险些扼杀了最初孕育了它的思想。我们就快把我们自己从宇宙中完全抹去。

正是这样的宇宙观驱动着我们的现代世界。异见者被认为是不理性的，搞神秘主义的，或者反科学的。然而现在，人们越来越认识到（包括在科学界），仅靠物理学无法揭示光子的本质，更不用说揭示宇宙和我们自己的本质了。这意味着我们有必要重新探讨意识在宇宙中的作用，换句话说，我们不必放弃科学，也无须鼓吹超自然，我们只需要把意识经验视为科学现实的一个天然的基本部分。

因此，无论从实践还是从哲学角度出发，我们与宇宙的联系既不是可有可无的锦上添花，也不是我们为了谋求技术便利可以随随便便丢弃的东西。我们之所以为人，正是因为这份联系。回顾人类与宇宙关系的演变历程，我们已经看到人类是如何驱逐神明，揭穿神话，书写属于我们自己的、基于证据的创世传奇。剥离主观意义，依赖可量化的观察，这种方法赋予了我们史诗般的力量去理解和塑造世界，使科学诞生以前的一切都变成了明日黄花。然而，如果不加以控制，这种方法可能成为一种冷酷、自恋、破坏性的力量。

读罢此书，想必你已经了解人类是怎样对星空闭上了双眼。现在，我们的挑战是如何再次睁开双眼。

致　谢

　　我在本书中提到了很多人的工作，我要感谢这些在不同时间、以不同方式探索宇宙的考古学家、天文学家、哲学家、航海家、萨满和艺术家，正是他们的热情、想法和专注令我深受鼓舞。特别感谢下面提到的现代学者，感谢他们抽出宝贵的时间与我讨论他们的想法，检查我的手稿（当然，任何错误都是我的责任）：迈克尔·拉彭格吕克、延斯·诺特罗夫、迈克尔·帕克·皮尔森、詹姆斯·埃文斯、尼古拉斯·坎皮恩、雅妮特·芬克、迪迪埃·奎洛兹、扎科里·伯塔 – 汤普森、埃弗里特·吉布森、达谢·凯尔特纳、罗宾·卡哈特 – 哈里斯、盖伦·斯特劳森和伊泰·沙尼。感谢克里斯·哈德菲尔德的拨片，感谢乔·鲍尔比和桑德拉·因格曼耐心解答我的怪问题。

　　如果没有我的经纪人威尔·弗朗西斯，就没有这本书。他帮助我接受了一个庞杂的想法并将其理成一份勉强合格的图书提案。我要感谢编辑西蒙·索罗戈德，感谢他信任这个想法，也感谢他给了我将这份提案变为现实的机会。我非常感谢你们在整个写作过程中给予的支持和建议。还要感谢本书的美国编辑斯蒂芬·莫罗对终稿提出的宝贵意见和建议，也感谢我可爱的文字编辑尤金妮·托德严格的检查和优雅的编辑。

我还要感谢伟大的大英图书馆，那里有完备的资料，从几百年前的历史记录到最新的科学期刊，应有尽有，而且在那里写作，令人文思泉涌。感谢伊莎贝尔·库克对部分手稿的评论和洞见，感谢阿尼尔·安恩阿斯瓦密宝贵的反馈意见。感谢劳拉·多诺万，我必须让全世界知道，当我要腾出手写书时，把孩子们交到她手上是令人无比放心的。感谢我的好朋友和写作伙伴盖亚·文斯和爱玛·杨，很高兴能同他们共度这段旅程。

最后要感谢伊恩，感谢你的支持和鼓励，即使在我无法向你解释到底想写什么的时候，你依旧如此待我。我所有的爱都献给我的宇宙中心——非凡的波比和鲁弗斯，这本书是写给你们的，希望你们长大成人后，还能看到这满天繁星。

参考文献

（所有在线参考资料的查阅时间均为 2019 年 11 月。）

序　言

曾经高挂夜空的朗朗群星: Bob King, '9,096 stars in the sky – is that all?', *Sky & Telescope*, 17 September 2014, <https://www.skyandtelescope.com/astronomy-resources/how-many-stars-night-sky-09172014>.

星星点点: Peter Christoforou, 'How many naked eye stars can be seen in the night sky?', *Astronomy Trek*, 12 March 2017, <http://www.astronomytrek.com/ how-many-naked-eye-stars-can-be-seen-in-the-night-sky>.

已经完全看不到: Fabio Falchi et al., 'The new world atlas of artificial night sky brightness', *Science Advances* 2 (2016), <https://doi.org/10.1126/sciadv.1600377>.

"化学渣滓": 'Reality on the Rocks', Windfall Films, 1995; quoted in Raymond Tallis, 'You chemical scum, you', *Philosophy Now* 89 (2012), <https://philoso-phynow.org/issues/89/You_Chemical_Scum_You>.

第一章　神　话

奇怪的点图案: Michael Rappenglück, 'A Palaeolithic planetarium underground – the cave of Lascaux (part 1)', *Migration & Diffusion* 5 (2004): 93–111.

人类最早描述的星座之一: Arkadiusz Soltysiak, 'The bull of heaven in Mesopotamian sources', *Culture and Cosmos* 5 (2001): 3–21.

1940年9月12日: 对目击洞穴发现的描述: Brigitte Delluc and Giles Delluc, 'Lascaux, les dix premières années sous la plume des témoins', in *Lascaux inconnu*, ed. Arlette Leroi-Gourhan and Jacques Allain, XII Supplément à Gallia Préhistoire (1979): 21–34.

在印度尼西亚、澳大利亚等地: Jo Marchant, 'A journey to the oldest cave paintings in the world',

Smithsonian, January 2016: 80–95, <https://www.smithsonianmag.com/ history/journey-oldest-cave-paintings-world-180957685>.

植物制成的毛刷: Norbert Aujoulat, *Lascaux: Movement, Space and Time* (Abrams, 2005); Jean-Michel Geneste, *Lascaux* (Gallimard, 2012).

各种各样的答案: 一篇有用的概述见 David Lewis-Williams, *The Mind in the Cave: Consciousness and the Origins of Art* (Thames & Hudson, 2002).

象征男性和女性: Robert Kelly and David Thomas, *Archaeology: Down to Earth*, 5th edition (Wadsworth, 2013), 200.

诺贝尔·奥茹拉: 诺贝尔·奥茹拉生平见 Judith Thurman, 'First impressions', *New Yorker*, 23 June 2008, <https://www.newyorker.com/magazine/2008/06/23/ first-impressions>; Jacques Jaubert and Jean Clottes, 'Norbert Aujoulat (1946–2011)', *Bulletin de la Société préhistorique française* 108 (2011): 781–91; Jean-Philippe Rigaud and Jean-Jacques Cleyet-Merle, 'Norbert Aujoulat (1946–2011)', *PALEO: Revue d'archaéologie préhistorique* 22 (2011): 9–13.

第一次来到拉斯科洞穴: Aujoulat, *Lascaux*, 9–10.

《大熊座与天空阴茎》: Marcel Baudouin, 'La grande ourse et le phallus du ciel', *Bulletin de la Société Préhistorique de France* 18 (1921): 301–8.

美国考古学家亚历山大·马沙克: Alexander Marshack, *The Roots of Civilization: Cognitive Beginnings of Man's First Art, Symbol and Notation* (Weidenfeld & Nicholson, 1972).

"被迷住了"及之后的引文: telephone interview with Michael Rappenglück, 12 January 2018.

检验这幅画与金牛座和昴星团的匹配度: Michael Rappenglück, 'The Pleiades in the "Salle des Taureaux", grotte de Lascaux. Does a rock picture in the cave of Lascaux show the open star cluster of the Pleiades at the Magdalenian era (c. 15,300 bc)?' *Astronomy & Culture* (January 1997): 217–25.

安第斯山脉的各个农耕部落: Benjamin Orlove et al., 'Ethnoclimatology in the Andes', *American Scientist* 90 (2002): 428–35.

美洲土著人: Rappenglück, 'The Pleiades', 221–2.

一幅原牛画作: Michael Rappenglück, 'Palaeolithic timekeepers looking at the golden gate of the ecliptic; the lunar cycle and the Pleiades in the cave of La-Tête-du-Lion (Ardéche, France) – 21,000 BP', *Earth, Moon and Planets* 85–86 (2001): 391–404.

卡斯蒂略洞穴: Michael Rappenglück, 'Ice Age people find their ways by the stars: a rock picture in the Cueva de El Castillo (Spain) may represent the circumpolar constellation of the Northern Crown (CrB)', *Migration & Diffusion* 1 (2000): 15–28.

探索宇宙狩猎故事的起源: Julien d'Huy, 'A cosmic hunt in the Berber sky: a phylogenetic reconstruction of a Palaeolithic mythology', *Les Cahiers de l'AARS*, Saint-Lizier: Association des amis de l'art rupestre saharien (2013): 93–106; Julien d'Huy, 'The evolution of myths', *Scientific American* 315 (2016): 62–9; Julien d'Huy and Yuri Berezkin, 'How did the first humans perceive the starry night? – On the Pleiades', *Retrospective Methods Network Newsletter*, 12–13 (2016–2017): 100–122; Julien d'Huy, 'Lascaux, les Pléiades et la Voie lactée: à propos d'une hypothèse en archéoastronomie', *Mythologie française* 267 (2017): 19–22.

动物牙齿垂饰: Tõnno Jonuks and Eve Rannamäe, 'Animals and worldviews: a diachronic approach to tooth and bone pendants from the Mesolithic to the medieval period in Estonia', in *The Bioarchaeology of Ritual and Religion*, ed. Alexandra Livarda et al. (Oxbow, 2017), 162–78.

圆形的茅草屋: Lynn Gamble, *The Chumash World at European Contact: Power, Trade and Feasting among Complex Hunter-gatherers* (University of California Press, 2008), 1–16.

生活的复杂程度: Brian Hayden and Suzanne Villeneuve, 'Astronomy in the Upper Palaeolithic?', *Cambridge Archaeological Journal* 21 (2011): 331–55.

约翰·皮博迪·哈灵顿: 哈灵顿的生平和工作见Jan Timbrook, 'Memorial to Dee Travis Hudson (1941–1985)', *Journal of California and Great Basin Anthropology* 7 (1985): 147–54; Catherine Callaghan, 'Encounter with John P. Harrington', *Anthropological Linguistics* 33 (1991): 350–55; Lisa M. Krieger, 'Long gone Native languages emerge from the grave', *Mercury News*, 23 December 2007, <https://www.mercurynews.com/2007/12/23/long-gone-native-languages-emerge-from-the-grave>.

《天空的水晶》: Travis Hudson and Ernest Underhay, *Crystals in the Sky: An Intellectual Odyssey Involving Chumash Astronomy, Cosmology and Rock Art* (Ballena Press, 1978); see also Travis Hudson and Thomas Blackburn, 'The integration of myth and ritual in south-central California: the "Northern Complex" ', *Journal of California Anthropology* 5 (1978): 225–50; Edwin Krupp, 'Hiawatha in California', *Astronomy Quarterly* 8 (1991): 47–64.

天空的秘密: Hayden and Villeneuve, 'Astronomy'.

曼陀罗属: Richard Applegate, 'The Datura cult among the Chumash', *Journal of California Anthropology* 2 (1975): 7–17.

开创性研究著作: Mircea Eliade, *Shamanism: Archaic Techniques of Ecstasy* (Princeton Press, 1964).

一种独特和另类的意识状态: Michael Winkelman, 'Shamanism and the Alteration of Consciousness', in *Altering Consciousness*, ed. Etzel Cardeña and Michael Winkelman (Praeger, 2011), 159–80; Michael Hove et al., 'Brain network reconfiguration and perceptual decoupling during an absorptive state of consciousness', *Cerebral Cortex* 26 (2016): 3116–24; Pierre Flor-Henry et al., 'Brain changes during a shamanic trance: altered modes of consciousness, hemispheric laterality, and systemic psychobiology', *Cogent Psychology* 4 (2017): <https://doi.org/10.1080/23311908.2017.1313522>

萨满头脑中的精神世界: Michael Harner, *Cave and Cosmos: Shamanic Encounters with Another Reality* (North Atlantic Books, 2013).

在1998年出版的《史前萨满》一书中: David Lewis-Williams and Jean Clottes, *The Shamans of Prehistory: Trance and Magic in the Painted Cave* (Harry Abrams, 1998).

2002年出版了一本畅销书: Lewis-Williams, *The Mind in the Cave*; see also David Lewis-Williams, *A Cosmos in Stone: Interpreting Religion and Society Through Rock Art* (Alta Mira, 2002), 321–42; David Lewis-Williams, 'Rock Art and Shamanism', in *A Companion to Rock Art*, ed. Josephine McDonald and Peter Veth (Wiley- Blackwell, 2012), 17–33.

"一张相互联结的生命之网": telephone interview with Sandra Ingerman, 6 February 2018.

一个夜晚仪式: interview with Jo Bowlby, London, 27 January 2018.

马塞尔·拉维达和他的朋友们: Delluc and Delluc, *Lascaux inconnu*.

宇宙狩猎场景: Julien d'Huy, 'Un ours dans les étoiles, recherche phylogénétique sur un mythe préhistorique', in *Préhistoire du Sud-Ouest* 20 (2012): 91–106.

新石器时代岩画: Enn Ernits, 'On the cosmic hunt in north Eurasian rock art', *Folklore* 44 (2010): 61–76.

鸟头人是一个拿着手杖的萨满: Michael Rappenglück, 'A Palaeolithic planetarium underground – the cave of Lascaux (part 2)', *Migration & Diffusion* (2004): 6–47; Michael Rappenglück, 'Possible Astronomical Depictions in Franco-Cantabrian Paleolithic Rock Art', in *Handbook of Archaeoastronomy and Ethnoastronomy*, ed. Clive Ruggles (Springer, 2015), 1205–12.

第二章 土 地

1967年12月21日破晓时分: 迈克尔·奥凯利在纽格兰奇墓的工作和发现: 'Michael J. O'Kelly', Newgrange.com, <http://www.newgrange.com/michael-jokelly.htm>; Simon Welfare and John Fairley, *Arthur C. Clarke's Mysterious World* (A&W, 1980), 91–3; Michael O'Kelly and Claire O'Kelly, *Newgrange: Archaeology, Art and Legend* (Thames & Hudson, 1982); Michael O'Kelly, 'The restoration of Newgrange', *Antiquity* 53 (1979): 205–10.

克劳斯·施密特正在寻找新项目: Andrew Curry, 'Göbekli Tepe: the world's first temple?' *Smithsonian*, November 2008, <www.smithsonianmag.com/history/gobekli-tepe-the-worlds-first-temple-83613665>.

"我有两个选择": Elif Batuman, 'The Sanctuary: the world's oldest temple and the dawn of civilization', *New Yorker*, 19–26 December 2011, <www.newyorker. com/magazine/2011/12/19/the-sanctuary>.

这座山上到处都是: 对近期考古发现的讨论见Klaus Schmidt, 'Göbekli Tepe – the Stone Age sanctuaries. New results of ongoing excavations with a special focus on sculptures and high reliefs', *Documenta Praehistorica* 37 (2010): 239–56; Jens Notroff et al., 'What modern lifestyles owe to Neolithic feasts. The early mountain sanctuary at Göbekli Tepe and the onset of food-production', *Actual Archaeology*, January 2015, 32–49; Oliver Dietrich et al., 'Markers of "Psycho-cultural" Change: The Early- Neolithic Monuments of Göbekli Tepe in Southeastern Turkey', in *Handbook of Cognitive Archaeology: Psychology in Prehistory*, ed. Tracy Henley et al. (Routledge, 2020), 311–31.

"拉斯科洞穴和英国巨石阵的合体": Steven Mithen, 'Did farming arise from a misapplication of social intelligence?' *Philosophical Transactions of the Royal Society B*, 362 (2007): 705–18.

"只是他们从来没有过这种想法或愿望": Jacques Cauvin, *The Birth of the Gods and the Origins of Agriculture* (Cambridge University Press, 2000), 72.

幼发拉底河和底格里斯河的上游之间有一小块区域: Manfred Heun et al., 'Site of einkorn wheat domestication identified by DNA fingerprinting', *Science* 278 (1997): 1312–14; Simcha Lev-Yadun et al., 'The cradle of agriculture', *Science*, 288 (2000): 1602–03.

"同一种意识形态的副产品": Steven Mithen, *After the Ice: A Global Human History, 20,000–5,000 bc* (Harvard University Press, 2006), 67.

"自然界中与动物同权的部分": Notroff, 'Neolithic feasts'.

这些骨骼大部分是头骨: Julia Gresky et al., 'Modified human crania from Göbekli Tepe provide evidence for a new form of Neolithic skull cult', *Science Advances* 3 (2017), <https://doi.org/10.1126/sciadv.1700564>.

"超球体": Schmidt, 'Göbekli Tepe'.

"壁窗石": Schmidt, 'Göbekli Tepe'.

对死亡，特别是对头骨的执迷: David Lewis-Williams and David Pearce, *Inside the Neolithic Mind: Consciousness, Cosmos and the Realm of the Gods* (Thames & Hudson, 2005), chapter 3; see also Jens Notroff et al., 'Gathering of the Dead? The Early Neolithic Sanctuaries of Göbekli Tepe, Southeastern Turkey', in *Death Rituals, Social Order and the Archaeology of Immortality in the Ancient World*, ed. Colin Renfew et al. (Cambridge University Press, 2016), 65–80.

"充满了流动的、转化的、表面可以被穿透的物质": Ian Hodder, 'The Vitalities of Çatalhöyük', in *Religion at Work in a Neolithic Society: Vital Matters*, ed. Ian Hodder (Cambridge University Press, 2014), 3.

"一个神话世界的物质表达": David Lewis-Williams, 'Constructing a cosmos: architecture, power and domestication at Çatalhöyük', *Journal of Social Archaeology* 4 (2004): 28–59.

巴拉萨纳人: Stephen Hugh-Jones, 'The Pleiades and Scorpius in Barasana cosmology', *Journal of Skyscape Archaeology* 1 (2015): 111–24.

在2005年出版的《走进新石器时代的心灵》一书中: Lewis-Williams and Pearce, *Neolithic Mind*, chapter 4.

猎户座腰带等亮星的升起和落下: Donna Sutcliff, 'The sky's the topic', *Current Anthropology* 53 (2012): 125; Giulio Magli, 'Sirius and the project of the megalithic enclosures at Göbekli Tepe', *Nexus Network Journal* 18 (2016): 337; Martin Sweatman and Dimitrios Tsikritsis, 'Decoding Göbekli Tepe with archaeoastronomy: what does the fox say?' *Mediterranean Archaeology and Archaeometry* 17 (2017): 233–50.

诺特洛夫对此并不信服: Jens Notroff et al. 'More than a vulture: A response to Sweatman and Tsikritsis', *Mediterranean Archaeology and Archaeometry* 17 (2017): 57–74.

至少有一部分深入地下的沉积层: email interview with Jens Notroff, October 2019.

圆盘和新月: Schmidt, 'Göbekli Tepe'.

"月神": Ludwig Morenz, 'Media-evolution and the generation of new ways of thinking: the early neolithic sign system (10th/9th millennium cal bc) and its consequences', John Templeton Foundation newsletter, September 2014, 'Our Place in the World'.

意识状态的改变: David Lewis-Williams and Thomas Dowson, 'On vision and power in the Neolithic: evidence from the decorated monuments', *Current Anthropology* 34 (1993): 55–65; David Lewis-Williams and David Pearce, 'An accidental revolution? Early Neolithic religion & economic change', *Minerva* (July–August 2006): 29–31.

农业逐渐从近东扩散到整个欧洲: Pontus Skoglund et al., 'Origins and genetic legacy of Neolithic farmers and hunter-gatherers in Europe', *Science* 336 (2012): 466–9; Zuzana Hofmanová et al., 'Early farmers from across Europe directly descended from Neolithic Aegeans', *PNAS* 113 (2016): 6886–91; Selina Brace et al., 'Ancient genomes indicate population replacement in early Neolithic Britain', *Nature Ecology & Evolution* 3 (2019): 765–71.

公元前3750年前后: Nicki Whitehouse et al., 'Neolithic agriculture on the European western frontier: the boom and bust of early farming in Ireland', *Journal of Archaeological Science* 51 (2014): 181–205.

"一个强大的超验网络": Robert Hensey, *First Light: The Origins of Newgrange* (Oxbow Insights in Archaeology, 2015), 156.

177座支石墓: Michael Hoskin, *Tombs, Temples and Their Orientations: A New Perspective on*

Mediterranean History (Oxbow, 2001); Michael Hoskin, 'Seven-stone Antas', in *Handbook of Archaeoastronomy and Ethnoastronomy*, ed. Clive Ruggles (Springer, 2014), 1149–52.

136座爱尔兰长廊式墓穴: Frank Prendergast et al., 'Facing the sun', *Archaeology Ireland* 31 (2017): 10–17.

这些遗址正在从个体精神之旅的门户转向公共仪式的场所: Hensey, *First Light*; Robert Bradley, *The Significance of Monuments* (Routledge, 1998), chapters 7–8.

"宇宙生命、死亡与重生的永恒循环": Lewis-Williams and Pearce, *Neolithic Mind*, chapter 9.

德鲁伊特神庙: 关于巨石阵的历史理论见 Mike Parker Pearson, 'Researching Stonehenge: theories past and present', *Archaeology International* 16 (2013): 72–83.

现代发掘和放射性碳测年结果: Timothy Darvill et al., 'Stonehenge remodelled', *Antiquity* 86 (2012): 1021–40; Clive Ruggles, 'Stonehenge and its Landscape', in *Handbook of Archaeoastronomy and Ethnoastronomy*, ed. Clive Ruggles (Springer, 2015), 1223–37; Michael Allen et al., 'Stonehenge's avenue and "Bluestonehenge"', *Antiquity* 90 (2016), 991–1008; Mike Parker Pearson, 'The sarsen stones of Stonehenge', *Proceedings of the Geologists' Association* 127 (2016): 363–9; Mike Parker Pearson, *Science and Stonehenge: Recent Investigations of the World's Most Famous Stone Circle* (Veertigste Kroonvoordracht, 2018).

可见的石面: Parker Pearson, *Science and Stonehenge*.

马达加斯加同事: Mike Parker Pearson et al., 'Materialising Stonehenge: the Stonehenge Riverside Project and new discoveries', *Journal of Material Culture* 11 (2006): 227–61; Mike Parker Pearson, *Stonehenge: Exploring the Greatest Stone Age Mystery* (Simon & Schuster, 2012).

"你在马达加斯加的工作是不是白干了": Parker Pearson, 'Researching Stonehenge'.

"死后的永生": 德灵顿墙及其与巨石阵的联系见Parker Pearson et al., 'Materialising Stonehenge'. Telephone interview with Mike Parker Pearson, 15 October 2019.

"在这两个地点挖掘": Parker Pearson, 'Researching Stonehenge'.

"黑暗的冥界": Parker Pearson et al., 'Materialising Stonehenge'.

第三章 命 运

霍尔穆兹德·拉萨姆: Hormuzd Rassam, *Asshur and the Land of Nimrod* (Curts & Jennings, 1897).

平底船: Henry Layard, *Discoveries in the Ruins of Nineveh and Babylon* (Harper & Brothers, 1853).

在《圣经》中赫赫有名: 2 Kings 18–19; Jonah 1–3.

"我决定夜里动手": Rassam, *Asshur*, 24–32.

"一切的前身": telephone interview with Jeanette Fincke, 8 May 2018.

"阿贾鲁月": *Enuma Anu Enlil*, 17.2.

发掘出大量泥板: Layard, *Discoveries,* chapter 16; David Damrosch, *The Buried Book: The Loss and Rediscovery of the Great Epic of Gilgamesh* (Henry Holt & Co., 2007).

被视作同批藏品（脚注）: Jeanette Fincke, 'The British Museum's Ashurbanipal Library Project', *Iraq* 66 (2004): 55–60.

"想要收集已知世界的文字知识和智慧": Fincke, 'Ashurbanipal'.

史诗《吉尔伽美什》: *Gilgamesh*, trans. Stephen Mitchell (Profile, 2004).

助理馆长乔治·史密斯: Damrosch, *Buried Book*, chapter 1.

《埃努玛–埃利什》: Joshua J. Mark, 'Enuma Elish – The Babylonian Epic of Creation – Full Text', *Ancient History Encyclopedia*, 4 May 2018, <https://www.ancient.eu/ article/225/enuma-elish--the-babylonian-epic-of-creation-fu>.

"天之高兮": Louise Pryke, 'Religion and Humanity in Mesopotamian Myth and Epic', in *Religion: Oxford Research Encyclopedias* (2016). Doi:10.1093/acrefore/ 9780199340378.013.247. An alternative translation is "When Above".

神庙祭司负责: Marc Linssen, *The Cults of Uruk and Babylon: The Temple Ritual Texts as Evidence for Hellenistic Cult Practice* (Leiden, 2004).

"人们歌颂诸神": Jean Bottéro, *Religion in Ancient Mesopotamia*, trans. Teresa Fagan (University of Chicago Press, 2001), 158.

"收集刻有仪式和咒语说明的文字刻板": Fincke, 'Ashurbanipal'.

《避邪录》: Hermann Hunger, 'The relation of Babylonian astronomy to its culture and society', *Proceedings of the International Astronomical Union* 5 (2009): 62–73.

一个人在家里看到的预兆: telephone interview with Jeanette Fincke, 8 May 2018.

他们的智慧集结成《占星图表》: Fincke, 'Ashurbanipal'; Jeanette Fincke, 'The oldest Mesopotamian astronomical treatise: Enūma Anu Enlil, in *Divination as Science: A workshop conducted during the 60th Rencontre Assyriologique Internationale, Warsaw, 2014*, ed. Jeanette Fincke (Eisenbrauns, 2016), 107–46.

"尼萨奴月的第一天": *Enuma Anu Enlil* text, British Museum, accessed 5 November 2019, <http://www.mesopotamia.co.uk/astronomer/explore/enuma1t.html>.

"此国将遭受攻击": Simo Parpola, 'Excursus: The Substitute King Ritual', in *Letters from Assyrian Scholars to the Kings Esarhaddon and Assurbanipal*, ed. Simo Parpola (Verlag, 1983), XXII–VI.

分成四份: Parpola, 'Substitute King'.

建起一座巨大的宫殿: Paul Tanner, 'Ancient Babylon: From gradual demise to archaeological rediscovery', *Near East Archaeological Society Bulletin* 47 (2002): 11–20; Roan Fleischer, 'Nebuchadnezzar II and Babylon: Building personal legacy through monumentality', *Binghampton Journal of History* 18 (2017): 3–24.

"Etemenanki": Andrew George, 'The tower of Babel: archaeology, history and cuneiform texts', *Archiv für Orientforschung* 51 (2005–2006): 75–95.

"一个同时建立在宇宙两个层面上的结构": Andrew George, *Babylonian Topographical Texts* (Peeters Press, 1992), 299.

实习牧师约翰·斯特拉斯迈尔: Teije de Jong, 'Babylonian Astronomy 1880–1950: The players and the field', in *A Mathematician's Journeys*, ed. Alexander Jones et al. (Springer, 2016), 265–302; see also: Gary Thompson, 'The recovery of Babylonian astronomy', 2009–2018, accessed 5 November 2019, <http://members.westnet. com.au/gary-david-thompson/babylon4.html>.

埃平起初有些犹豫: de Jong, 'Babylonian Astronomy'; Johann Epping, *Astronomisches aus Babylon* (Freiberg im Breisgau, 1889).

这种预测能力的发展过程: James Evans, *The History and Practice of Ancient Astronomy* (OUP USA, 1998); Mathieu Ossendrijver, 'Babylonian Mathematical Astronomy', in *Handbook of Archaeoastronomy and Ethnoastronomy*, ed. Clive Ruggles (Springer, 2015), 1863–70.

发明了黄道十二宫: Evans, *Ancient Astronomy*, 39.

极为精妙的数学: Evans, *Ancient Astronomy*, 317; telephone interview with James Evans, 31 May 2018.

马蒂厄·奥森德瑞弗（脚注）: Mathieu Ossendrijver, 'Ancient Babylonian astronomers calculated Jupiter's position from the area under a time-velocity graph', *Science* 351 (2016), 482–4.

昆图斯·库尔提乌斯·鲁弗斯: Quintus Curtius Rufus, *The History of Alexander*, trans. John Yardley (Penguin Classics, 1984), 93–4.

"代表了一种革命性地看待世界的方式": Evans, *Ancient Astronomy*, 213.

"希腊奇迹": Evans, *Ancient Astronomy*, 23.

一个地主家庭: de Jong, 'Babylonian Astronomy'.

六十进制（脚注）: F. R. Stephenson and L. Baolin, 'On the length of the synodic month', *The Observatory* 111 (1991): 21–2.

"他们的新科学大师": George Bertin, 'Babylonian Astronomy IV', *Nature* 40 (1889): 360.

一个三角表: Daniel Mansfield and Norman Wildberger, 'Plimpton 322 is Babylonian exact sexagisemal trigonometry', *Historia Mathematica* 44 (2017): 395–419.

一定去过埃萨吉拉神庙: Gerald Toomer, 'Hipparchus and Babylonian Astronomy', in *A Scientific Humanist: Studies in Memory of Abraham Sachs*, ed. Erle Leichty et al., Occasional Publications of the Samuel Noah Kramer Fund 9 (University of Philadelphia, 1988), 353–62; Alexander Jones, 'The adaptation of Babylonian methods in Greek numerical astronomy', *Isis* 82 (1991): 441–53.

"震惊": telephone interview with James Evans, 31 May 2018.

两对象牙板碎成的二百来块残片: Jean-Paul Bertaux, 'La découverte des tablettes: les données archéologiques', *in Les tablettes astrologiques de Grand (Vosges) et l'astrologie en Gaule romaine: actes de la table-ronde du 18 mars 1992, organisée au Centre d'études romaines et gallo-romaines de l'Université de Lyon III*, ed. Josèphe-Henriette Abry and André Buisson (University of Lyon, 1993), 39–47.

在古代垃圾堆中: Alexander Jones, *Astronomical papyri from Oxyrhynchus* (American Philosophical Society, 1999).

《亚历山大传奇》: *The Greek Alexander Romance*, trans. Richard Stoneman (Penguin Classics, 1991).

富人可能去神庙和圣所求占: James Evans, 'The astrologer's apparatus: a picture of professional practice in Greco-Roman Egypt', *Journal of the History of Astronomy* 35 (2004): 1–44.

大约从公元前400年开始: Abraham Sachs, 'Babylonian horoscopes', *Journal of Cuneiform Studies* 6 (1952), 49–75; Francesca Rochberg, 'Babylonian horoscopy: the texts and their relations', in *Ancient Astronomy and Celestial Divination*, ed. Noel Swerdlow (MIT Press, 1999), 39–60.

"与理性和心灵相关的个人品质": Ptolemy, *Tetrabiblos* III, chapter 13.

伽利略定期给富人占星: Patrick Boner, 'Galileo's Astrology', *Renaissance Quarterly* 59 (2006): 222–4.

加强和改革占星术: Gérard Simon, '8.3 Kepler's Astrology: The direction of a reform', *Vistas in Astronomy* 18 (1975): 439–48.

"一个脱离了宇宙学的体系": Skype interview with Nicholas Campion, 28 May 2018.

"破坏了文明的基本结构": Trevor Jackson, 'When balance is bias', *British Medical Journal* 343 (2011): <https://doi.org/10.1136/bmj.d8006>.

"枯萎和贬值": Richard Dawkins, 'The real romance in the stars', *Independent*, 31 December 1995, <https://www.independent.co.uk/voices/the-real- romance-in-the-stars-1527970.html>.

占星术的可信度: Julie Beck, 'The New Age of Astrology', *The Atlantic*, 16 January 2018, <https://www. theatlantic.com/health/archive/2018/01/the-new-age-of-astrology/550034/>. 有分析提出，任何地方都有22%~73%的人相信占星术，这取决于你如何定义"相信": Nicholas Campion, 'How many people actually believe in astrology?' *The Conversation*, 28 April 2017, <https:// theconversation. com/how-many-people-actually-believe-in-astrology-71192>.

亚历山大率军再次进军巴比伦: Arrian, *The Campaigns of Alexander* (Penguin Classics, 1976), 376–8.

"国王卒": Leo Depuydt, 'The time of death of Alexander the Great: 11 June 323 bc (–322), ca. 4:00–5:00pm', *Die Welt des Orients* 28 (1997): 117–35; Jona Lendering, 'Alexander's Last Days', *Livius*, accessed 5 November 2019, <https://www.livius.org/articles/person/alexander-the-great/alexander-3.6-last-days/>.

年代最新的楔形文字板: Hermann Hunger and Teije de Jong, 'Almanac W22340a from Uruk: The latest datable cuneiform tablet', *Zeitschrift für Assyriologie und Vorderasiatische Archäologie* 104 (2014): 182–94.

第四章　信　仰

据凯撒里亚主教尤西比乌斯等古代作家的记载: Eusebius, *Life of Constantine*, chapter 28; Lactantius, *Liber de Mortibus Persecutorum*, chapter 44.

"此处所取悦的神": Elizabeth Marlowe, 'Framing the Sun: The arch of Constantine and the Roman cityscape', *Art Bulletin* 88 (2006): 223–42; Maggie Popkin, 'Symbiosis and Civil War: The audacity of the arch of Constantine', *Journal of Late Antiquity* 9 (2016): 42–88.

"在天空中闪耀": Karlene Jones-Bley, 'An archaeological reconsideration of solar mythology', *Word* 44 (1993): 431–43.

"至高无上的造物主": Lawrence Sullivan, 'Supreme Beings', in *Encyclopedia of Religion,* 2nd edition, ed. Lindsay Jones and Mircea Eliade (Thomson Gale, 2005), volume 13.

崇拜万神殿里的天神: 考古证据包括以色列北部夏琐（Tel Hazor）出土的一块13世纪的玄武岩板，上面的图案包括一双举向月牙的手和一个他纳（Tel Taanac）出土的、带有一个日面图案的10世纪祭台。圣经文本中也有几处提及天神崇拜，如2 Kings 23: 5: 'He suppressed the idolatrous priests . . . those who made offerings to Baal, to the sun, moon, constellations, and all the host of heaven.'

"一个抽象和不可毁灭的上帝": David Aberbach, 'Trauma and abstract monotheism: Jewish exile and recovery in the sixth century BCE', *Judaism* 50 (2001): 211–21.

"源头": Mircea Eliade, *Patterns in Comparative Religion*, trans. Rosemary Sheed (University of Nebraska Press, 1996), 95.

"邪恶时代": Arnold Jones, *Constantine and the Conversion of Europe* (English Universities Press, 1948), 2.

"挤满了神明": Marianne Bonz, 'Religion in the Roman World', *PBS Frontline*, accessed 5

November 2019, <https://www.pbs.org/wgbh/pages/frontline/ shows/religion/portrait/religions. html>.

命令军队离开大路: Jonathan Bardill, *Constantine: Divine Emperor of the Golden Age* (Cambridge University Press, 2011).

这个传统可以追溯到: Bardill, *Divine Emperor*.

"穿着丝袍": Bradley Schaefer, 'Meteors that changed the world', *Sky & Telescope*, 1 February 2005, <https://www.skyandtelescope.com/observing/celestial- objects-to-watch/meteors-that-changed-the-world>.

君士坦丁下令所有造币厂: Martin Wallraff, 'Constantine's Devotion to the Sun after 324', *Studia patristica* 34 (2001): 256–69.

"这位太阳神是他的守护者": Bardill, *Divine Emperor*, 92.

第二个异象: discussed in Bardill, *Divine Emperor*, chapter 5.

幻日: Peter Weiss, 'The vision of Constantine', *Journal of Roman Archaeology* 16 (2003): 237–59.

"天使": Eusebius, *Life of Constantine*, book 3, chapter 10.

"如太阳般照耀的君士坦丁": 关于君士坦丁崇拜太阳的讨论: Wallraff, 'Constantine's Devotion'; Bardill, *Divine Emperor*.

"璀璨无比之光""一束纯净之光": quoted in Bardill, *Divine Emperor*, 330.

主礼拜日: 关于星期天作为基督教礼拜日的起源的详细讨论见Samuele Bacchiocchi, 'Sun-worship and the Origin of Sunday', in *From Sabbath to Sunday: A Historical Investigation of the Rise of Sunday Observance in Early Christianity* (The Pontifical Gregorian University Press, 1977), 131–63.

玛丽娜·沃纳: Marina Warner, *Alone of All Her Sex: The Myth and the Cult of the Virgin Mary* (OUP, 2016), 263.

"若基督教不是在烈日炎炎的东方扎根": Warner, *Alone of All Her Sex*, 266.

"英勇作战": Jacquetta Hawkes, *Man and the Sun* (Cresset, 1962), 199; quoted in Bacchiocchi, 'Sun-worship'.

政治妙举: Bardill, *Divine Emperor*, 331.

越来越多的帝王特征: Adam Renner, 'The *nimbus* in Imperial and Christian iconography: Origin, transformation, and significance', accessed 5 November 2019, <https://www.academia.edu/ 1598242/Nimbus_in_Imperial_and_Christian_Imagery>.

"他变成了人们想象中的样子": Thomas Mathews, *The Clash of Gods: A Reinterpretation of Early Christian Art* (Princeton University Press, 1999), 11.

"坐在柔软的云彩上": Maria Shriver, *What's Heaven?* (Griffin, 2007).

J.爱德华·赖特: Edward Wright, *The Early History of Heaven* (OUP, 1999).

人死后的事情: Diarmaid MacCulloch, *A History of Christianity: The First Three Thousand Years* (Viking, 2010).

"永远不要试图让我接受死亡": Homer, *Odyssey*, trans. A. T. Murray, revised George E. Dimock (Loeb Classical Library 104, Harvard University Press, 1919), 435–7; discussed in Nicholas Campion, 'Was there a Ptolemaic revolution in ancient Egyptian Astronomy? Souls, stars and cosmology', *Journal of Cosmology* 13 (2011): 4174–86.

人类也有不朽的灵魂: Donald Zeyl and Barbara Sattler, 'Plato's *Timaeus*', *Stanford Encyclopaedia of Philosophy* (summer 2019 edition), ed. Edward N. Zalta, <https:// plato.stanford.edu/

archives/sum2019/entries/plato-timaeus/>; Richard Poss, 'Plato's *Timaeus* and the inner life of stars', *Memorie della Societa Astronomica Italiana* 73 (2002): 287; Nicholas Campion, 'Astronomy and psyche in the classical world: Plato, Aristotle, Zeno, Ptolemy', *Journal of Cosmology* 9 (2010): 2179–86.

"飞离地球": Plato, *Theaeteus*, trans. Benjamin Jowett; quoted in Campion, 'Astronomy and psyche'.

"正如我们去塔拉斯孔": letter from Vincent van Gogh to his brother Theo, c. 9 July 1888, *Letters of Vincent van Gogh: A Facsimile Edition* (Vincent van Gogh Foundation, 1977), quoted in Wright, *Early History*, 98.

来自柏林的两兄弟: Henri Brugsch, 'Zwei Pyramiden mit Inschriften aus den Zeiten der VI. Dynastie', *Zeitschrift für Ägyptische Sprache und Alterthumskunde* 19 (1881): 1–15; Henri Brugsch, *My Life and My Travels* (Berlin, 1894), chapter 7; Ronald Ridley, 'The Discovery of the Pyramid Texts', *ZAS* 110 (1983): 74–80.

"带来最后的快乐": Henri Brugsch, *My Life*, chapter 7.

埃及人拥有复杂的宇宙观: Wright, *Early History of Heaven*; Geraldine Pinch, *Egyptian Mythology: A Guide to the Gods, Goddesses and Traditions of Ancient Egypt* (OUP, 2002); John Taylor, *Egyptian Mummies* (The British Museum Press, 2010).

"尸身的安放地": Taylor, *Egyptian Mummies*, 113.

"我乘着您的神舟在天空中划行": James Allen, *The Ancient Pyramid Texts* (SBL press, 2015), 52 and 34.

迎向绕北天极转动的拱极星: Allen, *Pyramid Texts*; Raymond Faulkner, 'The king and the star-religion in the Pyramid Texts', *Journal of Near Eastern Studies* 25 (1966): 153–61.

不超过1/20度: Juan Antonio Belmonte, 'On the orientation of Old Kingdom Egyptian Pyramids', *Journal for the History of Astronomy* 32 (2001): S1–S20; Giulio Magli and Juan Antonio Belmonte, 'Pyramids and stars: Facts, conjectures and starry tales', in *In Search of Cosmic Order: Selected Essays on Egyptian Archaeoastronomy*, ed. Juan Antonio Belmonte and Mosalam Shaltout (Supreme Council of Antiquities Press, 2009), chapter 10.

"疯狂的精确": Giulio Magli, 'A possible explanation of the void in the pyramid of Khufu on the basis of the Pyramid Texts', 1 January 2018, <https://arxiv.org/ abs/1711.04617v2>.

来世概念的发源地: Campion, 'Ptolemaic revolution'.

有关毕达哥拉斯的古代传记: summarised in Kitty Ferguson, *Pythagoras: His Lives and the Legacy of a Rational Universe* (Icon books, 2010).

"灵魂融入": Campion, 'Ptolemaic revolution'.

"观察恒星的运动": Marcus Aurelius, *Meditations*, 7.47, trans. Martin Hammond (Penguin Classics, 2006).

"谁知道一个人的灵魂能不能升天?"和"智者将耀如晴空": Ecclesiastes 3: 21 and Daniel 12: 3. Discussed in Wright, *Early History of Heaven*, 87.

"基督徒关注甚至痴迷于来世": MacCulloch, *History of Christianity*, 71.

他一病不起: Eusebius, *Life of Constantine*, chapters 58–75; Bardill, *Divine Emperor*, chapter 9.

"对太阳崇拜的滑稽模仿": Thomas Paine, 'On the origin of free-masonry', 1818.

这位造物主整顿混乱: Plato, *Timaeus*, <http://classics.mit.edu/Plato/timaeus.html>.

"天是我的座位": Isaiah 66: 1.

"自由地朝着万事万物播洒阳光"和"心怀敬畏地仰望"：Eusebius, *Life of Constantine*; quoted in Wallraff, 'Constantine's Devotion'.

"我所信仰的上帝"：Guy Consolmagno, 'Astronomy and Belief', *Thinking Faith*, 18 April 2013, <https://www.thinkingfaith.org/articles/20130418_1.htm>.

"神圣而永恒的动物"：Plato, *Timaeus*.

"灵魂或……全世界的意识"：Pliny, *Natural History*, Loeb Classical Library 330, 178–9.

"没有人比柏拉图主义者更靠近我们基督徒"：St Augustine of Hippo, *City of God*, book 8, chapter 5.

"谁会看不到"：St Augustine of Hippo, *City of God*, book 4, chapter 12.

"拒绝了宇宙是一个生物的概念"：Nicholas Campion, *Astrology & Cosmology in the World's Religions* (NYU Press, 2012), 169.

第五章 时 间

《阿什莫尔1796手稿》：John North, *God's Clockmaker: Richard of Wallingford and the Invention of Time* (Hambledon, 2005); Bodleian catalogue entry for the MS available at <http://mlgb3.bodleian.ox.ac.uk/mlgb/book/4885/>.

"人们可以观察"：John North, *Richard of Wallingford: An Edition of His Writings with Introductions, English Translation and Commentary*, volume 2 (OUP, 1976), 366.

理查德于1291年：对理查德生平的描述见North, *God's Clockmaker*; North, *Richard of Wallingford*; Thomas Walsingham, *Gesta Abbatum Monasterii Sancti Albani*, ed. Henry Riley (Longmans, 1867).

围攻圣奥尔本修道院：Gabrielle Lambrick, 'Abingdon and the riots of 1327', *Oxoniensia* 29 (1964): 129–41.

恪守时间的会规：North, *God's Clockmaker*; David Landes, *Revolution in Time: Clocks and the Making of the Modern World* (Harvard University Press, 2000); John Scattergood, 'Writing the clock: the reconstruction of time in the late Middle Ages', *European Review* 11 (2003): 453–74; Lewis Mumford, *Technics and Civilization* (University of Chicago Press, reprint edition, 2010); Jacques Le Goff, *Time, Work and Culture in the Middle Ages* (University of Chicago Press, 1982).

"时间纪律"：Landes, *Revolution in Time*, 59.

"祷告，经常祷告"：Landes, *Revolution in Time*, 61.

修道士们跑到水驱闹钟那里取水：John North, 'Monasticism and the first mechanical clocks', in *The Study of Time II*, ed. Julius Fraser and Nathaniel Lawrence (Springer, 1975), 381–98; Scattergood, 'Writing the clock'.

"历史上最精巧的发明之一"：Landes, *Revolution in Time*, 10.

由快速流动的溪水驱动的坚固齿轮：Ibn Khalaf al-Muradi, *The Book of Secrets in the Results of Ideas: Incredible Machines from 1000 Years Ago*, Lisa Massimiliano et al. (Leonardo 3, 2008), <http://www.leonardo3.net/en/l3-works/publishing-house/1503-the-book-of-secrets.html>.

水或水银驱动的钟楼：Joseph Needham et al., 'Chinese astronomical clockwork', *Nature* 177 (1956): 600–02.

"改进他们的产品": Robertus Anglicus, *De Sphera of Sacrobosco*, 1271; quoted in North, 'Monasticism', 381–98.

有关这种新型时钟的最早记录: North, 'Monasticism'.

《玫瑰传奇》: by Guillaume de Lorris. More information at: <https://www.bl.uk/collection-items/roman-de-la-rose>.

两个球: Cicero, *De Re Publica*, book 1, sections 21–22.

一个神秘的青铜装置: Derek de Solla Price, 'Clockwork before the clock and timekeepers before timekeeping', in *The Study of Time II*, ed. Julius Fraser and Nathaniel Lawrence (Springer, 1975), 368–80; Jo Marchant, *Decoding the Heavens: Solving the Mystery of the World's First Computer* (Windmill, 2009); Alexander Jones, *A Portable Cosmos: Revealing the Antikythera Mechanism, Scientific Wonder of the Ancient World* (OUP, 2017).

拜占庭日晷: Judith Field and Michael Wright, 'Gears from the Byzantines: A portable sundial with calendrical gearing', *Annals of Science* 42 (1985): 87–138; Marchant, *Decoding the Heavens*.

13世纪的星盘: Marchant, *Decoding the Heavens*, 151 (and image in plate section).

"一台由奇妙的轮子组成的装置": 约翰·诺斯发现的13世纪文本及相关讨论见North, *God's Clockmaker*, chapter 12.

一个令人印象深刻的水钟: Joseph Noble and Derek de Solla Price, 'The water clock in the Tower of the Winds', *American Journal of Archaeology* 72 (1968): 345–55.

在一篇论文中主张: Roger Bacon, 'Letter on secret works of art and of nature and on the invalidity of magic', 1248. Translation by Michael Mahoney available at <https://www.princeton.edu/~hos/h392/bacon.html>.

皮埃尔·德·马里古（脚注）: Pierre de Maricourt, 'Letter on the magnet', 1269, discussed in North, *God's Clockmaker*, chapter 12.

更有价值: Roger Bacon, 'Letter on secret works', discussed in North, *God's Clockmaker*, chapter 12.

"宇宙机器": North, *God's Clockmaker*, chapter 14.

页边空白处的笔记: North, *Richard of Wallingford*, volume 2, 309–20.

"数学与机械两种创造力的结合" 和 **"或许是……独一无二的"**: North, *God's Clockmaker*, 212 and 214.

法国建造了一座时钟: North, *God's Clockmaker*, chapter 13.

"伟大的修道院院长": North, *Richard of Wallingford*, preface.

"最具创造力的英国科学家": North, *God's Clockmaker*, xv.

修造大型时钟的潮流: discussed for example in Landes, *Revolution in Time*, chapter 4.

平凡的齿轮机械: Nicholas Whyte, 'The astronomical clock of Richard of Wallingford', 1990–91, <http://www.nicholaswhyte.info/row.htm>.

"现代工业革命的关键机器": Mumford, *Technics*, 87.

涉及时钟的引用: Scattergood, 'Writing the clock'.

"哎呀，堤坝边的钟": Dafydd ap Gwilym, *Poems*, ed. and trans. Rachel Bromwich (Gomer, 1982), 110–13; quoted in Scattergood, 'Writing the clock'.

他每天早上做的第一件事: quoted in Landes, *Revolution in Time*, 91.

促使人们计数: Landes, *Revolution in Time*, chapter 4.

"人类强大到": Mumford, *Technics*, 25.

"一个光辉灿烂的轮子"：Dante Alighieri, *The Divine Comedy Volume 3: Paradiso*, trans. John Sinclair (OUP, 1961), Canto X.

一台复杂的天文钟：Silvio Bedini and Francis Maddison, 'Mechanical Universe: The Astrarium of Giovanni de' Dondi', *Transactions of the American Philosophical Society* 56 (1966): 1–69.

"仿佛有人造了一台时钟"：Nicole Oresme, *Le livre du Ciel et du Monde*, 1377; quoted in Scattergood, 'Writing the clock'.

引向一个符合逻辑的结论：discussed, for example, in David Wootton, *The Invention of Science: A New History of the Scientific Revolution* (Harper, 2015) 436–41.

任何做不到这一点的17世纪科学家：Stephen Toulmin, 'From Clocks to Chaos: Humanizing the Mechanistic World-View', in *The Machine as Metaphor and Tool*, ed. Hermann Haken et al. (Springer, 1993), 142.

一些原住民社会：Chris Sinha et al., 'When time is not space: The social and linguistic construction of time intervals and temporal event relations in an Amazonian culture', *Language and Cognition* 3 (2011), 137–69.

关键人物：Landes, *Revolution in Time*, chapter 7; Seth Atwood, 'The development of the pendulum as a device for regulating clocks prior to the 18th century', in *The Study of Time II*, ed. Julius Fraser and Nathaniel Lawrence (Springer, 1975), 417–50.

"真实的数学时间"：Lennart Lundmark, 'The mechanization of time', in *The Machine as Metaphor and Tool*, ed. Hermann Haken et al. (Springer, 1993), 45–65.

把平太阳时定为标准时：Lundmark, 'The mechanization of time', 57.

"我们对这些线索的反应"：Landes, *Revolution in Time*, 2.

时荒感：Joseph Carroll, 'Time pressures, stress, common for Americans', Gallup, 2 January 2008, <https://news.gallup.com/poll/103456/Time-Pressures- Stress-Common-Americans.aspx>.

14世纪30年代初：North, *God's Clockmaker*, chapter 15; North, *Richard of Wallingford*; Walsingham, *Gesta Abbatum*.

"与罗马的决裂"：North, *God's Clockmaker*, 5.

第六章 海　洋

漂泊了两个月：对"奋进号"靠近塔希提岛的描述：*The Journals of Captain James Cook. Volume I: The Voyage of the Endeavour 1768–1771*, ed. John Beaglehole (Hakluyt Society, 1955), entries for 30 March to 13 April 1769.

"水上煤斗"：Joan Druett, *Tupaia: Captain Cook's Polynesian Navigator* (Praeger, 2010), 58.

成群结队的独木舟：对"奋进号"在塔希提岛停留期间的描述：Ann Salmond, *The Trial of the Cannibal Dog: Captain Cook in the South Seas* (Penguin, 2004); Druett, *Tupaia*; Beaglehole, *Journals Volume I*; Joseph Banks, *The Endeavour Journal of Sir Joseph Banks*, University of Sydney Library (first published 1771); William Frame and Laura Walker, *James Cook: The Voyages* (British Library, 2018).

蜣螂盯着银河：James Foster et al., 'How animals follow the stars', *Proceedings of the Royal Society B* 285 (2018), <https://doi.org/10.1098/rspb.2017.2322>.

"大发现时代"：David Barrie, *Sextant: A Voyage Guided by the Stars and the Men who Mapped* the World's Oceans (William Collins, 2014); Ben Finney, 'Nautical cartography and traditional navigation in Oceania', in The History of Cartography, volume 2, book 3, ed. David Woodward and Malcolm Lewis (University of Chicago Press, 1998), 443–92.

被他称为"H4"的著名装置: David Landes, Revolution in Time: Clocks and the Making of the Modern World (Harvard University Press, 2000), 145–57.

能在船上使用的小钟表: a story popularised in Dava Sobel, Longitude: The True Story of a Lone Genius who Solved the Greatest Scientific Problem of His Time (Walker & Co., 1995).

更精确地测量行星视差: Edmund Halley, 'A new method of determining the parallax of the Sun', Philosophical Transactions 29 (1716): 454; Michael Chauvin, 'Astronomy in the Sandwich Islands: The 1874 transit of Venus', The Hawaiian Journal of History 27 (1993): 185–225. 历史上通过金星凌日测量太阳系大小的尝试: Donald Teets, 'Transits of Venus and the Astronomical Unit', Mathematics Magazine 76 (2003): 335–48.

六分仪和刚刚修复的象限仪: 库克1769年任务所使用的仪器和天文学原理: Wayne Orchiston, 'Cook, Green, Maskelyne and the 1769 transit of Venus: The legacy of the Tahitian observations', Journal of Astronomical History and Heritage 20 (2017): 35–68; Wayne Orchiston, 'James Cook's 1769 transit of Venus expedition to Tahiti', Proceedings of the International Astronomical Union Colloquium No. 196, 2004: 52–66.

"竭尽所能地利用1769年的金星凌日": Orchiston, 'Cook, Green, Maskelyne'. 更多有关此次任务的政治背景见Chauvin, 'Sandwich Islands'.

"新的世界秩序": Barrie, Sextant, 92.

秘密团体"阿里奥": Druett, Tupaia, 3–9.

"把他当作一件奇珍异品留着": Banks, Endeavour Journal, 12 July 1769.

"几滴真心的泪水": Banks, Endeavour Journal, 13 July 1769.

世界史上一个非比寻常的时刻: Frame and Walker, James Cook, 58.

"同一个民族": The Journals of Captain James Cook on his Voyages of Discovery: Volume II: The Voyage of the Resolution and Adventure 1772–1775, ed. John Beaglehole (Routledge, 2017), 354.

"图帕亚亲手绘制的"海图: Beaglehole, Journals Volume I, 294; quoted in Anne Di Piazza and Erik Pearthree, 'History of an idea about Tupaia's chart', Cook's Log 35 (2012): 18. See also Frame and Walker, James Cook; Finney, 'Nautical cartography', 443–92.

"昼观红日": Beaglehole, Journals Volume I, 154.

通过海路迁徙: Ben Finney, 'The Pacific basin: An introduction', in The History of Cartography, volume 2, book 3, ed. David Woodward and Malcolm Lewis (University of Chicago Press, 1998), 419–22; Ben Finney, 'Colonising an island world', Transactions of the American Philosophical Society 86 (1996): 71–116.

被怀疑论取代: 关于怀疑论和异见者的讨论(包括"欢乐之星"项目的缘起)见Finney, 'Nautical cartography'.

"这样的文化反应": 'Nainoa Thompson', Polynesian Voyaging Society, accessed 5 November 2019, <http://archive.hokulea.com/index/founder_and_teachers/ nainoa_thompson.html>. (This biography includes information from Gisela Speidel, 'The Ocean Is My Classroom', Kamehameha Journal of Education 5 (1994): 11–23, as well as speeches given by Nainoa Thompson in 1997 and 1998.) 更多有关"欢乐之星"的内容: Patrick Karjala et al., 'Kilo Hōkū–Experiencing

Hawaiian, non-instrument open ocean navigation through virtual reality', *Presence* 26 (2017): 264–80.

"我们从流浪者": Gary Kubota, 'Ben Finney, a founder of the Polynesian Voyaging Society, dies at 83', *Honolulu Star Advertiser*, 24 May 2017, <https:// www.staradvertiser.com/2017/05/24/ breaking-news/ben-finney-a-founder-of-the- polynesian-voyaging-society-dies-at-83>.

最近的考古学和基因学发现: for example, Alice Storey et al., 'Radiocarbon and DNA evidence for a pre-Columbian introduction of Polynesian chickens to Chile', *PNAS* 104 (2007): 10335–9; Shane Egan and David Burley, 'Triangular men on one very long voyage: The context and implications of a Hawaiian-style petroglyph site in the Polynesian kingdom of Tonga', *Journal of the Polynesian Society* 118 (2009), 209–32; Andrew McAlister et al., 'The identification of a Marquesan adze in the Cook Islands', *Journal of the Polynesian Society* 122 (2013): 257–73.

波利尼西亚学者大卫·刘易斯: David Lewis, *We, the Navigators: The Ancient Art of Landfinding in the Pacific* (University of Hawaii Press, 1972).

"恒星罗盘": Finney, 'Nautical cartography'; Anne Di Piazza, 'A reconstruction of a Tahitian star compass based on Tupaia's "Chart for the Society Islands with Otaheite in the center" ', *Journal of the Polynesian Society* 119 (2010): 377–92.

"大扳机鱼": Finney, 'Nautical cartography'.

一曲古老的颂歌: Teuira Henry, 'Birth of the heavenly bodies', *Journal of the Polynesian Society* 16 (1907): 101–04.

有一份教学时间表: Stan Lusby et al., 'Navigation and discovery in the Polynesian oceanic empire: Part One', *Hydrographic Journal* 131/132 (2010): 17–25.

颂歌里的天柱: Stan Lusby et al., 'Navigation and discovery in the Polynesian oceanic empire: Part Two', *Hydrographic Journal* 134 (2010): 15–25.

"一种创造和构想世界的方式": Di Piazza and Pearthree, 'History of an idea'.

精心绘制成一幅塔希提岛的地图: James Cook, 'Chart of the Island Otaheite' (London, 1769), National Maritime Museum, Greenwich, <https://collections.rmg.co.uk/collec-tions/objects/540641. html>.

最早在地图上添加数学特征的人: 关于地图绘制历史的一般性资料来源: *The History of Cartography, Volume One: Cartography in Prehistoric, Ancient, and Medieval Europe and the Mediterranean*, ed. Brian Harley and David Woodward (University of Chicago Press, 1987).

"世界地图": David Woodward, 'Medieval Mappaemundi', in Harley and Woodward, *The History of Cartography*, 286–370.

迪皮亚扎和皮尔特里指出: Anne Di Piazza and Erik Pearthree, 'A new reading of Tupaia's chart', *Journal of the Polynesian Society* 116 (2007): 321–40; Di Piazza and Pearthree, 'History of an idea'.

"礁石洞探索": Finney, 'Nautical cartography'.

"当电子设备告诉我们": quoted in 'Navigation part of the brain "is switched off" as soon as you turn on a sat nav', *Daily Express*, 21 March 2017, <https://www. express.co.uk/news/ uk/781986/Navigation-part-brain-switched-off-sat-nav-GPS>; Amir-Homayoun Javadi et al., 'Hippocampal and prefrontal processing of network topology to simulate the future', *Nature Communications* 8 (2017), 14652.

变成路盲: Steven Tripp, 'Cognitive Navigation: Toward a biological basis for instructional design',

Educational Technology and Society 4 (2001): 41–9; Alex Hutchinson, 'Global Impositioning Systems: Is GPS technology actually harming our sense of direction?', *The Walrus*, November 2009, <https://thewalrus. ca/global-impositioning-systems>.

过分依靠技术: Nicholas Carr, 'All can be lost: The risk of putting our knowledge in the hands of machines', *The Atlantic*, November 2013, <https://www.theatlantic.com/magazine/archive/2013 /11/the-great-forgetting/309516/>.

第七章 权 力

喜好争辩又伶牙俐齿的人: 托马斯·潘恩生平细节: R. R. Fennessy, *Burke, Paine, and the Rights of Man* (Springer, 1963), 12–47; Harvey Kaye, *Thomas Paine and the Promise of America* (Hill & Wang, 2005); Peter Linebaugh, *Peter Linebaugh Presents* The Rights of Man *and* Common Sense (Verso, 2009); Edward Larkin, *Thomas Paine and the Literature of Revolution* (Cambridge University Press, 2005); Craig Nelson, *Thomas Paine: His Life, His Time and the Birth of Modern Nations* (Profile, 2007).

一个兼具文化与荒蛮、涌动着勃勃生机的城市: 'Descriptions of eighteenth-century Philadelphia before the Revolution', National Humanities Center Resource Toolbox, 2009, <http://national-humaniti- escenter.org/pds/becomingamer/growth/text2/philadelphiadescriptions.pdf>.

"最有影响力的作家": Harvey Kaye, *Thomas Paine*; quoted in Mariana Asis and Jason Xidias, *An Analysis of Thomas Paine's Rights of Man* (Routledge, 2017), 62.

这样一则告示: Alyce Barry, 'Thomas Paine, Privateersman', *Pennsylvania Magazine of History and Biography*, 101 (2014): 451–61.

"买了一对天文仪": Thomas Paine, *The Age of Reason* (Watts & Co., 1945), 42. Full text at: <https://archive.org/details/in.ernet.dli.2015.202369/page/n5>.

"这些讲座和辩论跑题了": Craig Nelson, 'Sample chapter: Thomas Paine', <http://www.craignelson. us/books/thomas-paine/sample-chapter/>.

"宇宙态": Nicholas Campion, 'Astronomy and political theory', *Proceedings of the International Astronomical Union* 5 (2009): 595–602.

"我们闻所未闻": Bruno Latour, *We Have Never Been Modern* (Harvard University Press, 2006), 107; quoted in Campion, 'Astronomy and political theory'.

"天子": Sun Xiaochun, 'Crossing the boundaries between heaven and man: Astronomy in ancient China', in *Astronomy Across Cultures*, ed. Helaine Selin and Sun Xiaochun (Springer, 2000), 423–54.

查克: Ivan Šprajc, 'Astronomy and power in Mesoamerica', in *Astronomy and Power: How Worlds are Structured*: *Proceedings of the SEAC 2010 Conference*, *BAR International Series* 2794 (2016): 185–92.

"世界权力与商业帝国之心": Ibrahim Allawi, 'Some evolutionary and cosmological aspects to early Islamic town planning', in *Theories and Principles of Design in the Architecture of Islamic Societies* (Aga Khan Program for Islamic Architecture, 1988), 57–72. Also discussed in: Nicholas Campion, 'Archaeoastronomy and calendar cities', *Journal of Physics: Conference Series* 685 (2016): 012005.

马里的廷巴克图古城（脚注）: Clare Oxby, 'A review of African ethno-astronomy', La Ricerca Folklorica 40 (1999), 55-64.

借用国王形象: Keith Hutchison, 'Towards a political iconography of the Copernican revolution', in *Astrology, Science and Society: Historical Essays*, ed. Patrick Curry (Woodbridge, 1987), 95–141.

"统治着围绕它转动的行星家族": Nicolaus Copernicus, Complete Works, Volume 1, trans. Edward Rosen (Johns Hopkins University Press, 1992).

欧洲各地的君王: Hutchison, 'Copernican revolution'; Eran Shalev, 'A Republic amidst the stars: political astronomy and the intellectual origins of the stars and stripes', *Journal of the Early Republic* 31 (2011): 39–73.

"世界体系": Mordechai Feingold, *The Newtonian Moment: Isaac Newton and the Making of Modern Culture* (OUP USA, 2005), 157–67.

"用数学语言写就": Galilei Galileo, *Opere* 6, ed. Antonio Favaro (Edizione Nazionale, 1890–1909): 232; Douglas Jesseph, 'Galileo, Hobbes and the Book of Nature', *Perspectives on Science* 12 (2004): 191–211.

"孤独、贫穷、肮脏": Thomas Hobbes, *Leviathan* (Wordsworth, 2014), 97. See also Jesseph, 'Galileo, Hobbes'.

取代了一个没有章法的宇宙: Isaac Newton, *The Mathematical Principles of Natural Philosophy*, volume 2 (London, 1729), 388, <http://www.newtonproject. ox.ac.uk/view/texts/normalized/ NATP00056>. 相关影响见Rob Iliffe, *Newton: A Very Short Introduction* (OUP, 2007).

"一个自然法则": John Locke, *An Essay Concerning Human Understanding* (Wordsworth, 2014), 718.

"我们如何赞美都嫌不够": 关于洛克与牛顿之间联系的讨论见Lisa Downing, 'Locke's Newtonianism and Lockean Newtonianism', *Perspectives on Science* 5 (1997): 285–310; Lisa Downing, 'Locke's Metaphysics and Newtonian Metaphysics', in *Newton and Empiricism*, ed. Zvi Biener and Eric Schliesser (OUP, 2014), 97–118.

"一个新时代的象征": Mordechai Feingold, 'Partnership in Glory: Newton and Locke through the Enlightenment and beyond', in *Newton's Scientific and Philosophical Legacy*, ed. Paul Scheurer and Guy Debrock (Kluwer, 1988), 292. 关于启蒙哲学和政治学的一般性讨论见 Jonathan Israel, *A Revolution of the Mind: Radical Enlightenment and the Intellectual Origins of Modern Democracy* (Princeton University Press, 2011); Jonathan Israel, *Democratic Enlightenment: Philosophy, Revolution, and Human Rights, 1750–1790* (Oxford University Press, 2013).

渗透到了政治学领域: Carl L. Becker, *The Declaration of Independence: A Study in the History of Political Ideas* (Vintage, 1958), 59–60; Nicholas Campion, 'Astronomy and culture in the eighteenth century: Isaac Newton's influence on the Enlightenment and politics', *Mediterranean Archaeology and Archaeometry* 16 (2016): 497–502; Feingold, *Newtonian Moment*.

把社会联系比作随距离拉长而减弱的引力: quoted in Feingold, *Newtonian Moment*.

在英国宪法的演变中读出了天体力学: Henry St John, Viscount Bolingbroke, 'A Dissertation upon Parties' (1733–1734), in *The Works of Lord Bolingbroke* (Philadelphia, 1841), II, 85.

最有力的概念: Richard Striner, 'Political Newtonianism: The cosmic model of politics in Europe and America', *William and Mary Quarterly*, 3rd Series, 52 (1995): 583–608.

"这种政府宛如宇宙体系"：Charles de Montesquieu, *The Spirit of the Laws*, 1748, trans. Thomas Nugent (Franklin Center, 1984).

"在我刚刚踏足的这片土地"：Thomas Paine, *The American Crisis, VII*, 21 November 1778, <http://www.ushistory.org/paine/crisis/c-07.htm>; quoted in Nelson, *Thomas Paine*.

"大自然无此先例"：Thomas Paine, *Common Sense* (Haldeman-Julius, 1920), 48, <https://archive.org/details/commonsense00painrich/page/n2>.

"'驴披狮皮'"：Paine, *Common Sense*, 29.

一种"引力"：Paine, *Common Sense*, 17.

"重启世界"：Paine, *Common Sense*, 84.

"非傻即癫"：Bernard Bailyn, *Faces of Revolution: Personalities and Themes in the Struggle for American Independence* (Knopf, 1990), 67.

"都抱持的观念"：Nelson, *Thomas Paine*, 82.

"就在一年前"：John Keane, *Tom Paine: A Political Life* (Little, Brown, 1995), 145; quoted in Nelson, *Thomas Paine*, 93.

"适当的球层""引力的中心"：quoted in Shalev, 'Republic amidst the stars'.

"空中的杂耍球"：Shalev, 'Republic amidst the stars'.

"在群星中发现了一个共和国"：Shalev, 'Republic amidst the stars'.

"在适当的轨道上自由运动"：*The Records of the Federal Convention of 1787*, ed. Max Farrand (New Haven, 1911), volume I; quoted in Striner, 'Political Newtonianism'.

"自然平衡所依赖的引力与斥力"：John Adams, *A Defence of the Constitutions of the Government of the United States of America* (Dilly, 1787–1788); quoted in Shalev, 'Republic amidst the stars'.

"蓝底上的十三颗白星"：Shalev, 'Republic amidst the stars'.

"在我看来"：Letter from Thomas Paine to George Washington, 21 July 1791; quoted in Nelson, *Thomas Paine*.

一本热销书：Edmund Burke, *Reflections on the Revolution in France, and on the Proceedings in Certain Societies in London Relative to That Event: In a Letter Intended to Have Been Sent to a Gentleman in Paris* (London, 1790).

"传染病"：quoted in Nelson, *Thomas Paine*, 192.

"从无哪种付出"：Thomas Paine, *The Rights of Man* (Watts & Co., 1906), 22, <https://archive.org/details/rightsman00paingoog/page/n9>.

"亢奋、敌对的多佛暴民"：Nelson, 'Sample chapter'.

"托马斯·潘恩万岁"：Nelson, *Thomas Paine*, 235.

把法兰西共和国比作噬子的萨图恩：Nelson, *Thomas Paine*, 253.

"我觉得自己朝不保夕"：letter from Thomas Paine to Samuel Adams, 1 January 1803, Thomas Paine National Historical Association, <http://thomaspaine.org/letters/other/to-samuel-adams-january-1-1803.html>.

"在我掌握了地球仪"：Paine, *Age of Reason*, 42.

"恐吓和奴役人"：Paine, *Age of Reason*, 2.

"极其必要"：Paine, *Age of Reason*, 1.

在伦敦听讲座时听到的想法：David Hoffman, ' "The Creation We Behold": Thomas Paine's The

Age of Reason and the tradition of physico-theology', *Proceedings of the American Philosophical Society* 157 (2013): 281–303.

"有数百万个世界堪比我们的世界"：Paine, *Age of Reason*, 44.

"几百万个同等依赖他的世界"：Paine, *Age of Reason*, 49; arguments discussed in Hoffman, *Creation We Behold*.

"在人们心中的分量"：Paine, *Age of Reason*, 43.

"现称自然哲学"：Paine, *Age of Reason*, 28.

"所激发的自然神论"：Fennessy, *Burke, Paine*, 12–47.

1794年出版的《理性时代》：Franklyn Prochaska, 'Thomas Paine's *The Age of Reason* revisited', *Journal of the History of Ideas* 33 (1972): 561–76.

"如此愤怒和多疑"：letter from Thomas Paine to George Washington, Paris, 30 July 1796, <https://www.thomaspaine.org/major-works/letter-to-george-washington.html>.

"我觉得我命不久矣"：Paine, *Age of Reason*, 62.

潘恩高烧不退：Nelson, *Thomas Paine*, 282.

"无神论酒鬼"：Keane, *Tom Paine*, 451; quoted in Nelson, *Thomas Paine*.

"恶心的爬虫"：Alfred Aldridge, *Man of Reason: The Life of Thomas Paine* (Lippincott, 1959), 269.

"半人半兽"：*The Complete Writings of Thomas Paine*, volume 1, ed. Philip Foner (Citadel Press, 1945), xlii.

"一个智慧而强大的存在"：Isaac Newton, *Principia,* 388.

潘恩等人：Bertrand Russell, 'The Fate of Thomas Paine', in *Why I Am Not a Christian* (Routledge, 2004), 70–83.

迈向无神论的重要一步：Christopher Hitchens, *God Is Not Great: How Religion Poisons Everything* (Twelve, 2007); Christopher Hitchens, *Thomas Paine's Rights of Man* (Grove Press, 2007). 托马斯·潘恩也受到英国人文主义者<https://humanism.org.uk/humanism/the-humanist-tradition/enlightenment/thomas-paine/>和英国世俗学会National Secular Society的拥护，后者说"如果不提托马斯·潘恩，就无法理解世俗主义的发展"<https://www.secularism.org.uk/thomas-paine.html>.

"祛魅"：Richard Jenkins, 'Disenchantment, enchantment and reenchantment: Max Weber at the millennium', Max Weber Studies 1 (2000): 11–32. Also discussed in Nicholas Campion, 'Enchantment and the awe of the heavens', *Inspiration of Astronomical Phenomena VI*, 441 (2011), 415.

上帝已死: Friedrich Nietzsche, *The Joyous Science* (Penguin Classics, 2016).

"最伟大的发现"：牛顿对亚当·斯密的影响见Feingold, *Newtonian Moment*.

数百条心理学"定律"：Karl Teigen, 'One hundred years of laws in psychology', *American Journal of Psychology* 115 (2002): 103–18.

第八章 光

一道陌生的光: Simon Schaffer, 'Uranus and the establishment of Herschel's astronomy', *Journal of the History of Astronomy*, 12 (1981): 11–26.

这一转变的最前沿: discussed for example in Richard Holmes, *The Age of Wonder: How the Romantic Generation Discovered the Beauty and Terror of Science* (Harper Collins, 2008).

一个无边无际的天文花园: for example, see Erasmus Darwin, *The Botanic Garden* (J. Johnson, 1791).

奥古斯特·孔德: Jonathan Turner et al., 'The Sociology of Auguste Comte', in *The Emergence of Sociological Theory* (Sage, 2012), 37–54.

"这种可能性": Auguste Comte, *Cours de Philosophie Positive*, volume 2 (Baillière, 1864), 6; quoted in Barbara Becker, 'Celestial spectroscopy: making reality fit the myth', *Science* 301 (2003): 1332–3.

"无适当的益处": Edward Maunder, *The Royal Observatory Greenwich* (The Religious Tract Society, 1900), 266–7.

"令他们大惊失色": Biman Nath, 'From Chemistry to the Stars', in *The Story of Helium and the Birth of Astrophysics* (Springer, 2013), 38.

"烤本生的味道": Lawson Cockcroft, 'A perilous life', *Chemistry in Britain*, May 1999, 49–50.

"死去的僧侣躺在我们脚下": Cockcroft, 'A perilous life'.

物理学家古斯塔夫·基尔霍夫: 本生和基尔霍夫的合作见 Owen Gingerich, 'The Nineteenth-century birth of astrophysics', in *Physics of Solar and Stellar Coronae*, ed. Jeffrey Linsky and Salvatore Serio (Kluwer, 1993), 47–58; Andrew King, *Stars: A Very Short Introduction* (Oxford University Press, 2012); Nath, 'From Chemistry to the Stars'.

他与本生是截然相反的: 基尔霍夫生平见 Klaus Hentschel, 'Biographical Introduction', in *Gustav Robert Kirchhoff's Treatise 'On the Theory of Light Rays' (1882)*, ed. Klaus Hentschel and Ning Yan Zhu (World Scientific, 2016), 1–18; Robert von Helmholtz, 'A Memoir of Gustav Robert Kirchhoff', translated from *Deutsche Rundschau*, 14 (1888), 232–45.

"超过了分析化学领域的其他任何方法": Gustav Kirchhoff and Robert Bunsen, 'Chemical Analysis by Observation of Spectra', *Spectroscopy* 7 (1860): 20–25, translated from *Annalen der Physik und der Chemie* 110 (1860): 161–89.

天空上半部分的蓝色: Mary Weeks, 'The discovery of the elements. XIII. Some spectroscopic discoveries', *Journal of Chemical Education* 9 (1932): 1413–34; quoted in Nath, 'From Chemistry to the Stars', 43.

"如果我们能确定曼海姆大火中的物质": 'Some Scientific Centres: The Heidelberg Physical Laboratory', *Nature* 65 (1902): 587–90.

只有一人幸免于难: 约瑟夫·夫琅和费生平见 W. F. T. Schirach, 'Joseph von Fraunhofer', *Monthly Notes of the Astronomical Society of South Africa* 9 (1950): 64–7; Nath, 'From Chemistry to the Stars'.

"或粗或细的竖线": J. S. Ames, *Prismatic and Diffraction Spectra: Memoirs by Joseph von Fraunhofer* (Harper & Brothers, 1898); quoted in Nath, 'From Chemistry to the Stars', 24.

"*Approximavit sidera*": Nath, 'From Chemistry to the Stars', 26.

很快就搞清楚了状况: Gustav Kirchhoff, 'On the relation between the radiating and absorbing powers of different bodies for light and heat', translation in *Philosophical Magazine and Journal of Science*, series 4, 20 (1860): 1–21; Nath, 'From Chemistry to the Stars', 40.

"不让我们睡觉"的工作: Letter from Robert Bunsen to Henry Roscoe, 15 November 1859, in *The Life and Experiences of Sir Henry Enfield Roscoe* (Macmillan, 1906), 81; quoted in Gingerich,

Birth of Astrophysics. See also: Gustav Kirchhoff, 'Über die Fraunhofer'schen Linien', *Monatsberichte der Königlichen Preussischen Akademie der Wissenschaft zu Berlin* (1859): 662–5; translation in *Philosophical Magazine and Journal of Science,* series 4, 19 (1860): 193–7.

"我永远无法忘记": Henry Roscoe, *Ein Leben der Arbeit Errinerungen* (Leipzig, 1919); quoted in É. V. Shpol'skii, 'A century of spectrum analysis', *Soviet Physics Uspekhi,* volume 2 (1960): 967; and Nath, 'From Chemistry to the Stars', 42.

"把太阳上的金子拿下来了"（脚注）: von Helmholtz, 'Memoir of Gustav Robert Kirchhoff', 232–45.

"就算我们到太阳上去": Becker, 'Celestial spectroscopy'.

一个富裕的丝绸商家庭: 威廉和玛丽·哈金斯的生平和工作见William Huggins and Mary Huggins, *An Atlas of Representative Stellar Spectra,* volumes 1&2 (William Wesley, 1899); Sarah Whiting, 'Lady Huggins', *Astrophysical Journal* 42 (1915): 1–4; Charles Mills and C. F. Brooke, *A Sketch of the Life of Sir William Huggins* (London, 1936); Barbara Becker, 'Dispelling the Myth of the Able Assistant: Margaret and William Huggins at work in the Tulse Hill Observatory', in *Creative Couples in the Sciences,* ed. Helena Pycior et al. (Rutgers, 1996); Barbara Becker, *Unravelling Starlight: William and Margaret Huggins and the Rise of the New Astronomy* (Cambridge University Press, 2011).

"遇到一股清泉": William Huggins, 'The New Astronomy: A personal retrospect', *Nineteenth Century* 41 (1897): 907–29.

"揭开一层从未有人揭开过的面纱": Huggins, 'New Astronomy'.

"感到有些不满意"（脚注）: Huggins, 'New Astronomy'.

"释放着有害气体": Huggins, 'New Astronomy'.

"地球氢元素燃烧产生的特征线": Huggins and Huggins, *Atlas,* 1, 8.

历史学家芭芭拉·贝克尔（脚注）: Becker, 'Celestial spectroscopy'.

50 颗亮星的光谱: William Huggins and William Miller, 'On the Spectra of some of the Fixed Stars', *Philosophical Transactions of the Royal Society* 154 (1864): 413–35.

"有着最密切关系的元素": Huggins and Miller, 'Spectra', 434.

"发光流体": suggested by William Herschel; quoted in Stewart Moore, 'Historical Note: 150 years of astronomical spectroscopy', *Journal of the British Astronomical Association,* August 2014, 186–7.

"岛宇宙": 这个说法是后来才出现的，但这个概念得到了伊曼努尔·康德的支持。Discussed in Michael Crowe, *Modern Theories of the Universe: From Herschel to Hubble* (Dover, 1994), 69–70.

"一个创世秘境": Huggins, 'New Astronomy'.

产生的是发射线: Huggins and Miller, 'Spectra'.

"神奇天体": Huggins and Miller, 'Spectra'.

"令我欣喜若狂的是" "巨大的震荡" 和 "一个燃烧的遥远世界": Huggins, 'New Astronomy'.

"未知元素"（脚注）: William Huggins, 'A supplement to the paper "On the spectra of some of the fixed stars" ', *Philosophical Transactions* 154 (1864): 443.

"星云素"（脚注）: Becker, 'Dispelling the myth', footnote 59.

哈金斯写信请物理学家（脚注）: James Clerk Maxwell, *The Scientific Letters and Papers of*

James Clerk Maxwell, Volume 2: 1862–1873, ed. P. M. Harman (Cambridge University Press, 1995), 306.

查尔斯·达尔文……发表专文讨论（脚注）: Charles Darwin, 'Inherited instinct', *Nature* 7 (1873): 281.

芭芭拉·贝克尔认为（脚注）: Becker, 'Dispelling the myth'.

亨利和安娜·德雷珀: Joseph Tenn, 'The Hugginses, the Drapers, and the rise of astrophysics', *Griffith Observer*, October 1986, 1–15.

"万向关节": Mills and Brooke, *Sketch*, 38–40.

"任谁都无法无动于衷": Mills and Brooke, *Sketch*, 37.

"他要是当一个风景画家会更开心": Mills and Brooke, *Sketch*.

"最让我困惑的是": Mills and Brooke, *Sketch*.

"每一次发现": quoted in George Hale, 'The Work of Sir William Huggins', *Astrophysical Journal* 37 (1915): 145–53.

恒星光谱图表集: Huggins and Huggins, *Atlas*.

"最伟大的天文学书籍之一": Mills and Brooke, *Sketch*.

"他们悲伤地久久凝视着它": Mills and Brooke, *Sketch*.

所有重元素: William Fowler, 'Experimental and theoretical nuclear astrophysics: The quest for the origin of the elements', Nobel lecture, 1983; George Wallerstein et al., 'Synthesis of the elements in the stars: forty years of progress', *Reviews of Modern Physics* 69 (1997): 995–1084.

"他们看起来": Gary Fildes, *An Astronomer's Tale* (Century, 2016), 253.

第九章　艺　术

评论家说: Rosamund Bartlett and Sarah Dadswell, *Victory Over the Sun: The World's First Futurist Opera* (University of Exeter Press, 2012), 88–9, 95.

在圣彼得堡的露娜公园剧院上演: 关于此次演出的讨论: Bartlett and Dadswell, *Victory Over the Sun*; Charlotte Douglas, 'Victory Over the Sun', *Russian History* 8 (1981): 69–89; Anna Kisselgoff, 'Victory Over the Sun', *New York Times*, 27 January 1981, <https://www.nytimes.com/1981/01/27/arts/theater-victory-over- the-sun.html>; Isobel Hunter, '*Zaum* and Sun: The "first Futurist opera" revisited', *Central Europe Review*, 12 July 1999, <https://www.pecina.cz/files/www.ce-review. org/99/3/ondisplay3_hunter.html>.

"这样做是试图让所有人": Douglas, 'Victory Over the Sun'.

"可笑地浪费了每个人的时间": Andrew Clements, 'Victory Over the Sun', *Guardian*, 22 June 1999, <https://www.theguardian.com/culture/1999/jun/22/artsfeatures2>.

"没有将现实与物质世界等同起来": Ronald Rees, 'Historical links between cartography and art', *Geographical Review* 70 (1980): 66.

地图绘制者采用经纬线: Rees, 'Historical links', 60–78.

摄影术的发明: for example, John Berger, *Ways of Seeing* (Penguin, new edition, 2008), 7–34.

一幅惊人之作: Arthur Miller, *Einstein, Picasso: Space, Time, and the Beauty that Causes Havoc* (Basic Books, 2001), 6; Jonathan Jones, 'Pablo's punks', *Guardian*, 9 January 2007, <https://www.theguardian.com/culture/2007/jan/09/2>.

科技迅猛发展: 科学发展及其对艺术家的影响: Linda Henderson, 'Vibratory Modernism: Boccioni, Kupka, and the Ether of Space', in *From Energy to Information: Representation in Science and Technology, Art, and Literature*, ed. Bruce Clarke and Linda Henderson (Stanford University Press, 2002), 126–50; Linda Henderson, 'Editor's Introduction: I. Writing Modern Art and Science – An Overview; II. Cubism, Futurism, and Ether Physics in the Early Twentieth Century', *Science in Context* 17 (2004): 423–66; Linda Henderson, 'Abstraction, the Ether, and the Fourth Dimension: Kandinsky, Mondrian, and Malevich in Context', in *The Infinite White Abyss: Kandinsky, Malevich, Mondrian*, ed. Marlon Ackermann et al. (Snoeck Verlagsgesellschaft, 2014), 233–44.

像我们呼吸的空气一样重要: J. J. Thomson, 'Address by the President, Sir J. J. Thomson', in *Report of the 79th Meeting of the British Association for the Advancement of Science (1909)* (John Murray, 1910), 15; quoted in Henderson, 'Writing Modern Art and Science'.

物质的本源: Henderson, 'Vibratory Modernism'; 'Writing Modern Art and Science'.

空间的隐藏维度: Linda Henderson, 'The Image and Imagination of the Fourth Dimension in Twentieth-Century Art and Culture', *Configurations* 17 (2009), 131–60; Linda Henderson, *The Fourth Dimension and Non-Euclidean Geometry in Modern Art* (MIT Press, new edition, 2013).

"人眼无法触及的无形领域": Henderson, 'Writing Modern Art and Science', 447.

"现代画室语言": Guillaume Apollinaire, 'La Peinture nouvelle: Notes d'art', *Les Soirées de Paris*, 3 (April 1912), 90. Discussed in Henderson, *Fourth Dimension,* chapter 2.

"大气凝聚的产物": Umberto Boccioni (1914), *Dynamisme plastique: peinture et sculpture futuristes*, ed. Giovanni Lista, trans. Claude Minot and Giovanni Lista (L'Age d'homme, 1975), 104. Discussed in Henderson, 'Vibratory Modernism'.

前所未有的深度融合: Henderson, 'Vibratory Modernism'.

"展示它们的面容": Wassily Kandinsky, 'Reminiscences/Three Pictures (1913)', in *Kandinsky: Complete Writings on Art*, ed. Kenneth Lindsay and Peter Vergo (Da Capo Press, 1994), 361.

在今乌克兰敖德萨: 康定斯基生平: Jerome Ashmore, 'Vasily Kandinsky and his idea of ultimate reality', *Ultimate Reality and Meaning* 2 (1979): 228–56; 'Wassily Kandinsky and his Paintings', accessed 5 November 2019, <http:// wassily-kandinsky.org>.

"像颜色鲜亮、长着腿、会走路的活画": Peg Weiss, *Kandinsky and Old Russia: The Artist as Ethnographer and Shaman* (Yale University Press, 1995), 4.

"这画的是个草堆": Kandinsky, 'Reminiscences', 363.

"俯视着宇宙": Roy McMullen, 'Wassily Kandinsky', *Encyclopaedia Britannica,* accessed 5 November 2019, <https://www.britannica.com/biography/ Wassily-Kandinsky>.

歌剧《罗恩格林》: Kandinsky, 'Reminiscences', 363–4.

"狂野的大号": Kandinsky, 'Reminiscences', 360.

"具象破坏了我的作品": Kandinsky, 'Reminiscences', 369–70.

康定斯基则将它彻底打碎: Donald Kuspit, 'Spiritualism and Nihilism: The Second Decade', in *A Critical History of 20th-Century Art* (State University of New York, 2008), <http://www.artnet.com/magazineus/features/kuspit/kuspit2-17-06.asp>.

1913年的作品: McMullen, 'Kandinsky'.

"迈向未知世界的一次飞跃": Kuspit, 'Spiritualism'.

"原子崩塌": Ashmore, 'Ultimate reality', 239.

"一种新型艺术传播": Henderson, 'Vibratory Modernism'.

思想或许可以: Henderson, 'Vibratory Modernism'.

"无穷无尽的网络和通道": Edward Carpenter, 'The Art of Creation', 1904; quoted in Henderson, 'Vibratory Modernism'.

"守望着新的情感": Ezra Pound, 'The wisdom of poetry', *The Forum* 47 (April 1912), 500; quoted in Henderson, 'Vibratory Modernism'.

一种"世界灵魂": Linda Henderson, 'Modernism and Science', in *Modernism*, ed. Astradur Eysteinsson and Vivian Liska (John Benjamins, 2007), 391.

加入神智学会: 康定斯基的神智学影响: Sixten Ringbom, 'Art in the epoch of the Great Spiritual: occult elements in the early theory of abstract painting', *Journal of the Warburg and Courtauld Institutes* 29 (1966): 386–418; Sixten Ringbom, *The Sounding Cosmos: A Study in the Spiritualism of Kandinsky and the Genesis of Abstract Painting* (Åbo, 1970); Wessel Stoker, 'Kandinsky: Art as Spiritual Bread', in *Where Heaven and Earth Meet: The Spiritual in the Art of Kandinsky, Rothko, Warhol and Kiefe* (Rodopi, 2012); Henderson, 'Abstraction'.

"内音"和"宇宙法则": Wassily Kandinsky, 'Point and Line to Plane', in Kandinsky, *Complete Writings*, 619; quoted in Stoker, 'Spiritual Bread', 68.

"一次天文事件": Ashmore, 'Ultimate Reality'.

"唯物主义思想的噩梦": Wassily Kandinsky, *Concerning the Spiritual in Art.* An updated version of Michael Sadler's translation (Wittenborn, 1972), 24; quoted in Ashmore, 'Ultimate Reality'.

"在这个物质被神化的时代": Kandinsky, *Complete Writings*, 97–8; quoted in Kuspit, 'Spiritualism'.

"世界发出声响": Wassily Kandinsky, *Der Blaue Reiter* (almanac, 1912), in Kandinsky, *Complete Writings*, 250.

"它就是现实": Kuspit, 'Spiritualism'. See also: Michel Henry, *Seeing the Invisible: On Kandinsky*, trans. Scott Davidson (Continuum, 2005).

远离文化中心: 'About the Artist', The Malevich Society, accessed 5 November 2019, <http://malevichsociety.org/about-the-artist/>.

参加莫斯科理工博物馆的辩论: Alexandra Shatskikh, *Black Square and the Origin of Suprematism*, trans. Marian Schwartz (Yale University Press, 2012), chapter 1.

"理性把艺术关在一个四方盒子里": Shatskikh, *Black Square*, chapter 1.

碰撞式摘录: Shatskikh, *Black Square*, chapter 1.

"他的理性是无法理解的": Shatskikh, *Black Square*, chapter 1.

"平面自我显露": postscript to letter dated 5 March 1914; quoted in Shatskikh, *Black Square*, chapter 1.

"奇妙的几何图形": Shatskikh, *Black Square*, chapter 1.

"偏食": Shatskikh, *Black Square*, chapter 1.

"狂喜的光明" "炽热的闪电" "比他用笔画" "不吃不喝，不眠不休": Shatskikh, *Black Square*, 45.

"一次极端的艺术与哲学行为": Peter Schjeldahl, 'The Prophet: Malevich's Revolution', *New Yorker*, 2 June 2003, <https://www.newyorker.com/magazine/2003/06/02/the-prophet-2>.

"感受到了黑夜": Shatskikh, *Black Square*, 261.

"拿来取代圣母玛利亚和黄铜维纳斯的'偶像'": review by Alexandre Benois; quoted in Shatskikh, *Black Square*, 109.

"白色的深渊": Shatskikh, *Black Square*, 252.

"终极幻觉": El Lissitzky, 'A. and Pangeometry, 1925', in Sophie Lissitzky–Küppers, *El Lissitzky: Life, Letters, Texts* (Thames & Hudson, 1968), 354.

"是否有这样的东西" "敬畏感将我淹没": Shatskikh, *Black Square*, 140.

一次单枪匹马的"飞跃": Shatskikh, *Black Square*, 53.

他也是在回应: Henderson, 'Image and Imagination'; 'Abstraction'.

在畅销书《高维空间入门》中: Claude Bragdon, *Primer of Higher Space: The Fourth Dimension* (1913); discussed in Henderson, 'Image and Imagination'; 'Abstraction'.

发表了一篇寓言: Claude Bragdon, *Man the Square: A Higher Space Parable* (Manas Press, 1912).

"新的地平线就此开启": Charles Hinton, *The Fourth Dimension* (1904); quoted in Henderson, 'Image and Imagination'.

马列维奇的至上主义多边形: Henderson, 'Image and Imagination'. See also Stephen Luecking, 'A Man and His Square: Kasimir Malevich and the Visualisation of the Fourth Dimension', *Journal of Mathematics and the Arts* 4 (2010): 87–100; Linda Henderson, 'Malevich, the fourth dimension and the ether of space one hundred years later', in *Celebrating Suprematism: New Approaches to the Art of Kazimir Malevich*, ed. Christina Lodeer (Brill, 2018), 44–80.

"必须有能力": Peter Ouspensky, *Tertium Organum* (Routledge & Kegan Paul, 1965), 145.

"当我这一身骨头倒在地上": letter from Malevich to Matiushin, November 1916; quoted in Shatskikh, *Black Square*, chapter 4.

"宇宙即溶解": Shatskikh, *Black Square*, 253.

以2 000万美元的价格售出: Christie's, New York, 13 May 2015, <https://www.christies. com/lot-finder/Lot/robert-ryman-b-1930-bridge-5896026-details.aspx>.

甚至在评论中根本没有提及……认为这场画展是个笑话: Shatskikh, *Black Square*, chapter 5.

"0＝一切": Shatskikh, *Black Square*, chapter 5 and epilogue.

马列维奇试图传达: Shatskikh, *Black Square*, chapter 5.

"又到了夏天": letter from Malevich to Matiushin, November 1917; quoted in Shatskikh, *Black Square*, chapter 5.

"流星、太阳、彗星和行星": Kazimir Malevich, 'God is not cast down (1920)', in *K. S. Malevich: Essays on Art 1915–1933*, ed. Troels Andersen (Borgen, 1968), 193–7; quoted in Charlotte Gill, '"An urge to take off from the Earth": How Malevich embodies the role of "shamanic artist" in his early career', *North Street Review: Arts and Visual Culture* 17 (2014), 53–62.

"如果所有画家都能看到": Kazimir Malevich, 'The Art of the Savage and its Principle (1915)', in Malevich, *Essays on Art*, 29; quoted in Gill, 'Shamanic artist'.

神秘精神状态: Gill, 'Shamanic artist'.

"我是一切的开始": Kazimir Malevich, *The Artist: Infinity, Suprematism: Unpublished Writings 1913–33*, ed. Troels Andersen (Borgen, 1978), 29; quoted in Gill, 'Shamanic artist'.

"把物理定律拉伸到极限": James Housefield, *Playing with Earth and Sky: Astronomy, Geography and the Art of Marcel Duchamp* (Dartmouth College Press, 2016), 17.

切割出三根木条: Marcel Duchamp, *3 Standard Stoppages* (Paris, 1913–14), <https:// www.moma. org/collection/works/78990>.

"新的度量标准"：Jonathan Williams, 'Pata or Quantum: Duchamp and the end of determinist physics', *Tout-fait: The Marcel Duchamp Studies Online Journal* 1 (2000), <https://www.tout-fait.com/issues/issue_3/Articles/williams/ williams.html>.

把头发剃成一颗彗星的形状：Housefield, *Earth and Sky*, 137–53. See also Linda Henderson, 'The *Large Glass* seen anew: reflections of contemporary science and technology in Marcel Duchamp's "hilarious picture" ', *Leonardo* 32 (1998): 113–26.

"在笼子里来回踱步"：André Breton, *Manifesto of Surrealism* (1924), discussed in Gavin Parkinson, *Surrealism, Art and Modern Science: Relativity, Quantum Mechanics, Epistemology* (Yale University Press, 2008), 38.

"聪明人" "被埋葬的太阳" "星星温柔的低语"：André Breton and Philippe Soupault, *Les Champs magnétiques* (1919); discussed in Parkinson, *Surrealism, Art and Modern Science*, 48–50.

1919年5月29日的日食：对广义相对论的验证: Abraham Pais, *Subtle is the Lord: The Science and the Life of Albert Einstein* (OUP, 2005); Parkinson, *Surrealism, Art and Modern Science*, chapter 1; on accounts of Eddington's expedition: Frank Dyson et al., 'A determination of the deflection of light by the sun's gravitational field, from observations made at the total eclipse of May 29, 1919', *Philosophical Transactions of the Royal Society A* 220 (1920): 291–333; Malcolm Longair, 'Bending space-time: a commentary on Dyson, Eddington and Davidson (1920) "A determination of the deflection of light by the sun's gravitational field" ', *Phil. Trans. R. Soc. A* 373 (2015), <https://doi. org/10.1098/rsta.2014.0287>; Peter Coles, 'Einstein, Eddington and the 1919 Eclipse', in *Historical Development of Modern Cosmology, ASP Conference Proceedings* 252 (2001), 21.

"给光称重"：Arthur Eddington, 'The total eclipse of 1919 May 29 and the influence of gravitation on light', *The Observatory* 42 (1919), 121.

提出了激进的广义相对论: Longair, 'Bending space-time'.

数据是模棱两可的: Ben Almassi, 'Trust in expert testimony: Eddington's 1919 eclipse expedition and the British response to general relativity', *Studies in History and Philosophy of Modern Physics* 40 (2009): 57–67; Coles, 'Einstein, Eddington'.

《泰晤士报》的头条: Almassi, 'Trust in expert testimony'; Coles, 'Einstein, Eddington'. 两天后的《纽约时报》头条为'Lights all askew in the heavens'.

激烈辩论: Juan Marin, ' "Mysticism" in quantum mechanics: the forgotten controversy', *European Journal of Physics* 30 (2009): 807–22. 量子力学对超现实主义者的影响见Parkinson, *Surrealism*, especially chapter 1.

维捷布斯克: Alexandra Shatskikh, 'Vitebsk in the Career of Kazimir Malevich', in *Vitebsk: The Life of Art* (Yale University Press, 2007), 184–97.

醉心于天文学: Alexandra Shatskikh, 'The cosmos and the canvas: Malevich at Tate Modern', *Tate Etc.* 31, summer 2014, <https://www.tate.org.uk/tate-etc/issue-31-summer-2014/cosmos-and-canvas>.

"sputnik": Shatskikh, 'The cosmos and the canvas'.

几何建筑模型: Shatskikh, 'Vitebsk'; 'The cosmos and the canvas'.

一本儿童绘本: El Lissitzky, *About Two Squares* (1920), <https://www. ibiblio.org/eldritch/el/pro.html>.

搬到了彼得格勒: 'About the Artist', The Malevich Society; Shatskikh, 'Vitebsk', 191.

"反革命说教": Gilles Néret, *Malevich* (Taschen, 2003), 93; Brian Dailey et al., 'To look is to think: A conversation with Brian Dailey', *ASAP Journal* 2 (2017): 60.

署名是一个黑方块: Laura Cumming, 'Malevich review: An intensely moving retrospective', *Observer*, 20 July 2014, <https://www.theguardian.com/artanddesign/2014/jul/20/malevich-tate-modern-review-intensely-moving-retrospective>.

一个白色立方体: Néret, *Malevich*, 94.

第十章 生 命

修正了摄食时间: Frank Brown, Jr. 'Persistent activity rhythms in the oyster', *American Journal of Physiology* 178 (1954): 510–14; Frank Brown, Jr. 'The rhythmic nature of animals and plants', *American Scientist* 47 (1959): 147–68; Frank Brown, Jr. 'Hypothesis of Environmental Timing of the Clock', in *The Biological Clock: Two Views* (Academic Press, 1970), 13–60.

拿他当作反例: for example, see Russell Foster and Leon Kreitzman, 'Oscillators, Clocks and Hourglasses', in *Rhythms of Life: The Biological Clocks that Control the Daily Lives of Every Living Thing* (Yale University Press, 2004), 46.

关于生物昼夜周期的最早记录: William Schwartz and Serge Daan, 'Origins: A brief account of the ancestry of circadian biology', in *Biological Timekeeping: Clocks, Rhythms and Behaviour*, ed. V. Kumar (Springer, 2017), 3–22.

"N射线": Richard Noakes, 'Haunted thoughts of the careful experimentalist: psychical research and the troubles of experimental physics', *Studies in History and Philosophy of Biological and Biomedical Sciences* 48 (2014): 46–56.

令人信服的发现: Egil Asprem, 'Parapsychology: naturalising the supernatural, re-enchanting science', in *Handbook of Religion and the Authority of Science*, ed. Jim Lewis and Olav Hammer (Brill, 2010), 633–72; Richard Noakes, 'The historiography of psychical research: Lessons from histories of the sciences', *Journal of the Society for Psychical Research*, 2008, <http://hdl.handle. net/10036/36372>; Noakes, 'Haunted thoughts'; Andreas Sommer, 'Psychical research in the history and philosophy of science: An introduction and review', *Studies in History and Philosophy of Biological and Biomedical Sciences* 48 (2014): 38–45.

"聪明的汉斯": Edward Heyn, 'Berlin's wonderful horse: he can do almost everything but talk – how he was taught', *New York Times*, 4 September 1904; Fabio De Sio and Chantal Marazia, 'Clever Hans and his effects: Karl Krall and the origins of experimental parapsychology in Germany', *Studies in History and Philosophy of Biological and Biomedical Sciences* 48 (2014): 94–102. 聪明的汉斯对动物行为研究的影响见 Michael Beran, 'To err is (not only) human: falli- bility as a window into primate cognition', *Comparative and Cognition Behaviour Reviews* 12 (2017): 57–82; Phillip Veldhuis, 'Bees, Brains and Behaviour', MA thesis, University of Mannitoba, Winnipeg, 1999.

质疑声四起: discussed in James Gould, 'Animal navigation: the evolution of magnetic orientation', *Current Biology* 18 (2008); R482–4.

海滨小镇布朗生平: Frank Brown, Jr., 'Biological Clocks and Rhythms', in *Discovery Processes* in *Modern Biology: People and Processes in Biological Discovery*, ed. W. Klemm (Krieger, 1977), 2–24.

海龙、鲹、小海龟、鳗鱼：马尾藻海动物: Sargasso Sea Commission, <http://www.sargassosea-commission.org/about-the-sargasso-sea/biological-significance>.

突然游来: Brown, 'Rhythmic nature'.

安提瓜拟贝隐虾: Brown, 'Biological Clocks and Rhythms'; J. Wheeler and Frank Brown, 'The periodic swarming of *Anchistioides antiguensis* (Schmitt) at Bermuda', *Zoological Journal of the Linnean Society* 39 (1936): 413–28.

两个每月洄游一次的虾群（脚注）: Wheeler and Brown, 'Periodic swarming'; 生活在海绵里: Guidomar Soledade, 'New records of associa- tion between caridean shrimps (Decapoda) and sponges (Porifera) in Abrolhos Archipelago, northeastern Brazil', *Nauplius: The Journal of the Brazilian Crustacean Society* 25 (2017): e2017027.

拿着暑假教书的报酬: Brown, 'Biological Clocks and Rhythms'.

一位年长的同事劝他说: Brown, 'Rhythmic nature'; 'Environmental Timing'.

改变身体颜色: Brown, 'Rhythmic nature'; 'Environmental Timing'; 'Biological Clocks and Rhythms'.

几位科学家: J. Bonner, 'Erwin Bünning (23 January 1906–4 October 1990)', *Proceedings of the American Philosophical Society* 138 (1994): 318–20; Serge Daan and Eberhard Gwinner, 'Obituary: Jürgen Aschoff (1913–98)', *Nature* 396 (1998): 418; M. Chandrashekaran, 'Biological rhythms research: a personal account', *Journal of Biosciences* 23 (1998): 545–55; Kim Kiser, 'Father Time', *Minnesota Medicine*, November 2005, 26–30; Woodland Hastings, 'Colin Stephenson Pittendrigh: A Memoir', *Resonance*, May 2006, 81–6; Germaine Cornelissen, 'Reminiscences: In Memoriam of Franz Halberg', *World Heart Journal* 5 (2013): 197–8; Germaine Cornelissen, 'Franz Halberg: A maverick ahead of his time', *Herald of the International Academy of Sciences, Russian Section* 1 (2018): 78–84.

生物细胞内的计时器: Schwartz and Daan, 'Origins'.

在多年实验中: Brown, 'Rhythmic nature'; 'Environmental Timing'.

搞超心理学: Chandrashekaran, 'Biological rhythms research'; Kiser, 'Father Time'; Cornelissen, 'Reminiscences'.

"独角兽的外生节律": LaMont Cole, 'Biological clock in the unicorn', *Science* 125 (1957): 874–6.

"给我们的打击很大": Brown, 'Biological Clocks and Rhythms', 13.

"circadian": Foster and Kreitzman, *Rhythms of Life*, 41.

在纽约附近冷泉港的生物钟会议上: Foster and Kreitzman, *Rhythms of Life*; Bora Zivkovic, 'Clock Tutorial 2a: 45 years of Pittendrigh's empirical generalisations', *A Blog Around the Clock*, 3 July 2006, <https://blog.coturnix.org/2006/07/03/clocktu-torial_3_fortyfive_year>.

主办方起初没有邀请他: Brown, 'Biological Clocks and Rhythms'.

与温度有关: Frank Brown, Jr., 'Response to pervasive geophysical factors and the biological clock problem', *Cold Spring Harbor Symposia on Quantitative Biology* 25 (1960): 57–71; Brown, 'Environmental Timing'; Foster and Kreitzman, *Rhythms of Life*.

每年发芽一次: Erwin Bünning, 'Endogenous rhythms in plants', *Annual Review of Plant Physiology* 7 (1956): 71–90.

捕风捉影: Colin Pittendrigh, 'Circadian rhythms and the circadian organisation of living systems', *Cold Spring Harbor Symposia on Quantitative Biology* 25 (1960): 159–84. (Comments appear in the published discussion following Pittendrigh's presentation.) Also discussed in Schwartz & Daan, 'Origins'.

哈尔贝格最后终于承认: Brown, 'Biological Clocks and Rhythms'.

屡屡遭到拒稿: Brown, 'Biological Clocks and Rhythms'.

完全无视他的观点: Woodland Hastings, 'Colin Stephenson Pittendrigh: A Memoir', *Resonance*, May 2006, 81–6. See also M. K. Chandrashekaran, 'Biological rhythms research: a personal account', *Journal of Biosciences* 23 (1998): 545–55, which says that Brown's name was hardly ever mentioned, even in passing, in Erwin Bünning's weekly seminars held 1964–7.

拒绝写出他的名字: Jürgen Aschoff, 'Circadian rhythms in man', *Science* 148 (1965): 1427–32.

专用的隔离设施: Aschoff, 'Circadian rhythms'; Michael Globig, 'A world without day or night', *Max Planck Research* 2 (2007): 60–1.

第一个参与实验的志愿者: Aschoff, 'Circadian rhythms'; Anna Wirz-Justice et al., 'Rütger Wever: An appreciation', *Journal of Biological Rhythms* 20 (2005): 554–5.

在恒定条件下也会持续: Aschoff, 'Circadian rhythms'.

"去同步": Aschoff, 'Circadian rhythms'; Jürgen Aschoff et al., 'Desynchronisation of human circadian rhythms', *Japanese Journal of Physiology* 17 (1967): 450–57.

三个丧失了计时能力的突变蝇株: Ronald Konopka and Seymour Benzer, 'Clock mutants of *Drosophila melanogaster*', *PNAS* 68 (1971): 2112–16.

把这个基因命名为"周期": Pranhitha Reddy et al., 'Molecular analysis of the period locus in Drosophila melanogaster and identification of a transcript involved in biological rhythms', *Cell 38 (1984): 701–10.*

反馈回路网络……所有生物: Carlos Ibáñez, 'Scientific background: Discoveries of molecular mechanisms controlling the circadian rhythm', The Nobel Assembly, 2017, <https://www.nobelprize.org/uploads/2018/06/advanced-medicineprize2017.pdf>.

医学领域的一大热点: Pietro Cortelli, 'Chronomedicine: A necessary concept to manage human diseases', *Sleep Medicine Reviews* 21 (2015): 1–2; Z. Chen, 'What's next for chronobiology and drug discovery', *Expert Opinion on Drug Discovery* 12 (2017): 1181–5; Linda Geddes, *Chasing the Sun: The New Science of Sunlight and How It Shapes Our Bodies and Minds* (Wellcome, 2019).

导致失眠: Russell Foster and Till Roenneberg, 'Human responses to the geophysical daily, annual and lunar cycles', *Current Biology* 18 (2008), R784–94; Kristin Uth and Roger Sleigh, 'Deregulation of the circadian clock constitutes a significant factor in tumorigenesis: a clockwork cancer. Part I: clocks and clocking machinery', *Biotechnology & Biotechnological Equipment* 28 (2014): 176–83; Ruth Lunn et al., 'Health consequences of electric lighting practices in the modern world: A report on the National Toxicology Program's workshop on shift work at night, artificial light at night, and circadian disruption', *Science of the Total Environment* 607–8 (2017): 1073–84.

"人体生物学仍然深深依赖于": Foster and Roenneberg, 'Human responses'.

"定时炸弹": P. Lewis et al., 'Ticking time bomb? High time for chronobiological research', *EMBO Reports*, 19 (2018): e46073.

潜在致癌物（脚注）: Thomas Erren et al., 'Shift work and cancer: the evidence and the challenge', *Deutsches Aerzteblatt International* 107 (2010): 657–62.

逼迫社会各界: Russell Foster and Katharina Wulff, 'The rhythm of rest and excess', *Nature Reviews Neuroscience* 6 (2005): 407–8.

大多数疾病的发病率: Michael Smolensky, 'Diurnal and twenty-four hour patterning of human diseases: Cardiac, vascular, and respiratory diseases, conditions, and syndromes', *Sleep Medicine Reviews* 21 (2015): 3–11; Michael Smolensky, 'Diurnal and twenty-four hour patterning of human disease: acute and chronic common and uncommon medical conditions', *Sleep Medicine Reviews* 21 (2015): 12–22.

人体对感染或药物的反应: Franz Halberg et al., 'From biological rhythms to chronomes relevant for nutrition', in *Not Eating Enough: Overcoming Underconsumption of Military Operational Rations*, ed. Bernadette Marriott (National Academy Press, 1995), 361–72.

就连季节变化: Foster and Roenneberg, 'Human responses'.

"太阳的奴隶": Nicola Davis and Ian Sample, 'Nobel Prize for medicine awarded for insights into internal biological clock' *Guardian*, 2 October 2017, <https:// www.theguardian.com/ science/2017/oct/02/nobel-prize-for-medicine-awarded-for-insights-into-internal-biological-clock>.

一件旧石器时代的人物石刻: Helen Benigni, 'The Emergence of the Goddess: A Study of Venus in the Paleolithic and Neolithic Era', in *The Mythology of Venus* (University Press of America, 2013), chapter 1; Jules Cashford, *The Moon: Myth and Image* (Cassell, 2003), 20–1.

衡量时间的流逝: Mircea Eliade, *Patterns in Comparative Religion*, trans. Rosemary Sheed (University of Nebraska Press, 1996), 155; quoted in Cashford, *The Moon*, 22.

"月亮"一词: Eliade, *Comparative Religion*, 155.

9个朔望月: Walter Menaker and Abraham Menaker, 'Lunar periodicity in human reproduction: A likely unit of biological time', *American Journal of Obstetrics and Gynecology*, 7 (1959): 905–14.

"在人类的头脑中催生": Joseph Campbell, *The Way of the Animal Powers: Mythologies of the Primitive Hunters and Gatherers* (Harper & Row, 1988), 68; quoted in Benigni, 'Emergence of the Goddess'. A similar idea is discussed in Eliade, *Comparative Religion*: 'The moon measures, but it also unifies … The whole universe is seen as a pattern, subject to certain laws.'

"与生命节律关系最密切的那个天体": Eliade, *Comparative Religion*, 154.

"穿透万物": Pliny the Elder, *Natural History*, Book 2, Chapter 102.

"兔子、丘鹬、小牛等动物的大脑": Francis Bacon, *Sylva Sylvarum: A Natural History, In Ten Centuries*, 9 (1627), 892.

人类学家报告说: D. Kelley, 'Mania and the moon', *Psychoanalytic Review* 29 (1942); 406–26.

从印度到法国的传统社会: Cashford, *The Moon*, foreword.

在月光下捕食: Noga Kronfeld-Schor et al., 'Chronobiology by moonlight', *Proceedings of the Royal Society B* 280 (2013), <https://doi.org/10.1098/ rspb.2012.3088>.

浮沉周期改为跟随月升和月落: Kim Last et al., 'Moonlight drives ocean-scale mass vertical migration of zooplankton during the Arctic winter', *Current Biology* 26 (2016): 244–51, <https://doi.org/10.1016/j.cub.2015.11.038>.

用手网捉海胆: Harold Fox, 'Lunar periodicity in reproduction', *Proceedings of the Royal Society B* 95 (1923): 523–50.

海胆的性腺: Alain Reinberg et al., 'The full moon as a synchroniser of circa-monthly biology rhythms: chronobiologic perspectives based on multidisciplinary naturalistic research', *Journal of Biological and Medical Rhythm Research* 33 (2016): 465–79, <https://doi.org/10.3109/07420528. 2016.1157083>.

恢复生机: Matthew Oldach et al., 'Transcriptome dynamics over a lunar month in a broadcast spawning acroporid coral', *Molecular Ecology* 26 (2017): 2514–26; Jackie Wolstenholme et al., 'Timing of mass spawning in corals: potential influence of the coincidence of lunar factors and associated changes in atmospheric pressure from northern and southern hemisphere case studies', *Invertebrate Reproduction & Development* 62 (2018): 98–108, <https://doi.org/10.10 80/07924259.2018.1434245>.

大西洋多岩海岸附近藻群中的螺: Kronfeld-Schor, 'Chronobiology by moonlight'; Reinberg et al., 'The full moon'. 对海洋物种与月球潮汐的一般性回顾: Martin Bulla et al., 'Marine biorhythms: bridging chronobiology and ecology', *Philosophical Transactions of the Royal Society B* 372 (2017): 20160253.

日本地蟹: Kronfeld-Schor, 'Chronobiology by moonlight'.

追随月球: Kronfeld-Schor, 'Chronobiology by moonlight'; Noga Kronfeld-Schor et al., 'Chronobiology of interspecific interactions in a changing world', *Philosophical Transactions of the Royal Society B* 372 (2017), <https://doi. org/10.1098/rstb.2016.0248>.

跟随月球周期繁殖的植物: Catarina Rydin and Kristina Bolinder, 'Moonlight pollination in the gymnosperm *Ephedra* (*Gnetales*)', *Biology Letters* 11 (2015), <https://doi.org/10.1098/rsbl. 2014.0993>.

"闪亮如钻石": Andy Coghlan, 'Werewolf plant waits for the light of the full moon', *New Scientist*, 1 April 2015, <https://www.newscientist.com/article/dn27277>.

他们的成果很难发表: Reinberg et al., 'The full moon'.

一位突尼斯生物学家: Reinberg et al., 'The full moon'.

分子研究: Juliane Zantke et al., 'Genetic and genomic tools for the marine annelid *Platynereis dumerilii*', *Genetics* 197 (2014): 19–31; Masato Fukushiro, 'Lunar phase-dependent expression of cryptochrome and a photoperiodic mechanism for lunar phase-recognition in a reef fish, gold-lined spinefoot', *PLoS ONE* 6 (2011): e28643; Florian Raible et al., 'An overview of monthly rhythms and clocks', *Frontiers in Neurology* 8 (2017): 189.

芽状鹿角珊瑚: Oldach et al., 'Transcriptome dynamics'.

对月光敏感的光感受器: for example, Maxim Gorbunov and Paul Falkowski, 'Photoreceptors in the cnidarian hosts allow symbiotic corals to sense blue moonlight', *Limnology and Oceanography* 47 (2002): 309–15.

阿诺德·利伯: Arnold Lieber, *The Lunar Effect: Biological Tides and Human Emotions* (Doubleday, 1978).

"疯子"一词: Raible et al., 'Monthly rhythms and clocks'.

激起了强烈的反对声: James Rotton and Ivan Kelly, 'Much ado about the full moon: A meta-analysis of lunar-lunacy research', *Psychological Bulletin* 97 (1985): 286–306; Daniel Myers, 'Gravitational effects of the period of high tides and the new moon on lunacy', *Journal of Emergency*

Medicine 13 (1995): 529–32; Foster and Roenneberg, 'Human responses'; Hal Arkowitz and Scott Lilienfeld, 'Lunacy and the full moon: does a full moon really trigger strange behavior?' *Scientific American Mind*, 1 February 2009, <https://www.scientificamerican.com/article/lunacy-and-the-full-moon/>. 'Full Moon and Lunar Effects', *Skeptic's Dictionary*, accessed 5 November 2019, <http://skepdic.com/fullmoon.html>.

"超自然": Armando Simón, 'No effect of the full moon-supermoon on the aggressive behavior of incarcerated convicts: nailing the coffin shut on the Transylvania effect', *Biological Rhythm Research* 49 (2018): 165–8.

忽视了月球对人体的真实影响: Reinberg et al., 'The full moon'.

必然可以追溯到进化早期: Raible et al., 'Monthly rhythms and clocks'.

研究生育、月经周期与月相变化关系的实验: Raible et al., 'Monthly rhythms and clocks'.

为期一个月的激素周期: Natalia Rakova et al., 'Long-term space flight simulation reveals infradian rhythmicity in human Na+ balance', *Cell Metabolism* 17 (2013): 125–31.

破坏生育能力: Reinberg et al., 'The full moon'.

睡眠质量也会因月相而异: Christian Cajochen et al., 'Evidence that the lunar cycle influences human sleep', *Current Biology* 23 (2013): 1485–8; Michael Smith et al., 'Human sleep and cortical reactivity are influenced by lunar phase', *Current Biology* 24 (2014): R551–2; Ciro Della Monica et al., 'Effects of lunar phase on sleep in men and women in Surrey', *Journal of Sleep Research* 24 (2015): 687–94.

心脑疾病和癫痫发作: Stephen Rüegg et al, 'Association of environmental factors with the onset of status epilepticus', *Epilepsy and Behaviour*, 12 (2008): 66-73.

对双相情感障碍患者进行了跟踪调查: Thomas Wehr, 'Bipolar mood cycles and lunar tidal cycles', *Molecular Psychiatry* 23 (2018): 923–31; Thomas Wehr, 'Bipolar mood cycles associated with lunar entrainment of a circadian rhythm', *Translational Psychiatry* 8 (2018): 151. See also Tânia Abreu and Miguel Bragança, 'The bipolarity of light and dark: A review on bipolar disorder and circadian cycles', *Journal of Affective Disorders* 185 (2015): 219–29; Thomas Erren and Philip Lewis, 'Hypothesis: Folklore perpetuated expression of moon-associated bipolar disorders in anecdotally exaggerated werewolf guise', *Medical Hypotheses* 122 (2019): 129–33.

3.4万只蜗牛: Brown, 'Pervasive geophysical factors'; 'Environmental timing'.

以24小时为周期起伏荡漾的磁涟漪: Nicholas Pedatella and Jeffrey Forbes, 'Global structure of the lunar tide in ionospheric total electron content', *Geophysical Research Letters* 37 (2010): L06013; Adrian Hitchman and Ted Lilley, 'The quiet daily variation in the total magnetic field: global curves', *Geophysical Research Letters* 25 (1998): 2007–10; James Gould, 'Magnetoreception', *Current Biology* 20 (2010): R431–5.

地球磁场: Hitchman and Lilley, 'Global curves'.

有些鱼对电场敏感: Hans Lissman and Kenneth Machin, 'The mechanism of object location in *Gymnarchus niloticus* and similar fish', *Journal of Experimental Biology* 35 (1958): 451–86.

介绍他的成果: Brown, 'Pervasive geophysical factors'.

"我们还无法解释": Brown, 'Pervasive geophysical factors'.

80多名志愿者: Rütger Wever, 'The effects of electric fields on circadian rhythmicity in men', *Life Sciences and Space Research* 8 (1970): 177–87; Rütger Wever, 'Human circadian rhythms under influence of weak electric fields and the different aspects of these studies', *International*

Journal of Biometeorology 17 (1973): 227–32; Rütger Wever, 'ELF effects on human circadian rhythms', in *ELF and VLF Electromagnetic Field Effects*, ed. Michael Persinger (Plenum Press, 1974), 101–44.

一个"非凡"的结果: Wever, 'Human circadian rhythms'.

提及这次屏蔽实验: for example, Aschoff et al., 'Desynchronisation': 450–7; Aschoff, 'Circadian rhythms'; Jürgen Aschoff, 'Temporal orientation: circadian clocks in animals and humans', *Animal Behaviour* 37 (1989): 881–96. 另外,《自然》杂志上阿朔夫的讣告称他建造了"一个地下'掩体'": Daan and Gwinner, 'Obituary'.

几百万只帝王蝶: Patrick Guerra et al., 'A magnetic compass aids monarch butterfly migration', *Nature Communications* 5 (2014): 4164; Gregory Nordmann et al., 'Magnetoreception: A sense without a receptor', *PLoS Biology* 15 (2017): e20032324.

许多物种都善于破解天空信号: James Foster, 'How animals follow the stars', *Proceedings of the Royal Society B* 285 (2018): 20172322.

太阳甚至月球的偏振光规律: James Foster et al., 'Orienting to polarised light at night – matching lunar skylight to performance in a nocturnal beetle', *Journal of Experimental Biology* 222 (2019), <https://doi.org/10.1242/jeb.188532>.

维京水手(脚注): Jo Marchant, 'Did Vikings navigate by polarised light?' *Scientific American*, 31 January 2011, <https://www.scientificamerican. com/article/did-vikings-navigate/>.

沃尔夫冈·维尔奇科: Wolfgang Wiltschko and Roswitha Wiltschko, 'Magnetic compass of European robins', *Science* 176 (1972): 62–4.

证据如洪水般涌现: 关于态度变化的讨论见James Gould, 'Animal navigation'. See also Sönke Johnsen and Kenneth Lohmann, 'Magnetoreception in animals', *Physics Today*, March 2008, 29–35.

朝向北方或南方: Vlastimil Hart et al., 'Dogs are sensitive to small variations of the earth's magnetic field', *Frontiers in Zoology* 10 (2013): 80.

电学解决方案: 描述三种磁感应策略的一般性资料来源: Gould, 'Animal navigation'; James Gould, 'Magnetoreception'; Henrik Mouritsen, 'Long-distance navigation and magnetoreception in migratory animals', *Nature* 558 (2018): 50–9.

"趋磁"细菌: Richard Blakemore, 'Magnetotactic bacteria', *Science* 190 (1975): 377–9.

类似的晶体: Veronika Lambinet, 'Linking magnetite in the abdomen of honey bees to a magnetoreceptive function', *Proceedings of the Royal Society B* 284 (2017), <https://doi.org/10.1098/rspb.2016.2873>; Nordmann et al., 'Magnetoreception'.

"我想这也许": Dan Cossins, 'A sense of mystery', *Scientist*, 1 August 2013, <https://www.the-scientist.com/cover-story/a-sense-of-mystery-38949>.

发现了一种蛋白质: Ilia Solov'yov et al., 'Magnetic field effects in *Arabidopsis thaliana* Cryptochrome-1', *Biophysical Journal* 92 (2007): 2711–26.

的确参与了磁感应和导航: Robert Gegear et al., 'Animal cryptochromes mediate magnetoreception by an unconventional photochemical mechanism', *Nature* 463 (2010): 804–7.

"看到"磁力线: Peter Hore and Henrik Mouritsen, 'The radical-pair mechanism of magnetoreception', *Annual Review of Biophysics* 45 (2016): 299–344.

植入被敲除此种蛋白的果蝇体内: Lauren Foley et al., 'Human cryptochrome exhibits light-dependent magnetosensitivity', *Nature Communications* 2 (2011): 356.

地球生物学家约瑟夫·基尔施文克（脚注）: C.X. Wang et al. 'Transduction of the geomagnetic field as evidenced from Alpha-band activity in the human brain.' ENeuro (2019), <https://doi.org/10.1523/ENEURO.0483-18.2019>]

生物钟的重要部件: Taishi Yoshii et al., 'Cryptochrome mediates light-dependent magnetosensitivity of Drosophila's circadian clock', *PLoS Biology* 7 (2009): 813–19; Thorsten Ritz et al., 'Cryptochrome – a photoreceptor with the properties of a magnetoreceptor?', *Communicative & Integrative Biology* 3 (2010): 24–7.

核心"齿轮"（脚注）: Gegear, 'Animal cryptochromes'; 跟随月相的基因之一: Fukushiro, 'Lunar phase-dependent expression'; Oldach et al., 'Transcriptome dynamics'.

利用地球磁场的每日潮汐变化: James Gould, 'The case for magnetic sensitivity in birds and bees (such as it is)', *American Scientist* 68 (1980): 256–67; Gould, 'Animal navigation'; Gould, 'Magnetoreception'; Thomas Erren et al., 'What if . . . the moon provides zeitgeber signals to humans?' *Molecular Psychiatry* (2018), <https://doi. org/10.1038/s41380-018-0216-0>.

布朗提出却没有得到充分回答的一个问题: Foster & Kreitzman, *Rhythms of Life*, 48; Christian Hong et al., 'A proposal for robust temperature compensation of circadian rhythms', *PNAS* 104 (2007): 1195–200; Philip Kidd et al., 'Temperature compensation and temperature sensation in the circadian clock', *PNAS* 112 (2015): E6284–92; Yoshiki Tsuchiya et al., 'Effect of multiple clock gene ablations on period length and temperature compensation in mammalian cells', *Journal of Biological Rhythms* 31 (2016): 48–56; Rajesh Narasimamurthy and David Virshup, 'Molecular mechanisms regulating temperature compensation of the circadian clock', *Frontiers in Neurology* 8 (2017): 161; Lili Wu et al., 'Robust network topologies for gener- ating oscillations with temperature-independent periods', *PLoS ONE* 12 (2017), <https://doi.org/10.1371/journal.pone.0171263>.

"嘀嗒走时": James Close, 'The compass within the clock – Part 1: the hypothesis of magnetic fields as secondary zeitgebers to the circadian system – logical and scientific objects', *Hypothesis* 12 (2014): e1; James Close, 'The compass within the clock-Part 2: does cryptochrome radical-pair based signaling contribute to the temperature-robustness of circadian systems?' *Hypothesis* 12 (2014): e2; Yoshii et al., 'Cryptochrome mediates'.

"存在共情": from an anonymous review, 'Magic, Witchcraft, and Animal Magnetism', *Journal of Psychological Medicine and Mental Pathology* 5 (1852): 292–322.

"Rx": 'Magic, Witchcraft, and Animal Magnetism'; Mohammad Qayyum et al., 'Medical aspects taken for granted', *McGill Journal of Medicine* 10 (2007): 47–9; Bob Zebroski, *A Brief History of Pharmacy: Humanity's Search for Wellness* (Routledge, 2016); Otto Wall, *The Prescription: Therapeutically, Pharmaceutically, Grammatically and Historically Considered* (St Louis, 1898), 200–6 (although not everyone agrees: George Griffenhagen, 'Signs and Signboards of the Pharmacy', *Pharmacy in History* 32 (1990): 12–21).

夜间光污染: Fabio Falchi et al., 'The new world atlas of artificial night sky brightness', *Science Advances* 2 (2016), <https://doi.org/10.1126/ sciadv.1600377>.

干扰鸟类和海龟的迁徙: Kronfeld-Schor et al., 'Interspecific interactions'; Aisling Irwin, 'The dark side of light: how artificial lighting is harming the natural world', *Nature* 553 (2018): 268–70.

一种全球威胁: Thomas Davies and Tim Smyth, 'Why artificial light at night should be a focus for global change research in the 21st century', *Global Change Biology* 24 (2018): 872–82.

生物钟和生物罗盘: Svenja Engels et al., 'Anthropogenic electromagnetic noise disrupts magnetic compass orientation in a migratory bird', *Nature* 509 (2014): 353–6; Alfonso Balmori, 'Anthropogenic radiofrequency electromagnetic fields as an emerging threat to wildlife orientation', *Science of the Total Environment* 518–19 (2015): 58–60; Lukas Landler and David Keays, 'Cryptochrome: the magnetosensor with a sinister side?' *PLoS Biology* 16 (2018), <https://doi.org/10.1371/journal.pbio.3000018>; Rachel Sherrard et al., 'Low-intensity electromagnetic fields induce human cryptochrome to modulate intracellular reactive oxygen species', *PLoS Biology* 16 (2018), <https://doi.org/10.1371/journal. pbio.2006229>; Premysl Bartos et al., 'Weak radiofrequency fields affect the insect circadian clock', *Journal of the Royal Society Interface* 16 (2019), <https:// doi.org/10.1098/rsif.2019.0285>.

没有明确的界限: Frank Brown, Jr., 'The "Clocks" Timing Biological Rhythms', *American Scientist* 60 (1972): 756–66.

"生物和它所处的物理环境": Frank Brown, Jr., 'Biological Clocks: Endogenous cycles synchronised by subtle geophysical rhythms', *BioSystems* 8 (1976): 67–81.

"漫无边际的演讲……严肃地宣称": Chandrashekaran, 'Biological rhythms research'.

在马萨诸塞州伍兹霍尔的海边辞世: Marguerite Webb, 'In memoriam: Professor Frank A. Brown, Jr.', *Journal of Interdisciplinary Cycle Research* 15 (1984): 1–2.

海蛞蝓随月相: Kenneth Lohmann and Arthur Willows, 'Lunar-modulated geomagnetic orientation by a marine mollusk', *Science* 235 (1987): 331–4.

意大利的几位植物学家: Monica Gagliano et al., 'Acoustic and magnetic communication in plants: Is it possible?' *Plant Signaling and Behaviour* 7 (2012): 1346–8.

"最重要的一课": Gould, 'Animal navigation'.

太阳系的摆动: Mikhail Medvedev and Adrian Melott, 'Do extragalactic cosmic rays induce cycles in fossil diversity?' *Astrophysical Journal* 664 (2007): 879–89. 另有一种观点认为，260万年前，一次超新星爆发产生的辐射致使地球上所有海岸动物灭绝: Adrian Melott et al., 'Hypothesis: Muon radiation dose and marine megafaunal extinction at the end-Pliocene supernova', *Astrobiology* 19 (2019): <https://doi.org/10.1089/ ast.2018.1902>.

行星潮汐效应: Ching-Cheh Hung, 'Apparent relations between solar activity and solar tides caused by the planets', NASA technical report: NASA/TM—2007–214817, <https://ntrs.nasa.gov/archive/nasa/casi.ntrs.nasa. gov/20070025111.pdf>.

"宇宙是一体的" "人类必将探索的一个领域": Brown, 'Biological Clocks and Rhythms'.

第十一章　外星人

一个暗绿色的斑点: 斯科尔发现ALH84001: 'ALH84001', Martian Meteorite Compendium, <https://curator.jsc.nasa.gov/antmet/mmc/alh84001.pdf>; Paul Recer, 'Even in '84, geologist thought rock was "special" ', Associated Press, 22 August 1996, <https://www.apnews.com/6a50bda0d4f33fcee7f8cb84935630d4>; Scott Sandford, 'The 1984–1985 Antarctic Search for Meteorites (ANSMET) Field Program', *Smithsonian Contributions to the Earth Sciences* 30 (1986): 5–9; Kathy Sawyer, *The Rock from Mars: A Detective Story on Two Planets* (Random House, 2006), 3–21.

"从天而降"：Aristotle, *Meteorology*, Part 7, trans. E. W. Webster, <http://classics.mit.edu/Aristotle/meteorology.1.i.html>.

数万吨的宇宙尘埃: Samantha Mathewson, 'How often do meteorites hit the earth?' *Space.com*, 10 August 2016, <https://www.space.com/33695-thousands- meteorites-litter-earth-unpredictable-collisions.html>; Nancy Atkinson, 'Getting a handle on how much cosmic dust hits earth', *Universe Today*, 30 March 2012, <https://www.universetoday.com/94392/getting-a-handle-on-how-much-cosmic- dust-hits-earth/>.

"我的天呀"：'ALH84001', Martian Meteorite Compendium.

"唯一有人居住的世界"：quoted in John Traphagan, 'Science and the Emergence of SETI', in *Science, Culture and the Search for Life on Other Worlds* (Springer, 2016), 41.

各式各样的答案: 对外星生命看法的历史: Michael Crowe, 'A history of the extraterrestrial life debate', *Zygon* 32 (1997): 147–62; Steven Dick, 'The Twentieth Century History of the Extraterrestrial Life Debate: Major themes and lessons learned', in *Astrobiology, History, and Society*, ed. Douglas Vakoch (Springer, 2013).

已知最早的星际旅行故事: Lucian, 'A True Story', in *Selected Satires of Lucian*, ed. Lionel Casson (Routledge 2017).

"我们的地球"：Crowe, 'A history'.

"无数" 个类太阳和类地球星体: Giordano Bruno, *On the Infinite Universe and Worlds*, <https://faculty.umb.edu/gary_zabel/Courses/Parallel%20Universes/Texts/Giordano%20Bruno%20On%20the%20Infinite%20Universe%20and%20 Worlds%20(First%20D.htm>.

月球植物和蛇形怪物: Johannes Kepler, *Somnium: The Dream, or Posthumous Work on Lunar Astronomy*, trans. by Edward Rosen (Dover, 2003).

有机体如何适应各种天体环境: Christiaan Huygens, *The Celestial Worlds Discover'd* (1698).

"地外生命的时代"：Crowe, 'A history'.

所谓的人类智慧: Voltaire, *Micromégas* (1752), <https://publicdomainreview.org/collections/micromegas-by-voltaire-1752/>.

"狂妄自大的典范"：Michael Crowe, *The Extraterrestrial Life Debate 1750–1900* (Dover, 1999), 271; quoted by Iris Fry, 'The Philosophy of Astrobiology: The Copernican and Darwinian Philosophical Presuppositions', in *The Impact of Discovering Life Beyond Earth*, ed. Steven Dick (Cambridge University Press, 2015) 23–37.

"至高目的"：Alfred Russel Wallace, 'Man's place in the universe', *The Independent* 55 (1903): 473–83; quoted in Dick, 'Twentieth Century History'.

月球上的森林和圆形建筑: Michael Crowe, 'William and John Herschel's Quest for Extraterrestrial Intelligent Life', in *The Scientific Legacy of William Herschel*, ed. Clifford Cunningham (Springer, 2017), 239–74.

一座带城墙的巨型城市: Richard Baum, 'The man who found a city in the moon', *Journal of the British Astronomical Association* 102 (1992): 157–9.

虽不属实但广大读者却信以为真: discussed in Crowe, 'A history'; Dick, 'Twentieth Century History'.

太阳系中生命繁盛: Crowe, 'William and John Herschel'.

"天空中的人类"：Camille Flammarion, *Les Terres du ciel* (Paris, 1877), 594.

受弗拉马里翁作品启发: Alessandro Manara and A. Wolter, 'Mars in the Schiaparelli–Lowell letters', *Memorie della Societa Astronomica Italiana* 82 (2011): 276–9.

"绝不是不可能的": Seth Shostak, 'Current approaches to finding life beyond Earth', in Dick, *Life Beyond Earth*, 11.

没有可探测的有机物: 探测结果和含义见Dick, 'Twentieth Century History'.

"最有希望的栖息地": Norman Horowitz, *To Utopia and Back: The Search for Life in the Solar System* (W. H. Freeman, 1986), 46; quoted in Dick, 'Twentieth Century History'.

"几乎是一个奇迹": Francis Crick, *Life Itself: Its Origin and Nature* (Simon & Schuster, 1982), 88.

生命根本不是始于地球(脚注)**:** Francis Crick and Leslie Orgel, 'Directed Panspermia', *Icarus* 19 (1973): 341–6.

"一个极其特殊的行星上的一次意外": Euan Nisbet, *The Young Earth: An Introduction to Archaean Geology* (Allen & Unwin, 1987), 353.

"人类终于知道": Jacques Monod, *Chance and Necessity: An Essay on the Natural Philosophy of Modern Biology* (Knopf, 1971), 180. 后来观点开始转向,其中一位异见者的观点见生物学家Christian de Duve in his book *Vital Dust: Life as a Cosmic Imperative* (Harper Collins, 1995).

"寻找童话仙子": Paul Davies, 'Searching for a shadow biosphere on Earth as a test of the "cosmic imperative" ', *Philosophical Transactions of the Royal Society A* 369 (2011): 624–32.

从没想过要加入: 米特勒费尔德在识别ALH84001为火星岩方面的贡献: Sawyer, *Rock from Mars*, 46–58; Monica Grady and Ian Wright, 'Martians come out of the closet', *Nature* 369 (1994): 356.

斯科尔激动万分: Sawyer, *Rock from Mars*, 59.

由火山熔岩形成于40多亿年前: David McKay et al., 'Search for past life on Mars: Possible relic biogenic activity in Martian meteorite ALH84001', *Science* 273 (1996): 924–30; 'ALH84001', Martian Meteorite Compendium.

地球化学家埃弗里特·吉布森: 罗马内克和吉布森研究碳酸盐颗粒、发现蠕虫形状见Sawyer, *Rock from Mars*, 61–82.

"我觉得他疯了": Michael Schirber, 'Meteorite-based debate over Martian life is far from over', *Space.com*, 21 October 2010, <https://www.space.com/9366-meteorite-based-debate-martian-life.html>; see also: Sawyer, *Rock from Mars*, 83–114.

年轻的天文学家迪迪埃·奎洛兹: 关于奎洛兹和马约尔发现飞马座51-b: telephone interview with Didier Queloz, 12 June 2019; Michel Mayor and Didier Queloz, 'A Jupiter-mass companion to a solar-type star', *Nature* 378 (1995): 355–9; Michel Mayor and Davide Cenadelli, 'Exoplanets– the beginning of a new era in astrophysics', *European Physical Journal H* 43 (2018): 1–41; Kevin Fong, 'Life Changers: Didier Queloz', BBC World Service, first broadcast 21 September 2015, <https://www.bbc.co.uk/programmes/p032k6jq>.

围绕同一颗脉冲星(脚注)**:** Aleksander Wolszczan and Dail Frail, 'A planetary system around the millisecond pulsar PSR1257 + 12', *Nature* 355 (1992): 145–7.

"一个灵性的时刻": Michel Mayor and Pierre-Yves Frei, *New Worlds in the Cosmos: The Discovery of Exoplanets*, trans. Boud Roukema (Cambridge University Press, 2003), 18.

"你们的奇妙发现": Mayor and Frei, *New Worlds*, 22.

"其他世界不再是": John Wilford, 'In a golden age of discovery, faraway worlds beckon', *New York*

Times, 9 February 1997, <https://www.nytimes.com/1997/02/09/us/in-a-golden-age-of-discovery-faraway-worlds-beckon.html>.

加州大学洛杉矶分校的比尔·舍普夫: 舍普夫来访及其与理查德·扎尔的合作见Sawyer, *Rock from Mars*, 91–106.

"胆战心惊": 出版前审查（包括丹·戈尔丁的参与）见Sawyer, *Rock from Mars*, 110–52.

"向我们诉说": President Bill Clinton's statement regarding the Mars meteorite discovery, 7 August 1996, <https://www2.jpl.nasa.gov/snc/clinton.html>.

座无虚席的主礼堂: 新闻发布会照片见Leonard David, 'Remembering a big scoop about a small rock', *Space News*, 12 September 2016, <http://www.spacenewsmag.com/feature/remembering-a-big-scoop-%E2%80%A8about-a-small-rock/>; Sawyer, *Rock from Mars*, 153–68.

《科学》杂志刊发的这篇论文: McKay, 'Search for past life'.

"对人类最大的侮辱": Sawyer, *Rock from Mars*, 166.

"半生不熟" "一群劣等人" "粪蛋蛋": Sawyer, *Rock from Mars*, 177–8.

确实形成于火星: John Bridges et al., 'Carbonates on Mars', in *Volatiles in the Martian Crust* (Elsevier, 2019), 89–118.

对观察结果的解释: Everett Gibson et al., 'Martian biosignatures: tantalizing evidence within Martian meteorites', *Biosignature Preservation and Detection in Mars Analog Environments*, proceedings of a conference held 16–18 May 2016, Lake Tahoe, Nevada, LPI Contribution No. 1912, id. 2052, <https://ui.adsabs. harvard.edu/abs/2016LPICo1912.2052G/abstract>.

一份关于陨石内晶体的详细研究报告: Kathie Thomas-Keprta et al., 'Elongated prismatic magnetite crystals in ALH84001 carbonate globules: potential Martian magnetofossils', *Geochimica et Cosmochimica Acta* 64 (2000): 4049–81; Kathie Thomas-Keprta et al., 'Magnetofossils from ancient Mars: a robust biosignature in the Martian mete- orite ALH84001', *Applied and Environmental Microbiology* 68 (2002): 3663–72.

在线性链上看到: Imre Friedmann, 'Chains of magnetite crystals in the meteorite ALH84001: evidence of biological origin', *PNAS* 98 (2001): 2176–81.

批评者提出: D. Golden et al., 'Evidence for exclusively inorganic formation of magnetite in Martian meteorite ALH84001', *American Mineralogist* 89 (2004): 681–95.

托马斯–克普尔塔反击说: Kathie Thomas-Keprta et al., 'Origin of magnetite nanocrystals in Martian meteorite ALH84001', *Geochimica et Cosmochimica Acta* 73 (2009): 6631–77; Schirber, 'Meteorite-based debate'.

其他火星陨石: David McKay et al., 'Life on Mars: new evidence from Martian meteorites', *Proceedings Volume 7441, Instruments and Methods for Astrobiology and Planetary Missions XII* (2009): 744102; Richard Kerr, 'New signs of ancient life in another Martian meteorite?' *Science* 311 (2006): 1858–9; Lauren White et al., 'Putative indigenous carbon-bearing alteration features in Martian meteorite Yamato 000593', *Astrobiology* 14 (2014): 170–81.

继续坚守: email exchange with Gibson, June 2019, including an updated version of an April 2017 statement from Everett Gibson et al., 'Position Paper: Significance of the ALH84001 research and 1996 *Science* manuscript', <https:// www.eatsleepshopplay.com/ekg-4>. 2019年, 吉布森补充说, 他认为ALH84001中含有古代生命的说法 "仍然很有说服力", 并且得到了其他陨石最新数据的支持。See also: Charles Choi, 'Mars life? 20 years later, debate over meteorite continues', *Space.com*, 10 August 2016, <https://www.space.com/33690-allen-hills-mars-meteorite-alien-life-20-years.html>.

"我们倒数第一": Adam Rogers, 'War of the Worlds', *Newsweek*, 9 February 1997, <https://www.newsweek.com/war-worlds-174656>.

"更快、更好、更省钱": NASA, Daniel Saul Goldin, <https://history.nasa.gov/dan_goldin.html>.

"一份辩护": President Bill Clinton's statement regarding the Mars meteorite discovery, 7 August 1996, <https://www2.jpl.nasa.gov/snc/ clinton.html>.

"地外生命的魅力": Sawyer, *Rock from Mars*, 197. See also: Mark Peplow, 'Do you believe in life on Mars?', *Nature*, 8 March 2005, <https://www. nature.com/news/2005/050307/full/050307-9.html>.

航天局将资源用到了行星探索上: ALH84001触发的观念变化: Leonard David, 'Moon and Mars exploration pioneer David McKay dies at 76', *Space.com*, 25 February 2013, <https://www.space.com/19949-david-mckay-obituary-moon-mars.html>, Dick, 'Twentieth Century History', 140; Gibson et al., 'Position paper'.

"一个指导思想": Gibson et al., 'Position paper'.

最高产的行星猎人: Alexandra Witze, 'NASA retires Kepler spacecraft after planet-hunter runs out of fuel', *Nature*, 30 October 2018.

运用光谱学探测: McGregor Campbell, 'Red sun rising', *New Scientist*, 21 July 2018, 39–41; Ryan MacDonald, 'And now for the exoweather…', *New Scientist*, 10 November 2018, 38–41.

对"开普勒"望远镜数据的一项分析: Erik Petigura et al., 'Prevalence of Earth-size planets orbiting Sun-like stars', *PNAS* 110 (2013), <https://doi.org/10.1073/pnas.1319909110>.

离我们最近的恒星比邻星: Guillem Anglada-Escudé et al., 'A terrestrial planet candidate in a temperate orbit around Proxima Centauri', *Nature* 536(2016): 437–40.

七颗与地球一般大小的行星: Michaël Gillon et al., 'Seven temperature terrestrial planets around the nearby ultracool dwarf stars TRAPPIST-1', *Nature* 542 (2017): 456–60.

检测到了水蒸气: Angelos Tsiaras et al., 'Water vapour in the atmosphere of the habitable-zone eight-Earth-mass planet K2-18 b', *Nature Astronomy* (2019)<https://doi.org/10.1038/s41550-019-0878-9>.

88亿颗地球大小、潜在宜居的系外行星: Petigura, 'Prevalence of Earth-sized planets'; Nancy Atkinson, '22% of sun-like stars have earth-sized planets in the habitable zone', *Universe Today*, 4 November 2013, <https://www.universetoday.com/106121/22-of-sun-like-stars-have-earth-sized-planets-in-the-habitable-zone/>. See also: Michael Gowanlock and Ian Morrison, 'The Habitability of Our Evolving Galaxy', in *Habitability of the Universe Before Earth*, ed. Richard Gordon and Alexei Sharov (Elsevier, 2018).

深海热液: Cristina Luiggi, 'Life on the ocean floor, 1977', *Scientist*, 1 September 2012, <https://www.the-scientist.com/foundations/life-on-the-ocean-floor-1977-40523>.

"不可逾越的物理和化学障碍": Lynn Rothschild and Rocco Mancinelli, 'Life in extreme environments', *Nature* 409 (2001): 1092–101. Other sources on extremophiles: Mosè Rossi et al., 'Meeting Review: Extremophiles 2002', *Journal of Bacteriology* 185 (2003): 3683–9; Mark Lever et al., 'Evidence for microbial carbon and sulfur cycling in deeply buried ridge flank basalt', *Science* 339 (2013): 1305–8.

太阳系其他潜在宜居地: Seth Shostak, 'Current Approaches to Finding Life Beyond Earth', in

Dick, *Life Beyond Earth*, 9–22; Dirk Schulze-Makuch, 'The Landscape of Life', in Dick, *Life Beyond Earth*, 81–94.

搭便车: Paul Davies, *The Fifth Miracle: The Search for the Origin and Meaning of Life* (Simon & Schuster, 1998); Steven Benner and Hyo-Joong Kim, 'The case for a Martian origin for Earth life', *Instruments, Methods, and Missions for Astrobiology XVII* 9606 (2015): 96060C; Chandra Wickramasinghe, 'Evidence to clinch the theory of extraterrestrial life', *Journal of Astrobiology & Outreach* 3 (2015): <https://doi.org/10.4172/2332-2519.1000e107>.

生命有机前体: Fred Goesmann et al., 'Organic compounds on comet 67P/Churyumov-Gerasimenko revealed by COSAC mass spectrometry', *Science* 349 (2015), <https://doi.org/10.1126/science.aab0689>; Queenie Chan et al., 'Organic matter in extraterrestrial water-bearing salt crystals', *Science Advances* 4 (2018), <https://doi.org/10.1126/sciadv.aao3521>.

可以在深空中存活: for example, Natalia Novikova et al., 'Study of the effects of the outer space environment on dormant forms of microorganisms, fungi and plants in the "Expose-R" experiment', *International Journal of Astrobiology* 14 (2015): 137–42.

"火星全球探测者号" 轨道飞行器: Mario Acuna et al., 'Magnetic field and plasma observations at Mars: initial results of the Mars Global Surveyor Mission', *Science* 279 (1998): 1676–80. See also B. P. Weiss et al., 'Records of an ancient Martian magnetic field in ALH84001', *Earth and Planetary Science Letters* 201 (2001): 449–63.

保留一个富含二氧化碳的厚大气层: Ramses Ramirez and Robert Craddock, 'The geological and climatological case for a warmer and wetter early Mars', *Nature Geoscience* 11 (2018): 230–7.

30亿年前的古老湖底沉积层: Jennifer Eigenbrode, 'Organic matter preserved in 3-billion-year-old mudstones at Gale crater, Mars', *Science* 360 (2018): 1096–101.

一幅比预期更适合生命的画面: Colin Dundas et al., 'Exposed subsurface ice sheets in the Martian mid-latitudes', *Science* 359 (2018): 199–201; Anja Diez, 'Liquid water on Mars', *Science* 361 (2018): 448–9; Yoshitaka Yoshimura, 'The Search for Life on Mars', in *Astrobiology*, ed. Akihiko Yamagishi et al. (Springer, 2019), 367–81.

多次检测到甲烷: Marco Giuranna et al., 'Independent confirmation of a methane spike on Mars and a source region east of Gale Crater', *Nature Geoscience* 12 (2019): 326–32.

吉尔伯特·莱文和帕特里夏·斯特罗特坚持认为: Gilbert Levin and Patricia Ann Straat, 'The case for extant life on Mars and its possible detection by the Viking labeled release experiment', *Astrobiology* 16 (2016): 798–810.

其他孕育生命的化学机制: Chris McKay, 'What is Life – and how do we search for it on other worlds?' *PLoS Biology* 2 (2004): 1260–63; Schulze-Makuch, 'Landscape of Life'.

围绕中子星运行的行星: Schulze-Makuch, 'Landscape of Life'.

"影子生物圈": Carol Cleland, 'Epistemological issues in the study of microbial life: alternative terran biospheres?' *Studies in History and Philosophy of Science Part C: Studies in History and Philosophy of Biological and Biomedical Sciences* 38 (2007): 847–61, <https://doi.org/10.1016/j.shpsc.2007.09.007>; Paul Davies, 'Searching for a shadow biosphere on Earth as a test of the "cosmic imperative" ', *Proceedings of the Royal Society A* 369 (2011): 624–32.

"绿篱外的仙女和精灵王国": David Toomey, *Weird Life: The Search for Life that is Very, Very Different from Our Own* (W. W. Norton & Co., 2013), 34.

剑桥大学博士生乔斯琳·贝尔: 贝尔的发现: Jocelyn Bell Burnell, 'Little Green Men, white dwarfs or pulsars?' *Annals of the New York Academy of Science* 302 (1977): 685–9; Alan Penny, 'The SETI episode in the 1967 discovery of pulsars', *European Physical Journal H* 38 (2013): 535–47.

"当线条在笔下流动时"：Bell Burnell, 'Little Green Men'.

"这些人造脉冲的制造者"：Bell Burnell, 'Little Green Men'.

"小绿人星"：Penny, 'The SETI episode'.

1959年《自然》杂志刊登的一篇论文：Giuseppe Cocconi and Philip Morrison, 'Searching for interstellar communications', *Nature* 184 (1959): 844–6.

美国天文学家弗兰克·德雷克：Dick, 'Twentieth Century History', 139.

"人们的兴奋之情与日俱增"：Penny, 'The SETI episode', 4.

"与更高文明越少接触越好"：Penny, 'The SETI episode'.

"拿博士学位" "我来回扳动开关" 和 "两波小绿人不可能"：Bell Burnell, 'Little Green Men'.

终于完成论文：Antony Hewish et al., 'Observation of a rapidly pulsating radio source', *Nature* 217 (1968): 709–13.

监听工作大多由私人资助：搜寻地外文明计划（SETI）的努力见Douglas Vakoch and Matthew Dowd (ed.), *The Drake Equation: Estimating the Prevalence of Extraterrestrial Life Through the Ages* (Cambridge University Press, 2015); Linda Billings, 'Astrobiology in culture: the search for extraterrestrial life as "Science" ', *Astrobiology* 12 (2012): 966–75; Seth Shostak, 'Current Approaches to Finding Life Beyond Earth, and What Happens if We Do', in Dick, *Life Beyond Earth*, 9–22.

"是非常危险的"（脚注）：Penny, 'The SETI episode'.

一组重复的、无法解释的射电爆发：'Distant galaxy sends out 15 high-energy radio bursts', UC Berkeley press release, 30 August 2017, <https://news.berkeley. edu/2017/08/30/distant-galaxy-sends-out-15-high-energy-radio-bursts/>.

"一项古怪的小众科学"：Michael Michaud, 'Searching for Extraterrestrial Intelligence', in Dick, *Life Beyond Earth*, 295.

宇宙最复杂的文明：Susan Schneider, 'Alien Minds', in Dick, *Life Beyond Earth*, 189–206.

将智慧视为工具：Mark Lupisella, 'Life, Intelligence, and the Pursuit of Value in Cosmic Evolution', in Dick, *Life Beyond Earth*, 159–74.

"我们正在试图确定"：Sawyer, *Rock from Mars*, 188.

第十二章　意　识

驾驶过七十多种飞机：Chris Hadfield, *An Astronaut's Guide to Life on Earth* (Macmillan, 2013).

"从技术层面讲"：Chris Hadfield, talk at the Royal Geographic Society, London, 7 December 2014.

"被一种原始的美冲击了"：Hadfield, *Astronaut's Guide*, 90.

"令人瞠目窒息" "六十亿人与所有历史"：'Chris Hadfield's Incredible Description of Space-walking', 5 May 2013, <https://www.youtube.com/watch?v=cxxTGkBuo1c>.

"让你无法思考"：quoted in Jo Marchant, 'Awesome awe', *New Scientist* (2017): 33–5.

"**我所能感知的存在的力量**"：Hadfield, Royal Geographic Society.

"**我不再脚踏大地**"：quoted in Owen Gingerich, 'Was Ptolemy a fraud?' *Quarterly Journal of the Royal Astronomical Society* 21 (1980): 253–66.

"**恢宏、辽阔、不朽**"：Henri-Frédéric Amiel, *Amiel's Journal* (1882), <https://www. gutenberg. org/files/8545/8545-h/8545-h.htm>; quoted in William James, *The Varieties of Religious Experience: A Study in Human Nature* (Penguin Classics, 1983), 395.

首个科学定义：Dacher Keltner and Jonathan Haidt, 'Approaching awe, a moral, spiritual, and aesthetic emotion', *Cognition and Emotion* 17 (2003): 297–314.

结果令人惊讶：summarised in Marchant, 'Awesome awe'; 更有创造力: Alice Chirico et al., 'Awe enhances creative thinking: An experimental study', *Creativity Research Journal* 30 (2018): 123–31; 改善记忆: Alexander Danvers and Michelle Shiota, 'Going off script: Effects of awe on memory for script-typical and -irrelevant narrative detail', *Emotion* 17 (2017): 938–52; 降低促炎症细胞因子的水平: Jennifer Stellar et al., 'Positive affect and markers of inflammation: Discrete positive emotions predict lower levels of inflammatory cytokines', *Emotion* 15 (2015): 129–33; 激活副交感神经系统: Michelle Shiota et al., 'Feeling Good: Autonomic nervous system responding in five positive emotions', *Emotion* 11 (2011): 1368–78; 减轻焦虑，感到更紧密的联系……做出更有德行的决定: Paul Piff et al., 'Awe, the small self, and prosocial behavior', *Journal of Personality and Social Psychology* 108 (2015): 883–99; 减少对金钱的关注: Libin Jiang et al., 'Awe weakens the desire for money', *Journal of Pacific Rim Psychology* 12 (2018): e4; 更关心环境: Huanhuan Zhao et al., 'Relation between awe and environmentalism: The role of social dominance orientation', *Frontiers in Psychology* 9 (2018): 2367; Yan Yang et al., 'From awe to ecological behavior: The mediating role of connectedness to nature', *Sustainability* 10 (2018): 2477; 感觉好像拥有更多时间: Melanie Rudd et al., 'Awe expands people's perception of time, alters decision making, and enhances well-being', *Psychological Science* 23 (2012): 1130–6.

把自己的名字签得更小：Yang Bai et al., 'Awe, the diminished self, and collective engagement: Universals and cultural variations in the small self', *Journal of Personality and Social Psychology* 113 (2017): 185–209. See also Michiel van Elk et al., ' "Standing in awe": The effects of awe on body perception and the relation with absorption', *Collabra* 2 (2016): 4.

荷兰神经科学家：Michiel van Elk et al., 'The neural correlates of awe experience: Reduced default mode network activity during feelings of awe', *Human Brain Mapping* 40 (2019): 3561–74.

"**自我逐渐消失**"：telephone interview with Dacher Keltner, 5 May 2017, originally quoted in Marchant, 'Awesome awe'.

雷雨等自然力：Alice Chirico and David Yaden, 'Awe: A self-transcendent and sometimes transformative emotion', in *The Function of Emotions*, ed. Heather Lench (Springer, 2018), 221–33.

"**美，真美！**" Alison George, 'One minute with . . . Yuri Gagarin', *New Scientist*, 9 April 2011, 29.

"**全世界的人啊**"：Yuri Gagarin, *Yuri Gagarin* (Novisti Press, 1977), 14 and 17; quoted in Richard Roney, 'Beyond War: A New Way of Thinking', in *Breakthrough: Emerging New Thinking: Soviet and Western Scholars Issue a Challenge to Build a World Beyond War* (Walker, Novisti, 1988), 5.

"那个美丽、温暖、有生命的天体": Jim Irwin, *To Rule the Night: The Discovery Voyage of Astronaut Jim Irwin* (A. J. Holman, 1973), 60.

"一个有生命、有呼吸的有机体": *Overview* documentary film, Planetary Collective, 2012, <http://weareplanetary.com/overview-short-film/>. See also Ron Garan, *The Orbital Perspective: Lessons in Seeing the Big Picture from a Journey of 71 Million Miles* (Berrett-Koehler, 2015), 52–3.

共情与担忧: David Yaden et al., 'The Overview Effect: Awe and self-transcendent experience in space flight', *Psychology of Consciousness: Theory, Research, and Practice* 3 (2016): 3.

卖掉了大排量燃油车: Ben Guarino, 'The Overview Effect will save Earth one rich space tourist at a time', *Inverse*, 18 December 2015, <https://www.inverse.com/article/6301-overview-everview-effect-space-tourism-environmentalism-spacex- richard-garriot>.

"从月球上看": Alex Pasternak, 'The moon-walking, alien-hunting, psychic astronaut who got sued by NASA', *Vice*, 14 May 2016, <https://www.vice.com/en_us/article/aek7ez/astronaut-edgar-mitchell-outer-space-inner-space- and-aliens>.

"你看不到": Frank White, *The Overview Effect: Space Exploration and Human Evolution*, third edition (American Institute of Aeronautics and Astronautics, 1987), 37.

形成于20世纪80年代: White, 'Overview Effect'.

属于敬畏感的一种: Yaden et al., 'Overview Effect', 1–11.

"内心的平静": White, 'Overview Effect', 41.

"一种优雅的状态": Geoff Hoffman, *iPM*, BBC Radio 4, 25 May 2013, <http://www.bbc.co.uk/programmes/b01sjn9l>; quoted in Nick Campion, 'The Importance of Cosmology in Culture: Contexts and Consequences', in *Trends in Modern Cosmology*, ed. Abraao Capistrano (InTechOpen, 2017).

"宇宙的其他部分": Yasmin Tayag, 'Six NASA astronauts describe the moment in space when "everything changed" ', *Inverse*, 20 July 2019, <https://www.inverse.com/article/57841-nasa-astronauts-describe-overview-effect-everything-changed>.

"有一种比你大得多": Chris Hadfield, 'Why all politicians should travel to space (and some should come back)', *Big Think*, 23 March 2018, <https://bigthink.com/videos/chris-hadfield-how-space-travel-expands-your-mind>.

"上帝的力量": John Wilford, 'James B. Irwin, 61, Ex-Astronaut; Founded Religious Organization', *New York Times*, 10 August 1991, <https://www.nytimes.com/1991/08/10/us/james-b-irwin-61-ex-astronaut-founded-religious- organization.html>.

"在某种程度上是有意识的": Edgar Mitchell, *The Way of the Explorer: An Apollo Astronaut's Journey Through the Material and Mystical Worlds*, revised edition (New Page books, 2008), 16 and 74–5.

哲学家威廉·詹姆斯: James, *Religious Experience*, 395.

"宇宙意识": Richard Bucke, *Cosmic Consciousness: A Study in the Evolution of the Human Mind* (Dutton & Co., 1901).

"一个古老而广泛的基底": Aldous Huxley, *The Perennial Philosophy* (Harper & Brothers, 1947); quoted in Charles Grob et al., 'Use of the classic hallucinogen psilocybin for the treatment of existential distress associated with cancer', in *Psychological Aspects of Cancer*, ed. Brian Carr and Jennifer Steel (Springer, 2013), 291–308.

含有致幻剂裸盖菇素的蘑菇: Gordon Wasson, 'Seeking the magic mushroom', *Life*, 13 May 1957, 100–2 and 109–20.

临床药理学家罗兰·格里菲斯: Roland Griffiths et al., 'Psilocybin can occasion mystical-type experiences having substantial and sustained personal meaning and spiritual significance', *Psychopharmacology* 187 (2006): 268–83; Roland Griffiths et al., 'Mystical-type experiences occasioned by psilocybin mediate the attribution of personal meaning and spiritual significance 14 months later', *Journal of Psychopharmacology* 22 (2008): 621–32.

"处于虚空中": Frederick Barrett and Roland Griffiths, 'Classic hallucinogens and mystical experiences: phenomenology and neural correlates', in *Behavioural Neurobiology of Psychedelic Drugs* (Springer, 2017), 393–430.

一份2016年的癌症患者试验: Roland Griffiths et al., 'Psilocybin procures substantial and sustained decreases in depression and anxiety in patients with life-threatening cancer: A randomized double-blind trial', *Journal of Psychopharmacology* 30 (2016), 1181–97.

在日记中写道和"没什么好害怕的": Grob et al., 'Existential distress'.

迷幻药能达到和敬畏感一样的效果: 迷幻药如何影响大脑: Robin Carhart-Harris et al., 'Neural correlates of the psychedelic state as determined by fMRI studies with psilocybin', *PNAS* 109 (2012): 2138–43; Samuel Turton et al., 'A qualitative report on the subjective experience of intravenous psilocybin administered in an fMRI environment', *Current Drug Abuse Reviews* 7 (2014): 117–27; Enzo Tagliazucchi et al., 'Increased global functional connectivity correlates with LSD-induced ego dissolution', *Current Biology* 26 (2016): 1043–50; Barrett and Griffiths, 'Classic hallucinogens'; Matthew Nour and Robin Carhart-Harris, 'Psychedelics and the science of self-experience', *British Journal of Psychiatry* 210 (2017): 177–9; Michael Schartner et al., 'Increased spontaneous MEG signal diversity for psychoactive doses of ketamine, LSD and psilocybin', *Scientific Reports* 7 (2017), <https://doi.org/10.1038/srep46421>; Robin Carhart-Harris, 'How do psychedelics work?' *Current Opinion in Psychiatry* 32 (2019): 16–21.

"我感觉两者": telephone interview with Robin Carhart-Harris, 9 May 2017, originally quoted in Marchant, 'Awesome awe'.

思维枷锁: Robin Carhart-Harris et al., 'Psychedelics and connected- ness', in *Psychopharmacology* 235 (2017): 547–50; Robin Carhart-Harris and David Nutt, 'Serotonin and brain function: a tale of two receptors', *Journal of Psychopharmacology* 3 (2017): 1091–1120.

"敬畏感的丧失": Paul Piff and Dacher Keltner, 'Why do we experience awe?' *New York Times*, 22 May 2015, <https://www.nytimes.com/2015/05/24/ opinion/sunday/why-do-we-experience-awe.html>.

"痛苦地"问自己: James, 'Religious Experience', 386.

"我的体质": James, 'Religious Experience', 379 and 388.

"我仍然倾向于认为": Michael Pollan, *How to Change Your Mind: The New Science of Psychedelics* (Allen Lane, 2018), 414.

"存在即被感知": Lisa Downing, 'George Berkeley', *The Stanford Encyclopedia of Philosophy* (spring 2013 edition), ed. Edward Zalta, <https://plato.stanford.edu/ archives/spr2013/entries/berkeley/>.

詹姆斯受到了法国哲学家亨利·柏格森的影响: William James, *A Pluralistic Universe: Hibbert Lectures at Manchester College on the Present Situation in Philosophy* (1908), lecture 6.

"机械的解释"：Henri Bergson, *Time and Free Will: An Essay on the Immediate Data of Consciousness*, trans. F. L. Pogson (Dover Publications, 2001), 100.

"物理学之所以是数学的"：Bertrand Russell, *An Outline of Philosophy* (Routledge Classics, 2009), 171; quoted in Galen Strawson, 'A hundred years of consciousness: "a long training in absurdity" ', *Estudios de Filosofia* 59 (2019): 9–43.

这似乎 "相当愚蠢"：Arthur Eddington, *The Nature of the Physical World: The Gifford Lectures 1927* (Cambridge University Press, 1928), 259; quoted in Galen Strawson, 'Realistic monism: why physicalism entails panpsychism', *Journal of Consciousness Studies* 13 (2006): 3–31.

"危机时刻"：Max Planck, 'Where is Science Going?' (Ox Bow Press, 1977), 65; quoted in Juan Marin, ' "Mysticism" in quantum mechanics: the forgotten controversy', *European Journal of Physics* 30 (2009): 807–22.

"哲学偏见"：Albert Einstein, *The Born–Einstein Letters: Friendship, Politics, and Physics in Uncertain Times: Correspondence Between Albert Einstein and Max and Hedwig Born from 1916 to 1955 with Commentaries by Max Born* (Macmillan, 2005), 218; quoted in Marin, 'Mysticism'.

"物质宇宙和意识"：Erwin Schrödinger, 'Interviews with Great Scientists: no.4.–Prof. Schrödinger', *Observer*, 11 January 1931, 15–16; quoted in Strawson, 'A hundred years of consciousness'.

"从东方思想中输血"：Erwin Schrödinger, *What is Life? With Mind and Matter and Autobiographical Sketches* (Cambridge University Press, 2012), 130; quoted in Marin, 'Mysticism'.

1953年发现的DNA结构: James Watson and Francis Crick, 'Molecular structure of nucleic acids', *Nature* 171 (1953): 737–8.

"可以用刀切成两半"：Steven Pinker, *How the Mind Works* (W. W. Norton & Co., 1997), 64.

一个 "难题"：'David Chalmers on the Hard Problem of Consciousness', (Tucson, 1994), <https://www.youtube.com/watch?v=_lWp-6hH_6g>.

一种 "幻觉"：John Horgan, 'Is consciousness real? Philosopher Daniel Dennett tries, once again, to explain away consciousness', Cross Check blog, *Scientific American*, 21 March 2017, <https://blogs.scientificamerican.com/cross-check/ is-consciousness-real/>.

但问题是: for example, Paul Davies, *The Goldilocks Enigma: Why Is the Universe Just Right for Life?* (Allen Lane, 2006); Ryan Gillespie, 'Cosmic meaning, awe and absurdity in the secular age: A critique of religious non-theism', *Harvard Theological Review* 111 (2018): 461–87.

"被盲目编程"：Richard Dawkins, *The Selfish Gene: 40th Anniversary Edition* (Oxford Landmark Science, 2016), xxix.

"一包神经元"：Francis Crick, *The Astonishing Hypothesis: The Scientific Search for the Soul* (Simon & Schuster, 1995), 3.

"化学渣滓"：*Reality on the Rocks*, Windfall Films, 1995; quoted in Raymond Tallis, 'You chemical scum, you', *Philosophy Now*, March/April 2012, <https://philosophynow.org/issues/89/You_Chemical_Scum_You>.

"这种还原论的世界观"：Steven Weinberg, *Dreams of a Final Theory: The Scientist's Search for the Ultimate Laws of Nature* (Vintage, 1994), 53.

"给宇宙赋予意义的机制"：*The Atheist's Guide to Christmas*, ed. Ariane Sherine (Friday Project, 2010), 83.

"诗意自然主义"：Sean Carroll, *The Big Picture: On the Origins of Life, Meaning and the Universe Itself* (Oneworld, 2017), 3.

"**高贵的存在**"：Brian Greene, *Until the End of Time: Mind, Matter and Our Search for Meaning in an Evolving Universe* (Penguin Random House, 2020), chpaters 6, 7, 8 and 11.

"**特殊的精神领域是不存在的**"：'Physics of consciousness', interview with Sean Carroll, *Closer to Truth*, <https://www.closertotruth.com/interviews/54817>.

"**数学为王**"：Greene, *Until the End of Time*, 149–155.

"**无法充分解释**"：Thomas Nagel, *Mind and Cosmos: Why the Materialist, Neo-Darwinian Conception of Nature is Almost Certainly False* (OUP USA, 2012).

"**拙劣推理**"：Andrew Ferguson, 'The Heretic', *Weekly Standard*, 25 March 2013, <http://www.weeklystandard.com/andrew-ferguson/the-heretic>.

"**狗屁不值**"：Michael Chorost, 'Where Thomas Nagel went wrong', *Chronicle of Higher Education*, 13 May 2013, <https://www.chronicle.com/article/Where-Thomas-Nagel-Went-Wrong/139129>.

保罗·戴维斯……斯图尔特·考夫曼：Davies, *Goldilocks Enigma*; Paul Davies, *The Demon in the Machine: How Hidden Webs of Information Are Solving the Mystery of Life* (Allen Lane, 2019); Stuart Kauffman, 'Beyond the stalemate', Cornell University, arXiv.org, <https://arxiv.org/abs/1410.2127v2>; Stuart Kauffman, *Reinventing the Sacred: A New View of Science, Reason and Religion* (Basic, 2008).

"**我们最确定的事**" 及后面的引用：interview with Galen Strawson in Chalk Farm, London, 13 August 2019. See also Strawson, 'Realistic monism'; Galen Strawson, 'Mind and Being: The primacy of panpsychism', in *Panpsychism: Contemporary Perspectives,* ed. Godehard Brüntrup and Ludwig Jaskolla (OUP USA, 2016); Strawson, 'A hundred years of consciousness'.

意识是否有可能延伸：Colin Klein and Andrew Barron, 'Insects have the capacity for subjective experience', *Animal Sentience* 9 (2016): 1–19; Sy Montgomery, *The Soul of an Octopus: A Surprising Exploration into the Wonder of Consciousness* (Simon & Schuster, 2016).

即使是植物和黏菌：Paco Calvo, 'Are plants sentient?' *Plant, Cell and Environment* 40 (2017): 2858–69; Chris Reid and Tania Latty, 'Collective behaviour and swarm intelligence in slime moulds', *FEMS Microbiology Reviews* 40 (2016): 798–806; Jordi Vallverdú et al., 'Slime mould: The fundamental mechanisms of biological cognition', *Biosystems* 165 (2018): 57–70.

计算机和外星人的意识：Murray Shanahan, 'AI and Consciousness', in *The Technological Singularity* (MIT Press, 2015), 117–50; Susan Schneider, 'Alien Minds', in Dick, *Life Beyond Earth*, 189–206.

综合信息论：Giulio Tononi and Christof Koch, 'Consciousness: here, there and everywhere?' *Philosophical Transactions of the Royal Society B* 370 (2015), <https://doi.org/10.1098/rstb.2014.0167>.

"**新一代的哲学家**" 和《**伽利略的错误**》：quote from David Chalmers' praise for Philip Goff's *Galileo's Error: Foundations for a New Science of Consciousness* (Penguin Random House, 2019). 关于更多人接受泛心论见Adam Frank, 'Minding matter: the closer you look, the more the materialist position in physics appears to rest on shaky metaphys ical ground', *Aeon*, March 2017, <https://aeon.co/essays/materialism-alone-cannot-explain-the-riddle-of-consciousness>; Philip Goff, 'Panpsychism is crazy, but it is also most probably true', *Aeon*, March 2017, <https://aeon.co/ideas/panpsychism-is-crazy-but-its-also-most-probably-true>; Olivia Goldhill, 'The idea that everything from spoons to stones is conscious is gaining academic credibility', *Quartz*, January 2018, <https://qz.com/1184574/the-

idea-that-everything-from-spoons-to-stones-are-conscious-is-gaining-academic-credibility/>.
自斯特劳森2006年那篇颇具争议的论文之后又出版了一些讨论泛心论的学术著作，包括
David Skrbina, *Panpsychism in the West* (MIT Press, 2007); *The Mental as Fundamental:New Perspectives on Panpsychism*, ed. Michael Blamauer (Ontos Verlag, 2011); *Panpsychism*, ed. Brüntrup and Jaskolla.

奔流不息的海洋: Freya Mathews, 'Panpsychism as paradigm', in Blamauer, *Mental as Fundamental*, 141–56.

"骑着什么活物": Freya Mathews, *Reinventing Reality: Towards a Recovery of Culture* (University of New South Wales Press, 2005), 111.

"那些岩石闪着光"及随后段落的引用: Skype interview with Itay Shani, 26 July 2019. See also Itay Shani, 'Cosmopsychism: A holistic approach to the metaphysics of experience', *Philosophical Papers* 44 (2015): 389–437; Itay Shani and Joachim Keppler, 'Beyond Combination: How cosmic consciousness grounds ordinary experience', *Journal of the American Philosophical Association* 4 (2018): 390–410.

对我们在这个星球上的存续: Freya Mathews, *For the Love of Matter: A Contemporary Panpsychism* (State University of New York Press, 2003); Mathews, *Reinventing Reality*.

与爱因斯坦和玻尔是同辈人: Charles Misner et al., 'John Wheeler, relativity, and quantum information', *Physics Today*, April 2009, 40–6.

"反复地从概率雾中浮现": Tim Folger, 'Does the universe exist if we're not looking?', *Discover*, 1 June 2002, <http://discovermagazine.com/2002/jun/featuniverse>. This is Folger's description, not a direct quote from Wheeler.

"象征一种观念": John Wheeler, 'Information, Physics, Quantum: The Search for Links', in *Complexity, Entropy and the Physics of Information*, ed. Wojciech Zurek (Addison Wesley, 1990), 309–36.

在一系列变体实验中: 对延迟选择试验的回顾见Xiao-song Ma et al., 'Delayed-choice gedanken experiments and their realizations', *Reviews of Modern Physics* 88 (2016), <https://doi.org/10.1103/ RevModPhys.88.015005>; Andrew Manning et al., 'Wheeler's delayed-choice gedanken experiment with a single atom', *Nature Physics* 11 (2015): 539–42; Francesco Vedovato, 'Extending Wheeler's delayed-choice experiment to space', *Science Advances* 3 (2017), <https://doi.org/10.1126/sciadv.1701180>.

计划用遥远星系发出的光: Laurance Doyle, 'Quantum astronomy: a cosmic-scale double-slit experiment', *Space.com*, 13 January 2005, <https://www.space.com/667-quantum-astronomy-cosmic-scale-double-slit-experiment.html>.

"烟雾龙": John Wheeler, 'Time Today', in *Physical Origins of Time Asymmetry*, ed. J. J. Halliwell et al. (Cambridge University Press, 1994), 19–20; quoted in Anil Ananthaswamy, 'Closed loophole confirms the unreality of the quantum world', *Quanta*, 25 July 2018, <https://www.quantamagazine.org/closed-loophole-confirms-the-unreality-of-the-quantum-world-20180725/>.

"在一架钢琴上敲出的音符": Wheeler, 'Information, Physics, Quantum', 24.

亿万次微创造、"未知量子态"和同样具有革命性: Christopher Fuchs, 'Notwithstanding Bohr, the reasons for QBism', *Mind and Matter* 15 (2017): 245–300, footnote 5.

"现实比任何第三人称视角所能捕捉到的都要丰富": Christopher Fuchs, 'On Participatory

Realism', in *Information and Interaction*, ed. Ian Durham and Dean Rickles (Springer, 2017), 113–34.

福克斯心目中的天才: Fuchs, 'Notwithstanding Bohr'.

"纯粹的经验": William James, 'A World of Pure Experience (1904/11)', in *Essays in Radical Empiricism* (1912), 39–91. 詹姆斯还说 "植根于旧物质的新经验使宇宙的数量不断增长", William James, 'Does "Consciousness" exist?', *Journal of Philosophy, Psychology, and Scientific Methods* 1 (1904): 477–91.

"总是出现在局部": William James, 'Pragmatism: A New Name for Some Old Ways of Thinking', 'Lecture VIII, Pragmatism and Religion', in William James, *Pragmatism: A New Name for Some Old Ways of Thinking* (1907).

"世界的本质": Amanda Gefter, 'A private view of quantum reality', *Quanta*, 4 June 2015, <https://www.quantamagazine.org/quantum-bayesianism-explained-by-its-founder-20150604/>.

"我们不是探索宇宙的机器": Chris Hadfield, 'What I learned from going blind in space', TED talk, 19 March 2014, <https://www.youtube.com/watch?v=Zo62S0ulqhA>.

后 记

短篇小说《日暮》: Isaac Asimov, 'Nightfall' (1941). 后来扩写为一部长篇小说,行星的名字更改为 "卡尔盖什"(Kalgash): Isaac Asimov and Robert Silverberg, *Nightfall* (Doubleday, 1990).

医学体系: 更多关于现代医学如何将重点放在人体和物理治疗上,而不重视患者体验和心理方法见Jo Marchant, *Cure: A Journey into the Science of Mind Over Body* (Canongate, 2016).